부등식의 완성

증명방법으로 보는

다양한 부등식 2

НЕРАВЕНСТВА. МЕТОДЫ ДОКАЗАТЕЛЬСТВА

Nairi Sedrakyan, Hayk Sedrakyan 지음
한인기 옮김

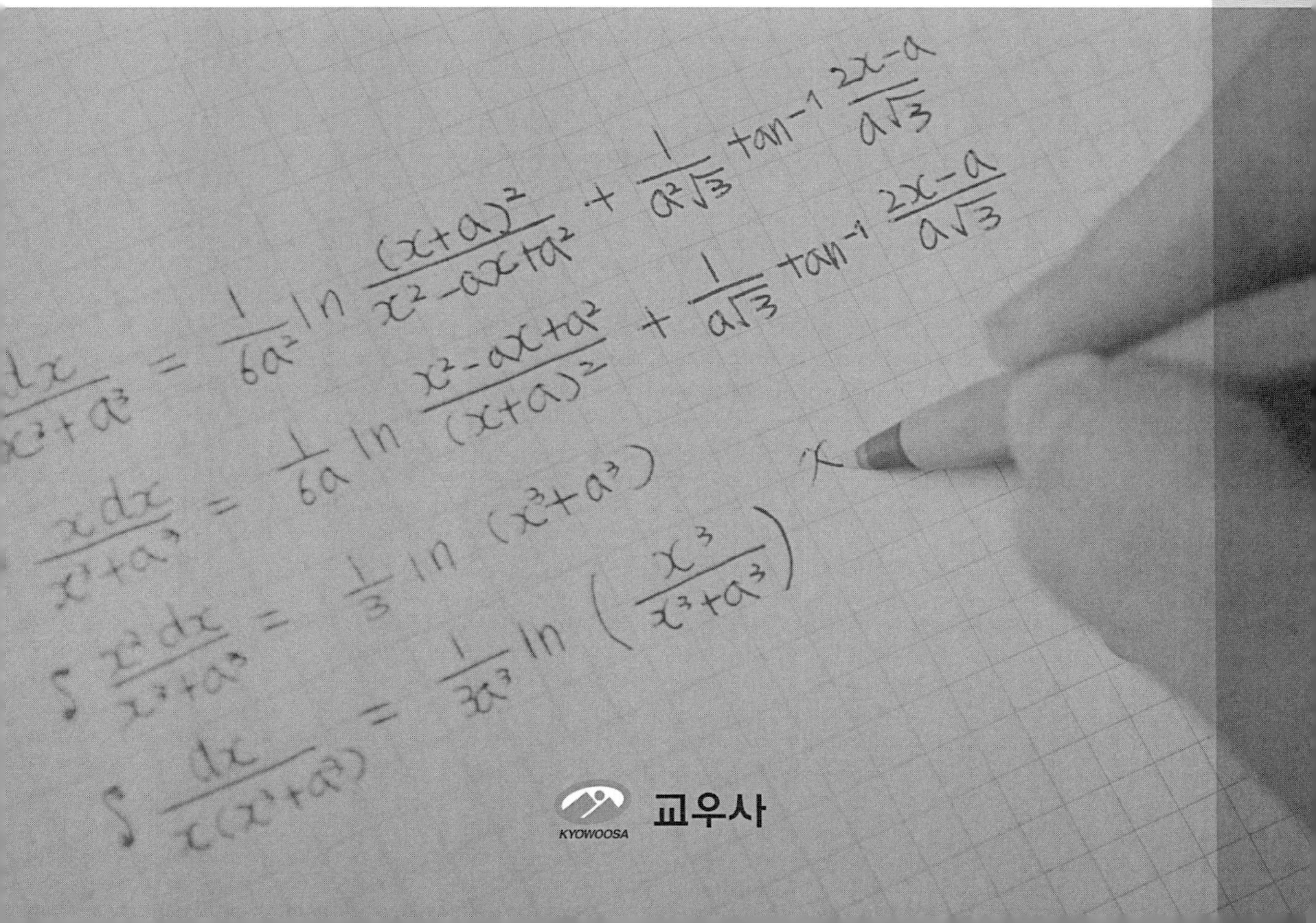

KYOWOOSA 교우사

НЕРАВЕНСТВА. МЕТОДЫ ДОКАЗАТЕЛЬСТВА

머 리 말

저자 서문

수학 교과서, 다양한 유형의 수학 시험, 수학 경시대회에서 부등식 문제들이 자주 만나게 된다. 우리는 이 부등식들의 증명을 통해 학생들의 수학적 재능, 가능성, 지적 발달의 수준을 가늠해 볼 수 있다.

이 책에는 부등식을 증명하는 몇 가지 방법이 설명되어 있으며, 이에 관련된 다양한 부등식들이 소개되어 있다. 이 책에 제시된 부등식들 중의 일부는 여러 나라의 수학 경시대회나 수학 도서들에 소개된 것이지만, 부등식의 증명은 저자에 의해 새롭게 발명되거나 구성된 것이다.

이 책의 각 장에는 수학의 다양한 영역에서 활용되는 부등식의 증명 방법, 부등식의 자세한 증명이 제시되어 있다. 예를 들어, 산술평균, 기하평균, 조화평균, 제곱평균 등을 이용하는 방법들, 수학적 귀납법을 이용하는 방법, 변수 치환의 방법, 코시-분야코프스키 부등식, 얀센 부등식, 체비셰프 부등식을 이용하는 방법들, 함수들의 성질을 이용하는 방법 등이 포함되어 있다. 이 방법들은 학생들로 하여금 다양한 부등식들을 증명하게 할 뿐만 아니라, 부등식에 관련된 여러 가지 문제들을 해결할 수 있도록 해준다.

각 증명 방법을 설명하기 위해, 다양한 예들과 연습문제들이 제시되었으며, 이들의 풀이, 힌트가 함께 제시되었다. 그리고 각 장의 끝부분에 혼자 힘으로 부등식의 증명을 연습할 수 있도록 문제들이 제시되었다.

머 리 말

14장의 '다양한 부등식'에는 앞의 장들에는 포함되지 않는 부등식의 증명 방법들과 이에 관련된 부등식들이 제시되어 있다. 특히 이 부등식들 중에는 한 가지 방법만으로는 해결되지 않고 여러 가지 방법을 조합해야 해결되는 것들도 포함되어 있다.

이 책의 마지막 장인 16장의 '엄선한 100개의 부등식'에는 다양한 부등식들이 제시되어 있는데, 여기에는 간략한 힌트만 제시되어 있으므로 독자들이 증명 방법을 스스로 선택하고 증명을 완성해야 한다.

이 책의 각 장에는 많은 부등식들이 제시되어 있는데, 이 부등식들을 증명 방법의 유사성, 난이도를 고려하여 배치하여 독자들이 스스로 증명을 찾아갈 수 있도록 하였다. 특히 독자들이 이 책에 제시된 부등식의 증명을 볼 때에 증명 방법에 주목할 것을 당부한다.

이 책에 소개된 방법들을 이용하면 다양한 유형의 부등식들을 혼자 힘으로 증명할 수 있다. 이 책은 수학 심화학습이나 수학 경시대회를 준비할 때에 활용될 수 있으며, 수학 교사와 예비 교사들, 중등학교의 고학년 학생들에게 유익할 것이다.

Sedrakyan Nairi, Sedrakyan Hayk

P . R . E . F . A . C . E .

역자 서문

부등식은 등식과는 다른 야릇한 매력이 있는 수학 영역이다. 특히 비교적 쉽게 만들 수 있으며 다양한 증명 방법을 시도할 수 있기 때문에, 많은 사람들이 수학의 아름다움, 수학의 매력, 수학적 발명의 경험을 가지기에는 안성맞춤이라 할 수 있다. 특히 최댓값이나 최솟값을 구하는데 유용한 도구가 되므로, 수학의 활용이라는 측면에서 보아도 나무랄 데 없는 영역이다.

부등식 영역과 관련하여, 우리나라에는 아직 중등학교 학생들이나 교사들, 예비교사들, 수학에 흠뻑 빠진 애호가들의 입맛을 사로잡을 수 있는 정갈한 맛의 수학도서가 거의 없는 실정이다. 특히 부등식의 증명방법에 초점을 맞추어 설명하고, 그러한 증명 방법을 중심으로 다양한 부등식들을 체계적으로 분류하여 소개된 책은 쉽게 만나기 어렵다. 이 책은 이것을 목표로 하여 기술되었기 때문에, 독자들에게 이 책을 소개하고자 한다.

이 책에 소개된 부등식의 증명 방법들은 초등수학, 즉 고등학교 수준까지의 수학 내용을 이용하고 있다. 즉 대학교에서 수학을 전공하는 학생들이 배우는 고등수학의 내용을 몰라도 이 책을 공부해가는 데는 전혀 문제가 없다. 여러분이 중등학교에 배우고 있거나 중등학교를 졸업했다면, 이 책을 가지고 여러분의 수학적 상상의 날개를 얼마든 펼칠 수 있을 것이다.

머리말

이 책에 소개된 증명 방법으로는 Sturm의 방법, 평균들 사이의 관계를 이용한 부등식 증명, 코시-분야코프스키 부등식을 이용한 방법, 변수 치환의 방법, 대수식의 대칭을 이용한 방법, 수학적 귀납법을 이용한 방법, 도함수와 적분을 이용한 방법, 함수의 성질들을 이용한 방법, 얀센 부등식을 이용한 방법 등이며, 이 책에서 다루는 부등식의 영역도 대수식에 대한 부등식들, 기하학에 관련된 부등식들, 수열에 대한 부등식들, 정수론에 관련된 부등식들 등과 같이 수학 전 영역에 걸쳐져 있다.

이 책을 공부하면서 여러분은 수학의 또 다른 매력을 경험할 것으로 확신한다. 수학적인 방법을 알고, 수학적 탐구, 증명을 스스로의 힘으로 수행하며, 수학적 발명을 경험하고, 새로운 부등식을 스스로 만들고 증명해 볼 수 있을 것이다. 이러한 경험이 진정한 수학 체험이라고 생각하며, 수학에 관심이 있는 독자들에게 이 책을 자신있게 추천한다.

2015년 역자 한인기

2권

차 례

09 ❙ 함수의 이용 ··· 9
- 연습문제 12
- 증명 17
- 내 힘으로 해결하기 39

10 ❙ 함수 성질의 이용 ··· 42
- 연습문제 46
- 증명 48
- 내 힘으로 해결하기 62

11 ❙ 얀센 부등식의 이용 ··· 66
- 연습문제 70
- 증명 75
- 내 힘으로 해결하기 99

12 ❙ 수열과 관련된 부등식 ··· 104
- 연습문제 104
- 증명 106
- 내 힘으로 해결하기 120

2권

C.O.N.T.E.N.T.S.

13 | 정수론의 부등식들 ······ 125

- 증명 127
- 내 힘으로 해결하기 136

14 | 다양한 부등식 ······ 139

- 연습문제 139
- 증명 147
- 내 힘으로 해결하기 187

15 | 기하부등식 ······ 196

- 연습문제 196
- 증명 202
- 내 힘으로 해결하기 231

16 | 엄선한 100개의 부등식 ······ 242

- 증명을 위한 방향 제시 254

참고문헌 274

찾아보기 276

09
함수의 이용

구간 $[a;b]=I$ 또는 $[a;+\infty)=I$ 에서 정의된 연속함수 $f(x)$, $g(x)$ 에 대해 다음 부등식을 증명한다고 하자.

$$f(x) \geq g(x) \tag{9.1}$$

정리

9.1. 함수 $f(x)$, $g(x)$ 가 구간 I 에서 미분가능이고, I 에서 $f(a) \geq g(a)$ 이며 $h(x)=f(x)-g(x)$ 에 대해 $h'(x) \geq 0$ 이라 하자. 그러면, I 에서 부등식 (9.1)이 성립한다.

증명. I 에서 $h'(x) \geq 0$ 이면, 이 구간에서 함수 $h(x)$ 는 감소하지 않는다. 결국 I 의 각 점 x 에서 $h(x) \geq h(a)$ 이며, 결국 $f(x)-g(x) \geq f(a)-g(a) \geq 0$ 이며 $f(x) \geq g(x)$ 이다.

참고. 영역 I 에서 $h'(x) \geq 0$ $(x \neq a)$ 이면,
$x \in I$ 와 $x > a$ 에 대해 $f(x) > g(x)$ 이다.

예제

9.1. $x \ge 1$에 대해 부등식 $2^{x+1} > x+2$를 증명하여라.

증명. 영역 $[1;+\infty)$에서 함수 $h(x) = 2^{x+1} - x - 2$를 생각하자. $h(x) = 1$, $h'(x) = 2^{x+1}\ln 2 - 1$이다. 함수 $y = 2^x$는 영역 $[1;+\infty)$에서 증가하며, $h'(x) \ge 4\ln 2 - 1 > 0$이다.

결국 $x \ge 1$에 대해 $h(x) \ge h(1)$ 또는 $2^{x+1} \ge x+3$이며, 이로부터 $2^{x+1} > x+2$가 된다.

예제

9.2. 부등식 $\sum_{n=1}^{k}(\sum_{m=1}^{k}\frac{a_m a_n}{m+n}) \ge 0$을 증명하여라.

증명. 영역 $[0;+\infty)$에서 함수 $h(x) = \sum_{n=1}^{k}(\sum_{m=1}^{k}\frac{x^m a_m \cdot x^n a_n}{m+n})$를 생각하자.

다음을 알 수 있다.

$$xh'(x) = \sum_{n=1}^{k}(\sum_{m=1}^{k} x^m a_m \cdot x^n a_n) = (xa_1 + \cdots + x^k a_k)^2 \ge 0$$

결국 $x > 0$에 대해 $h'(x) \ge 0$이며, $h(1) \ge h(0) = 0$, $\sum_{n=1}^{k}(\sum_{m=1}^{k}\frac{a_m a_n}{m+n}) \ge 0$이 성립한다.

정리

9.2. $f(b) \ge g(b)$이며 영역 I에서 $h'(x) \le 0$이다($h(x) = f(x) - g(x)$). 그러면 I에서 부등식 (9.1)이 성립한다. 이때 $I = [a;b]$ 또는 $I = (-\infty;\mathrm{b}]$이다.

증명. 영역 I에서 $h'(x) \le 0$이면, 이 영역에서 함수 $h(x)$는 증가하지 않으며 점

$x=b$ 에서 최솟값을 가진다. 그런데 $h(b)\ge 0$ 이므로, I 의 임의의 x 에 대해 $h(x)\ge 0$ 이다. 즉 영역 I 에서 $f(x)-g(x)\ge 0$ 또는 $f(x)\ge g(x)$ 가 성립한다.

정리

9.3. 구간 $I=[a;b]$ 또는 $I=[a;+\infty)$ 의 임의의 x 에 대해 부등식 (9.1)이 성립하면, 다음 부등식도 성립한다.

$$\int_a^x f(t)dt \ge \int_a^x g(t)dt \tag{9.2}$$

증명. 만약 부등식 (9.1)이 성립하면, $F'(x)=f(x)$, $G'(x)=g(x)$, $F(a)=G(a)=0$ 에 대해 부등식 $F'(x)\ge G'(x)$ 가 성립한다. 이로부터, 부등식 $F(x)\ge G(x)$ 가 성립하며, $F(x)=\int_a^x f(t)dt$, $G(x)=\int_a^x g(t)dt$ 인 것을 생각하면 부등식 (9.2)가 얻어진다.

예제

9.3. $x\in(\pi/6, \pi/2)$ 에 대해

부등식 $\ln(2\sin x)>\frac{1}{2}x(\pi-x)-\frac{5}{72}\pi^2$ 을 증명하여라.

증명. 부등식 $\cot x>\frac{\pi}{2}-x$ 를 생각하자. 이 부등식의 타당성은 잘 알려진 부등식 $\tan\alpha>\alpha$ (이때 $0<\alpha<\frac{\pi}{2}$)에서 α 를 $\frac{\pi}{2}-x$ 로 바꾸어 얻어진다.

이 부등식을 적분하면 $\int_{\frac{\pi}{6}}^{x}\cot t dt>\int_{\frac{\pi}{6}}^{x}\left(\frac{\pi}{2}-t\right)dt$ 가 얻어지며, 이로부터 다음을

알 수 있다.

$$\ln(\sin x)-\ln\frac{1}{2}>\left(\frac{\pi}{2}\cdot x-\frac{x^2}{2}\right)-\left(\frac{\pi}{2}\cdot\frac{\pi}{6}-\frac{1}{2}\cdot\left(\frac{\pi}{6}\right)^2\right)$$

또는 $\ln(2\sin x)>\frac{1}{2}x(\pi-x)-\frac{5}{72}\pi^2$

연습문제

다음 부등식을 증명하여라(9.1-9.22, 9.27-9.32).

9.1. $a\geq 0,\ b\geq 0$ 에 대해 $3a^3+7b^3\geq 9ab^2$

9.2. $x>0,\ y>0,\ n\in N$ 에 대해 $2^{n-1}(x^n+y^n)\geq(x+y)^n$

9.3. (a) $\cos x\geq 1-\frac{x^2}{2}$

(b) $x\geq 0$ 에 대해 $\sin x\geq x-\frac{x^3}{3!}$

(c) $\cos x\geq 1-\frac{x^2}{2!}+\frac{x^4}{4!}$

(d) $x\geq 0$ 에 대해 $\sin x\geq x-\frac{x^3}{3!}+\frac{x^5}{5!}$ (부등식 $\sin x\leq x$ 를 이용하자.)

9.4. $0\leq x\leq\frac{\pi}{2}$ 에 대해 $x-\sin x\leq 1-\cos x\leq x\sqrt{2}-\sin x$

9.5. $0 \le x < \frac{\pi}{2}$ 에 대해 $\tan x + \sin x \ge 2x$

9.6. $x \ge 0,\quad n \in N$ 에 대해

$$x - \frac{x^2}{2} + \frac{x^3}{3} - \cdots + \frac{x^{2n+1}}{2n+1} - \frac{x^{2n+2}}{2n+2}$$
$$\le \ln(1+x) \le x - \frac{x^2}{2} + \frac{x^3}{3} - \cdots + \frac{x^{2n+1}}{2n+1}$$

9.7. $0 \le x < \frac{\pi}{2}$ 에 대해 $\ln(\cos x) \le -\frac{x^2}{2}$

9.8. $0 \le x \le \frac{\pi}{2}$ 에 대해 $\sin x \le \frac{x(\pi - x)}{2}$

9.9. $0 \le x < \frac{\pi}{2}$ 에 대해 $\tan x - \frac{\tan^3 x}{3} \le x$

9.10. $x > 0$ 에 대해 $(x + \frac{1}{x})\mathrm{arccot}x > 1$.

9.11. $n \in N$ 에 대해 $\frac{1}{n+1} + \frac{1}{n+2} + \cdots + \frac{1}{3n} < \ln 3$

9.12. $0 < x \le \frac{\pi}{2}$ 에 대해 $\frac{3\cos x}{1+2\cos x} < \frac{\sin x}{x} < \frac{3}{4-\cos x}$

9.13. $a>0,\ b>0,\ p>0,\ q>0$, $\dfrac{1}{p}+\dfrac{1}{q}=1$ 에 대해 $ab \le \dfrac{a^p}{p}+\dfrac{b^q}{q}$

9.14. $a>b>0,\ p>n$ 에 대해 $\dfrac{a^p-b^p}{a^p+b^p} > \dfrac{a^n-b^n}{a^n+b^n}$.

9.15. $x \ge 0,\ t \ge 2$ 에 대해 $(1+x^t)^{\frac{1}{t}}-(1+x^t)^{-\frac{1}{t}} \le x$

9.16. $b \ge 1$ 에 대해 $ab \le e^a + b(\ln b - 1)$

9.17. $x \ge 1$ 에 대해 $\left(2+\dfrac{(\ln x)^2}{3}\right)\ln x \le \dfrac{x^2-1}{x}$

9.18. $0 \le x \le \dfrac{\pi}{2}$ 에 대해 $2^{\sin x}+2^{\cos x} \ge 3$

9.19. $n,\ k \in N$ 에 대해 $\dfrac{n^{k+1}}{k+1} < 1^k + 2^k + \cdots + n^k < \left(1+\dfrac{1}{n}\right)^{k+1} \cdot \dfrac{n^{k+1}}{k+1}$

9.20. (a) $n \in N$ 에 대해 $\left(\dfrac{n}{e}\right)^n < n!$

(b) $n \ge 7,\ n \in N$ 에 대해 $n! < \left(\dfrac{n}{e}\right)^n$

9.21. $a>0, b>0, 0<\alpha<\beta$ 에 대해 $(a^{\alpha}+b^{\alpha})^{\frac{1}{\alpha}}>(a^{\beta}+b^{\beta})^{\frac{1}{\beta}}$

9.22. $a>0, b>0, c>0, d>0$ 에 대해 $\left(\dfrac{a+b}{c+d}\right)^{a+b}\le\left(\dfrac{a}{c}\right)^{a}\cdot\left(\dfrac{b}{d}\right)^{b}$

9.23. 수 $\dfrac{1}{\sqrt[3]{4}}+\dfrac{1}{\sqrt[3]{5}}+\cdots+\dfrac{1}{\sqrt[3]{10^6}}$ 의 정수부분을 구하여라.

9.24. $n\ge 2,\ n\in N$ 에 대해 부등식 $\dfrac{1}{2}+\dfrac{1}{\sqrt[3]{2}}+\dfrac{1}{\sqrt[4]{2}}+\cdots+\dfrac{1}{(n+1)\sqrt{n}}<2$ 를 증명하여라.

9.25. 다음 부등식을 증명하여라.

(a) $\alpha>1,\ x>-1,\ x\ne 0$ 에 대해 $(1+x)^{\alpha}>1+\alpha x$ (베르눌리 부등식)

(b) $0<\alpha<1,\ x>-1,\ x\ne 0$ 에 대해 $(1+x)^{\alpha}<1+\alpha x$ (베르눌리 부등식)

(c) $n\ge 2, x_1>0, \dots, x_n>0,\ x_1+\cdots+x_n=S$ 에 대해

$(S-x_1)^{x_1}+\cdots+(S-x_n)^{x_n}>n-1$

9.26. 실수 $a_1, \cdots, a_n$, 자연수 n 에 대해 $f(x)=a_1\sin x+a_2\sin 2x+\cdots+a_n\sin nx$ 를 생각하자. 모든 실수 x 에 대해 $|f(x)|\le|\sin x|$ 라 하자. 이때 $|a_1+2a_2+\cdots+na_n|\le 1$ 을 증명하여라.

9.27. $x>-1$ 에 대해 $x^2\ge(1+x)\ln^2(1+x)$

9.28. $n \geq 3,\ n \in N$ 에 대해 $\sqrt[n+1]{n+1} < \sqrt[n]{n}$

9.29. $a_i > 0, b_i > 0, i = 1, \cdots, n, x > 0$, $b_1^{a_1} \cdot \ldots \cdot b_n^{a_n} = 1$ 에 대해

$$a_1 b_1^x + a_2 b_2^x + \cdots + a_n b_n^x \geq a_1 + \cdots + a_n$$

9.30. $a > 0,\ x > \frac{1}{a}$ 에 대해 $x^x > a\left(\frac{x+1}{a+1}\right)^{x+1}$

9.31. $a_1 > 0, \cdots, a_n > 0, \alpha \geq \beta, \alpha \neq 0, \beta \neq 0$ 에 대해

$$\left(\frac{a_1^\alpha + \cdots + a_n^\alpha}{n}\right)^{\frac{1}{\alpha}} \geq \left(\frac{a_1^\beta + \cdots + a_n^\beta}{n}\right)^{\frac{1}{\beta}}$$

9.32. (a) $a > 0, b > 0,\ a \neq b$ 에 대해 $\sqrt{ab} < \frac{a-b}{\ln a - \ln b} < \frac{a+b}{2}$

(b) $x > 0$ 에 대해 $\frac{2x}{x+2} < \ln(x+1) < \frac{x(x+2)}{2(x+1)}$

(c) $x > 0,\ x \neq 1$ 에 대해 $\frac{\ln x}{x-1} < \frac{1}{\sqrt{x}}$

(d) $x > 0$ 에 대해 $\frac{2}{2x+1} < \ln(1+\frac{1}{x}) < \frac{2x+1}{2x(x+1)}$

(e) $0 < x \leq 1,\ 0 < y \leq 1$ 에 대해 $|x-y| \leq |\ln x - \ln y|$

(f) $0 < y < x \leq 1$ 에 대해 $\ln\frac{1}{y} < \frac{\ln x - \ln y}{x-y}$

(g) $x > 0, y > 0$, $x + y \leq 1$ 에 대해 $\ln\left(1+\frac{1}{y}\right) < \frac{\ln x - \ln y}{x-y}$

9.33. (a) $k \in N$ 에 대해 부등식 $1 - x + \frac{x^2}{2!} - \frac{x^3}{3!} + \cdots + \frac{x^{2k}}{(2k!)} > 0$ 을 증명하여라.

(b) n차 다항식 $P(x)$ 가 임의의 x에 대해 음이 아닌 값을 가지면, 모든 x에 대해 부등식 $P(x) + P'(x) + P''(x) + \cdots + P^{(n)}(x) \geq 0$ 이 성립한다는 것을 증명하여라.

9.34. $a \geq b \geq c \geq 0,\ r \geq 1$ 에 대해 부등식 $a^r - b^r + c^r \geq (a - b + c)^r$ 을 증명하여라.

9.35. $x_1 \geq 0, \ldots, x_n \geq 0,\ k,\ m \in N,\ \ k \geq m\ ,\ x_1 + \ldots + x_n \leq 1$ 에 대해 다음 부등식을 증명하여라.

$(1 - x_1^k)^m + \ldots + (1 - x_n^k)^m \geq n - 1$

9.36. 부등식 $\left(\sum_{i=1}^{n} a_i\right)^2 \leq \sum_{i,j=1}^{n} \frac{ij}{i + j - 1} \cdot a_i a_j$ 을 증명하여라.

○ 증명

9.1. 영역 $[0, +\infty)$ 에서 함수 $h(a) = 3a^3 + 7b^3 - 9ab^2$ 을 생각하자.

$b > 0$ 이면 $h(0) = 7b^3 > 0$, $h'(a) = 9a^2 - 9b^2 = 9(a - b)(a + b)$ 이다.

$[0, b]$ 인 영역에서 함수 $h(a)$ 는 감소하고 $[b, +\infty)$ 에서는 증가한다. 그리고 $h(b) = 3b^3 + 7b^3 - 9b^3 = b^3 > 0$ 이므로, $[0, +\infty)$ 에서 $h(a) > 0$ 이며 $3a^3 + 7b^3 > 9ab^2$ 이다. $b = 0$ 이면, $3a^3 + 7b^3 \geq 9ab^2$ 이다.

9.2. 영역 $[0,+\infty)$ 에서 함수 $h(y)=2^{n-1}(x^n+y^n)-(x+y)^n$ 를 생각하자. 다음이 성립한다.

$$h'(y)=n2^{n-1}y^{n-1}-n(x+y)^{n-1}=n((2y)^{n-1}-(x+y)^{n-1})$$

$y=x$ 이면 $h'(y)=0$ 이고, $0\le y<x$ 이면 $h'(y)<0$ 이며, $y>x$ 이면 $h'(y)>0$ 이다. 이것은 $[0,x]$ 에서 $h(y)$ 가 감소하며 $[x;+\infty)$ 에서는 증가하며, $h(x)=0$ 이므로 $[0,+\infty)$ 에서는 $h(y)\ge 0$ 이라는 것, 즉 $2^{n-1}(x^n+y^n)\ge(x+y)^n$ 을 의미한다.

9.3. (a) 만약 $x>0$ 이면, 부등식 $\sin x\le x$ 를 생각하여 적분하면, 다음을 얻을 수 있다.

$$\int_0^x \sin t\,dt \le \int_0^x t\,dt \quad \text{또는} \quad -\cos x+1\le\frac{x^2}{2}-0$$

즉 $\cos x\ge 1-\dfrac{x^2}{2}$ 이다. 만약 $x=0$ 이면, $\cos x=1=1-\dfrac{x^2}{2}$ 이다.

$\cos x=\cos|x|\ge 1-\dfrac{|x|^2}{2}=1-\dfrac{x^2}{2}$ 이므로, 다음이 성립한다.

$$\cos x\ge 1-\frac{x^2}{2} \tag{9.3}$$

(b) 부등식 (9.3)에 대해 정리 9.3으로부터 다음을 알 수 있다.

$$\int_0^x \cos t dt \ge \int_0^x\left(1-\frac{t^2}{2}\right)dt$$

이로부터 주어진 부등식의 타당성이 유도된다.

(c) 만약 $x>0$ 이면, 앞의 (b)에서의 부등식과 정리 9.3에 의해 $\int_0^x \sin t dt \ge \int_0^x \left(t-\frac{t^3}{3!}\right)dt$ 를 알 수 있고, 이로부터 주어진 부등식이 얻어진다. 만약 $x=0$ 이면, $\cos x = 1 = 1-\frac{x^2}{2!}+\frac{x^4}{4!}$ 이다.

$\cos x = \cos|x| \ge 1-\frac{|x|^2}{2!}+\frac{|x|^4}{4!} = 1-\frac{x^2}{2!}+\frac{x^4}{4!}$ 이므로,

$\cos x \ge 1-\frac{x^2}{2!}+\frac{x^4}{4!}$ 이다.

(d) 위의 (a)의 부등식과 정리 9.3에 의해 증명이 얻어진다.

9.4. 차 $\sin x-\cos x$ 를 생각하자. $\sin x+\cos x=\sqrt{2}\sin\left(x+\frac{\pi}{4}\right)$ 를 생각하면, 어렵지 않게 $0\le x\le\frac{\pi}{2}$ 인 경우에 부등식 $1\le\sin x+\cos x\le\sqrt{2}$ 이 성립한다는 것을 알 수 있다. 그리고 이 부등식을 적분하면, 다음을 얻을 수 있다.

$$\int_0^x 1dt \le \int_0^x (\cos t+\sin t)dt \le \int_0^x \sqrt{2}dt$$

이로부터 $x\le\sin x-\cos x+1\le x\sqrt{2}$ 가 얻어진다.

9.5. 부등식 (3.2)에 의해 $\cos x+\frac{1}{\cos^2 x}\ge 2\sqrt{\cos x\cdot\frac{1}{\cos^2 x}}=2\sqrt{\frac{1}{\cos x}}\ge 2$ 가 된다. 그리고 정리 9.3에 의해 부등식 $\int_0^x\left(\cos t+\frac{1}{\cos^2 t}\right)dt \ge \int_0^x 2dt$ 가 성립한다. 이로부터 주어진 부등식이 얻어진다.

우선 $x \ge 0$ 이면, 다음이 성립함을 보이자.

$$1 - x + x^2 - \cdots + x^{2n} - x^{2n+1} \le \frac{1}{1+x} \le 1 - x + x^2 - \cdots + x^{2n} \qquad (9.4)$$

등비수열의 합에 관한 공식을 이용하면, 다음이 얻어진다.

$$\frac{1-x^{2n+2}}{1+x} \le \frac{1}{1+x} \le \frac{1+x^{2n+1}}{1+x} \text{ 또는 } 1 - x^{2n+2} \le 1 \le 1 + x^{2n+1} \quad (x \ge 0)$$

정리 9.3과 부등식 (9.4)에 의해 주어진 부등식이 얻어진다.

9.7. $(\ln(\cos x))' = -\tan x$, $\left(-\dfrac{x^2}{2}\right)' = -x$ 이므로, 부등식 $-\tan x \le -x$ $\left(0 \le x < \dfrac{\pi}{2}\right)$과 정리 9.3에 의해 주어진 부등식이 얻어진다.

9.8. 영역 $\left[0; \dfrac{\pi}{2}\right]$에서 함수 $F(x) = \sin x - \dfrac{x(\pi - x)}{2}$와 영역 $\left[0; \dfrac{\pi}{2}\right]$에서 함수 $G(x) = F'(x) = \cos x + x - \dfrac{\pi}{2}$를 생각하자. $G'(x) \ge 0$ 이므로, $x \le \dfrac{\pi}{2}$ 에서 $G(x) \le G(\pi/2)$, $F'(x) = \cos x + x - \dfrac{\pi}{2} \le 0$ 이 성립하며, $x \ge 0$ 이므로 $F(x) \ge F(0) = 0$ 이다. 이와 같이 $\sin x - \dfrac{x(\pi - x)}{2} \ge 0$ 이 성립한다.

9.9. 영역 $\left[0; \dfrac{\pi}{2}\right)$에서 함수 $f(x) = x - \tan x + \dfrac{\tan^3 x}{3}$를 생각하자.

$f'(x) = 1 - (\tan x)' + \tan^2 x \cdot (\tan x)' = \tan^4 x \ge 0$ 이 성립하며,

$f(x) \geq f(0) = 0$ 즉 $x \geq \tan x - \dfrac{\tan^3 x}{3}$ 이다.

9.10. $x > 0$ 에서 $\operatorname{arccot} x > \dfrac{x}{1+x^2}$ 라는 것을 증명하자. 영역 $(0;+\infty)$ 에서 함수

$f(x) = \operatorname{arccot} x - \dfrac{x}{1+x^2}$ 를 생각하자.

$f'(x) = -\dfrac{1}{1+x^2} - \dfrac{1-x^2}{(1+x^2)^2} = -\dfrac{2}{(1+x^2)^2} < 0$ 이 성립한다.

즉 영역 $(0;+\infty)$ 에서 함수 $f(x)$ 는 감소하고, $\lim\limits_{x \to +\infty} f(x) = 0$ 이므로

$f(x) > 0$ 이다.

9.11. 다음이 성립한다.

$$\int_{n+k-1}^{n+k} \frac{1}{n+k} dx < \int_{n+k-1}^{n+k} \frac{1}{x} dx, \qquad k = 1,\ 2,\ \cdots,\ 2n$$

이로부터, 다음을 알 수 있다.

$$\frac{1}{n+1} + \frac{1}{n+2} + \cdots + \frac{1}{3n} < \int_{n}^{n+1} \frac{1}{x} dx + \int_{n+1}^{n+2} \frac{1}{x} dx + \cdots + \int_{3n-1}^{3n} \frac{1}{x} dx$$

$$= \int_{n}^{3n} \frac{1}{x} dx = \ln x \Big|_{n}^{3n} = \ln 3$$

9.12. 우선 $0 < x \leq \dfrac{\pi}{2}$ 일 때에 $\dfrac{\sin x}{x} > \dfrac{3\cos x}{1+2\cos x}$ 또는 $0 < x < \dfrac{\pi}{2}$ 일 때에

$\tan x + 2\sin x > 3x$ 를 증명하자.

영역 $\left(0;\dfrac{\pi}{2}\right)$에서 함수 $f(x)=\tan x+2\sin x-3x$ 를 생각하자.

$f(0)=0$ 이고 도함수가 영역 $\left(0;\dfrac{\pi}{2}\right)$에서 양의 값을 가지므로, 다음이 된다.

$$f'(x)=\frac{1}{\cos^2 x}+2\cos x-3$$

$$=\frac{1}{\cos^2 x}+\cos x+\cos x-3>3\sqrt[3]{\frac{\cos x\cdot\cos x}{\cos^2 x}}-3=0$$

왜냐 하면, $\dfrac{1}{\cos^2 x}\neq\cos x$ 이다.

결국 함수 $f(x)$ 는 영역 $\left[0;\dfrac{\pi}{2}\right)$에서 증가하고, 이로부터 $f(x)>f(0)$ 이다.

영역 $\left(0;\dfrac{\pi}{2}\right)$에서 부등식 $\dfrac{\sin x}{x}<\dfrac{3}{4-\cos x}$ 는 부등식
$4\sin x-\sin x\cos x<3x$ 와 동치이다. 이 부등식의 증명을 위해 주어진
영역에서 함수 $F(x)=4\sin x-\sin x\cos x-3x$ 를 생각한다.

$0<x<\dfrac{\pi}{2}$ 에서 다음이 성립한다.

$$F'(x)=4\cos x-\cos 2x-3=4\cos x-2\cos^2 x-2=-2(\cos x-1)^2<0$$

그러므로 $\left[0;\dfrac{\pi}{2}\right)$에서 함수 $F(x)$는 감소하고, $F(x)<F(0)=0$ 이다.

9.13. 영역 $(0;+\infty)$ 에서 함수 $f(x)=\dfrac{x^{p-1}}{pb}+\dfrac{b^{q-1}}{qx}$ 를 생각하자.

$f'(x)=\dfrac{p-1}{p}\cdot\dfrac{x^{p-2}}{b}-\dfrac{b^{q-1}}{qx^2}=\dfrac{x^p-b^q}{qbx^2}$ 이므로, $x>b^{\frac{q}{p}}$ 에서 $f'(x)>0$ 이고 $0<x<b^{\frac{q}{p}}$ 에서 $f'(x)<0$ 이다. 이와 같이, 영역 $\left(0;b^{\frac{q}{b}}\right]$ 에서 함수 $f(x)$ 는 감소하고, 영역 $\left[b^{\frac{q}{p}};+\infty\right)$ 에서는 증가한다. 결국 함수 $f(x)$ 는 $x=b^{\frac{q}{p}}$ 에서 최솟값을 가진다. 즉 다음을 알 수 있다.

$$\frac{x^{p-1}}{pb}+\frac{b^{q-1}}{qx}\geq\frac{\left(b^{\frac{q}{p}}\right)^{p-1}}{pb}+\frac{b^{q-1}}{qb^{\frac{q}{p}}}=\frac{1}{p}+\frac{1}{q}=1 \quad \text{또는} \quad \frac{x^p}{p}+\frac{b^q}{q}\geq xb$$

이로부터 $x=a$ 일 때에 주어진 부등식을 얻을 수 있다.

9.14. $\dfrac{a}{b}$ 를 c 로 나타내자.

이 경우에 $c>1$ 이고 $\dfrac{a^p-b^p}{a^p+b^p}=\dfrac{c^p-1}{c^p+1}$, $\dfrac{a^n-b^n}{a^n+b^n}=\dfrac{c^n-1}{c^n+1}$ 이다.

영역 $(-\infty;+\infty)$ 에서 함수 $f(x)=\dfrac{c^x-1}{c^x+1}$ 를 생각하자.

$f'(x)=\dfrac{2c^x\ln c}{(c^x+1)^2}>0$ 이다. 그러므로 함수 $f(x)$ 는 이 영역에서 증가한다.

즉 $p>m$ 에서 $f(p)>f(n)$ 이며 $\dfrac{c^p-1}{c^p+1}>\dfrac{c^n-1}{c^n+1}$ 이다.

9.15. 어렵지 않게 주어진 부등식은 $(1+x^t)^{\frac{1}{t}} \le \frac{x+\sqrt{x^2+4}}{2}$ 와 동치임을 알 수 있다. 그리고 이 부등식의 증명은 연습문제 9.21과 부등식 $(1+x^2)^{\frac{1}{2}} \le \frac{x+\sqrt{x^2+4}}{2}$ 로 부터 얻어진다.

9.16. 영역 $(-\infty;+\infty)$ 에서 함수 $f(x)=e^x+b(\ln b-1)-xb$ 를 생각하자. $f'(x)=e^x-b$ 이며, 함수 $f(x)$ 는 영역 $[\ln b;+\infty)$ 에서 증가한다. 그리고 영역 $(-\infty;\ln b]$ 에서는 감소한다. 그러므로 $x=\ln b$ 에서 함수는 최솟값을 가진다. 즉 $f(x)\ge f(\ln b)$ 이며, 이로부터 $f(a)\ge e^{\ln b}+b(\ln b-1)-b\ln b=0$ 이다.

9.17. 영역 $[1,+\infty)$ 에서 함수 $f(x)=\frac{x^2-1}{x}-2\ln x-\frac{\ln^3 x}{3}$ 를 생각하자.

$f'(x)=1+\frac{1}{x^2}-\frac{2}{x}-\frac{\ln^2 x}{x}=\frac{(x-1)^2}{x^2}-\frac{\ln^2 x}{x}$ 이 성립한다. 함수 $f'(x)$ 의 부호를 생각하기 위해, 주어진 영역에서 함수 $g(x)=\frac{(x-1)^2}{x}-\ln^2$ 의 부호를 살펴보자. 다음이 성립한다.

$$g'(x)=\frac{x^2-1}{x^2}-\frac{2\ln x}{x}=\frac{\frac{x^2-1}{x}-2\ln x}{2x}$$

이제 영역 $[1,+\infty)$ 에서 함수 $F(x)=\frac{x^2-1}{x}-2\ln x$ 를 생각하자.

$F'(x)=\frac{x^2+1}{x^2}-\frac{2}{x}=\frac{(x-1)^2}{x^2}\geq 0$ 이므로, $x\geq 1$ 에서 $F(x)\geq F(1)=0$ 이며, $g'(x)\geq 0$ 이다. 이로부터 $g(x)\geq g(1)=0$ 이고 결국 $f'(x)\geq 0$, 즉 $f(x)\geq f(1)=0$ 이다.

9.18. 영역 $\left[0;\frac{\pi}{4}\right]$ 에서 함수 $f(x)=2^{\sin x}+2^{\cos x}-3$ 을 생각하자.

$2^{\sin x-\cos x}-\tan x\geq 0$ 이므로 $f'(x)=2^{\cos x}\cdot\cos x\ln 2(2^{\sin x-\cos x}-\tan x)\geq 0$ 이다.

실제로 영역 $\left[0;\frac{\pi}{4}\right]$ 에서 함수 $F(x)=\sin x-\cos x-\log_2\tan x$ 를 생각하면, 다음이 얻어진다.

$$F'(x)=\cos x+\sin x-\frac{1}{\sin x\cos x\ln 2}$$

$$=\frac{1}{\sin x\cos x}\left(\frac{\sqrt{2}}{2}\sin(x+\pi/4)\sin 2x-\frac{1}{\ln 2}\right)$$

$$\leq\frac{1}{\sin x\cos x}(\frac{\sqrt{2}}{2}-\frac{1}{\ln 2})<0$$

결국 $F(x)\geq F(\pi/4)=0$ 또는 $2^{\sin x-\cos x}-\tan x\geq 0$ 이다. 이와 같이, $f'(x)\geq 0$, 즉 $f(x)\geq f(0)=0$ 이다.

$\frac{\pi}{4}\leq x\leq\frac{\pi}{2}$ 에서 $f(\frac{\pi}{2}-x)\geq 0$ 이고 항등식 $f(x)=f(\frac{\pi}{2}-x)$ 를 이용하면, $f(x)\geq 0$ 이 얻어진다.

9.19. 다음이 성립한다.

$$1^k + 2^k + \cdots + n^k < \int_1^2 x^k dx + \int_2^3 x^k dx + \cdots + \int_n^{n+1} x^k dx$$

$$= \int_1^{n+1} x^k dx = \frac{(n+1)^{k+1}}{k+1} - \frac{1}{k+1} < \frac{(n+1)^{k+1}}{k+1} = (1+\frac{1}{n})^{k+1} \cdot \frac{n^{k+1}}{k+1}$$

비슷하게 다음이 성립한다.

$$1^k + 2^k + \cdots + n^k > \int_0^1 x^k dx + \int_1^2 x^k dx + \cdots + \int_{n-1}^{n} x^k dx = \int_0^n x^k dx = \frac{x^{k+1}}{k+1}\Big|_0^n = \frac{n^{k+1}}{k+1}$$

9.20. (a) 다음이 성립한다.

$$\ln 2 + \ln 3 + \cdots \ln n > \int_1^2 \ln x\, dx + \int_2^3 \ln x\, dx + \cdots + \int_{n-1}^{n} \ln x\, dx = \int_1^n \ln x\, dx$$

$$= (x \ln x - x)\Big|_1^n = n \ln n - n + 1 > n \ln n - n$$

그러므로 $n! > \left(\frac{n}{e}\right)^n$ 이다.

(b) 어렵지 않게 $7! > 7\left(\frac{7}{e}\right)^7$ 를 확인할 수 있다. $n \geq 8$ 이라 하자. 그러면 다음이 성립한다.

$$\ln 2 + \ln 3 + \cdots \ln n < \ln 7! + \int_8^9 \ln x\, dx + \cdots + \int_n^{n+1} \ln x\, dx = \ln 7! + \int_8^{n+1} \ln x\, dx$$

$$= \ln 7! + \left(x \ln x - x\right)\Big|_8^{n+1} < \left(n+1\right)\left(\ln\left(n+1\right) - 1\right) - 8\left(\ln 8 - 1\right) + 8 \ln 7 - 7$$

$$< \left(n+1\right) \ln n - n$$

그리고 $n! < n\left(\frac{n}{e}\right)^n$ 이다(연습문제 3.16(b)를 참고할 것).

9.21. 영역 $(0,+\infty)$ 에서 함수 $f(x)=(a^x+b^x)^{\frac{1}{x}}$ 를 생각하면, 다음이 성립한다.

$$f'(x)=(a^x+b^x)^{\frac{1}{x}}\cdot\frac{a^x\ln a^x+b^x\ln b^x-\ln(a^x+b^x)^{a^x+b^x}}{x^2(a^x+b^x)}$$

$c>0$ 인 영역 $(0,c]$ 에서 함수 $F(t)=t\ln t+c\ln c-(t+c)\ln(t+c)$ 를 생각하자. 다음이 성립한다.

$$F'(t)=1+\ln t-1-\ln(t+c)=\ln\frac{t}{t+c}<\ln 1=0$$

결국 $F(t)\le F(c)=2c\ln c-2c\ln 2c<0$ 이다.

$a^x\ge b^x$ 라 하자.

$c=a^x$, $t=b^x$ 로 하면, 다음이 얻어진다.

$$a^x\ln a^x+b^x\ln b^x-(a^x+b^x)\ln(a^x+b^x)<0$$

그러므로 $f'(x)<0$ 이고 영역 $(0,+\infty)$ 에서 함수 $f(x)$ 는 감소하며,

$\beta>\alpha>0$ 인 경우에 $(a^\alpha+b^\alpha)^{\frac{1}{\alpha}}>(a^\beta+b^\beta)^{\frac{1}{\beta}}$ 이다.

9.22. 영역 $(0,+\infty)$ 에서 함수 $f(x)=\dfrac{x^a}{(x+d)^{a+b}}$ 를 생각하자. 그러면 다음이 성립한다.

$$f'(x)=\frac{x^{a-1}}{(x+d)^{a+b+1}}\cdot(ad-bx)$$

그러므로 $0<x<\dfrac{ad}{b}$ 이면 $f'(x)>0$ 이고, $x>\dfrac{ad}{b}$ 이면 $f'(x)<0$ 이다. 이와 같이, 영역 $\left(0;\dfrac{ad}{b}\right]$ 에서 함수 $f(x)$ 는 증가하고, 영역 $\left[\dfrac{ad}{b};+\infty\right)$ 에서는

감소한다. 결국 점 $x=\frac{ad}{b}$ 에서 함수 $f(x)$는 최댓값을 가진다. 이와 같이

$f(x)\le f\left(\frac{ad}{b}\right)$ 이고 $f(c)\le f\left(\frac{ad}{b}\right)$, $\frac{c^a}{(c+d)^{a+b}}\le\frac{\left(\frac{ad}{b}\right)^a}{\left(d+\frac{ad}{b}\right)^{a+b}}$ 이다.

이로부터 $\left(\frac{a+b}{c+d}\right)^{a+b}\le\left(\frac{a}{c}\right)^a\cdot\left(\frac{b}{d}\right)^b$ 이 얻어진다.

9.23. 다음이 성립한다.

$$\frac{1}{\sqrt[3]{4}}+\frac{1}{\sqrt[3]{5}}+\cdots+\frac{1}{\sqrt[3]{10^6}}<\int_3^4\frac{1}{\sqrt[3]{x}}dx+\int_4^5\frac{1}{\sqrt[3]{x}}dx+\cdots+\int_{10^6-1}^{10^6}\frac{1}{\sqrt[3]{x}}dx$$

$$=\int_3^{10^6}\frac{1}{\sqrt[3]{x}}dx=\frac{3}{2}\sqrt[3]{10^{12}}-\frac{3}{2}\sqrt[3]{9}=14997+3\left(1-\frac{\sqrt[3]{9}}{2}\right)<14997$$

비슷하게 다음이 성립한다.

$$\frac{1}{\sqrt[3]{4}}+\frac{1}{\sqrt[3]{5}}+\cdots+\frac{1}{\sqrt[3]{10^6}}>\int_4^5\frac{1}{\sqrt[3]{x}}dx+\int_5^6\frac{1}{\sqrt[3]{x}}dx+\cdots+\int_{10^6}^{10^6+1}\frac{1}{\sqrt[3]{x}}dx$$

$$=\int_4^{10^6+1}\frac{1}{\sqrt[3]{x}}dx=\frac{3}{2}\sqrt[3]{(10^6+1)^2}-\frac{3}{2}\sqrt[3]{16}>\frac{3}{2}\sqrt[3]{10^{12}}-\frac{3}{2}\sqrt[3]{16}$$

$$=\frac{3}{2}10^4-\frac{3}{2}\sqrt[3]{16}=1500-\frac{3}{2}\sqrt[3]{16}=14996+\frac{8-3\sqrt[3]{16}}{2}>14996$$

이와 같이, $14996<\frac{1}{\sqrt[3]{4}}+\cdots+\frac{1}{\sqrt[3]{10^6}}<14997$ 이며, 주어진 수의 정수부분은

14996이다.

9.24. 다음이 성립한다.

$$\frac{1}{2}+\frac{1}{3\sqrt{2}}+\frac{1}{4\sqrt{3}}+\cdots+\frac{1}{(n+1)\sqrt{n}}$$

$$<\frac{1}{2}+\frac{1}{3\sqrt{2}}+\frac{1}{4\sqrt{3}}+\frac{1}{5\sqrt{4}}+\frac{1}{5\sqrt{5}}+\frac{1}{6\sqrt{6}}+\cdots+\frac{1}{n\sqrt{n}}$$

$$<\frac{1}{2}+\frac{1}{3\sqrt{2}}+\frac{1}{4\sqrt{3}}+\frac{1}{5\sqrt{4}}+\int_4^5\frac{1}{x\sqrt{x}}dx+\cdots+\int_{n-1}^n\frac{1}{x\sqrt{x}}dx$$

$$=\frac{1}{2}+\frac{1}{3\sqrt{2}}+\frac{1}{4\sqrt{3}}+\frac{1}{10}+\int_4^n\frac{1}{x\sqrt{x}}dx$$

$$=\frac{1}{2}+\frac{1}{10}+\frac{1}{3\sqrt{2}}+\frac{1}{4\sqrt{3}}+1-\frac{2}{\sqrt{n}}<1,6+\frac{1}{3\sqrt{2}}+\frac{1}{4\sqrt{3}}<2$$

왜냐 하면, $\frac{1}{3\sqrt{2}}+\frac{1}{4\sqrt{3}}=\frac{2\sqrt{2}+\sqrt{3}}{12}<\frac{2\cdot 1.5+1.8}{12}=0.4$ 이다. 결국

$\frac{1}{2}+\frac{1}{3\sqrt{2}}+\cdots+\frac{1}{(n+1)\sqrt{n}}<2$ 이다.

9.25. (a) 영역 $(-1,+\infty)$ 에서 함수 $f(x)=(1+x)^{\alpha}-1-\alpha x$ 를 생각하자.

$f'(x)=\alpha(1+x)^{\alpha-1}-\alpha$, $\alpha>1$ 이므로, $-1<x<0$ 에서 $f'(x)<0$ 가 성립하며 $f(x)>f(0)=0$ 이다. 그리고 $x>0$ 에서 $f'(x)>0$ 가 성립하며 $f(x)>f(0)=0$ 이다.

(b) 위의 (a)의 증명을 참고하라.

(c) 두 가지 경우를 생각하자.

첫째, $\max(x_1, \ldots, x_n)\geq 1$ 인 경우.

$\max(x_1, \ldots, x_n)=x_i$, $j\neq i$ 라 하면, $(S-x_j)^{x_j}\geq x_i^{x_j}\geq 1$ 이며,

$(S-x_1)^{x_1}+\ldots+(S-x_n)^{x_n}>n-1$ 이다.

둘째, $\max(x_1, \ldots, x_n)<1$ 인 경우.

연습문제 9.25(c)의 부등식을 이용하면, 다음이 성립한다.

$$(S-x_k)^{x_k}=\frac{S-x_k}{(1+S-x_k-1)^{1-x_k}}\ge\frac{S-x_k}{1+(1-x_k)(S-x_k-1)}$$

$$=\frac{S-x_k}{S-x_k(S-x_k)}>\frac{S-x_k}{S},\ k=1,\ \ldots,\ n$$

결국 $(S-x_1)^{x_1}+\ldots+(S-x_n)^{x_n}>\frac{S-x_1}{S}+\ldots+\frac{S-x_n}{S}=n-1$ 이다.

9.26. $-|\sin x|\le f(x)\le|\sin x|$ 가 성립한다. $0\le x\le\frac{\pi}{2}$ 일 때에

$-\sin x\le f(x)\le\sin x$ 이며, 이로부터 $-\frac{\sin x}{x}\le\frac{f(x)}{x}\le\frac{\sin x}{x}$ 이며

$-\lim_{x\to0}\frac{\sin x}{x}\le\lim_{x\to0}\frac{f(x)}{x}\le\lim_{x\to0}\frac{\sin x}{x}=1\ \ (x>0)$ 이다.

한편, $\lim_{x\to0}\frac{f(x)}{x}=\lim_{x\to0}\frac{f(x)-f(0)}{x-0}=f'(0)=a_1+2a_2+\cdots+n\cdot a_n$ 이다.

이와 같이, $-1\le a_1+2a_2+\cdots+n\cdot a_n\le1$ 이 얻어진다.

9.27. $x\ge0$ 일 때에 주어진 부등식은 부등식 $\frac{x}{\sqrt{x+1}}\ge\ln(1+x)$ 와 동치이며, 이

부등식의 증명을 위해 영역 $(-1;+\infty)$ 에서 함수 $f(x)=\frac{x}{\sqrt{1+x}}-\ln(1+x)$ 를

생각하자.

$f'(x) = \dfrac{(\sqrt{x+1}-1)^2}{2\sqrt{x+1}(x+1)} \geq 0$ 이므로, $x \geq 0$ 에서 $f(x) \geq f(0) = 0$ 이 성립한다.

그리고 $-1 < x \leq 0$ 에서 주어진 부등식은 부등식 $f(x) \leq f(0) = 0$ 과 동치이다.

9.28. 영역 $(0, +\infty)$ 에서 함수 $f(x) = \dfrac{\ln x}{x}$ 를 생각하자.

$f'(x) = \dfrac{1 - \ln x}{x^2}$ 이므로, 영역 $(e, +\infty)$ 에서 함수 $f(x)$ 는 감소하며,

$n+1 > n \geq 3$ 이면 $f(n+1) < f(n)$ 또는 $\dfrac{\ln(n+1)}{n+1} < \dfrac{\ln n}{n}$ 이다. 이로부터

$\sqrt[n+1]{n+1} < \sqrt[n]{n}$ 이다.

9.29. 우선 $x \geq 0$ 에서 $f(x) = b^x - 1 - x\ln b \geq 0$ 을 증명하자. 왜냐 하면

$f'(x) = \ln b(b^x - 1)$ 이다. $b \geq 1$ 일 때에 $\ln b \geq 0$, $b^x - 1 \geq 0$ 이며,

$f'(x) \geq 0$ 이다. $0 < b < 1$ 일 때에 $\ln b < 0$, $b^x - 1 \leq 0$ 이며, $f'(x) \geq 0$ 이다.

이와 같이, $f'(x) \geq 0$, 즉 $f(x) \geq f(0)$ 이 얻어진다. 결국 $b^x \geq 1 + x\ln b$ 이며,

이로부터 다음이 얻어질 수 있다.

$$a_1 b_1^x + a_2 b_2^x + \cdots + a_n b_n^x \geq a_1(1 + x\ln b_1) + a_2(1 + x\ln b_2) + \cdots + a_n(1 + x\ln b_n)$$

$$= a_1 + a_2 + \cdots + a_n + x\ln(b_1^{a_1} \cdot b_2^{a_2} \cdot \cdots \cdot b_n^{a_n}) = a_1 + a_2 + \cdots + a_n$$

9.30. 주어진 부등식은 $x\ln x > \ln a + (x+1)\ln\dfrac{x+1}{a+1}$ 과 동치이다.

영역 $\left[\dfrac{1}{a}; +\infty\right)$ 에서 함수 $f(x) = x\ln x - \ln a - (x+1)\ln\dfrac{x+1}{a+1}$ 을 생각하자.

$x > \frac{1}{a}$ 에서 $f'(x) = \ln\frac{x(a+1)}{x+1} > 0$ 이므로, 주어진 영역에서 함수 $f(x)$ 는 증가하며, $x > \frac{1}{a}$ 에서 $f(x) > f\left(\frac{1}{a}\right) = 0$ 이 성립한다.

9.31. 영역 $(-\infty, 0)$ 과 $(0, +\infty)$ 에서 함수 $f(x) = \dfrac{\ln\dfrac{a_1^x + \cdots + a_n^x}{n}}{x}$ 를 생각하자.

다음이 성립한다.

$$f'(x) = \frac{\dfrac{a_1^x \ln a_1 + \cdots + a_n^x \ln a_n}{a_1^x + \cdots + a_n^x}\cdot x - \ln\dfrac{a_1^x + \cdots + a_n^x}{n}}{x^2} = \frac{n}{x^2\left(a_1^x + \ldots + a_n^x\right)}$$

$$\left(\frac{a_1^x \ln a_1^x + \cdots + a_n^x \ln a_n^x}{n} - \frac{a_1^x + \cdots + a_n^x}{n}\cdot\ln\frac{a_1^x + \cdots + a_n^x}{n}\right) \geq 0$$

왜냐 하면, 영역 $(0; +\infty)$ 에서 함수 $f(t) = t\ln t$ 는 볼록이기 때문이다.

실제로 $f'(t) = \ln t + 1$, $f''(t) = \frac{1}{t} > 0$ 이다. 결국 $\alpha \geq \beta > 0$ 또는 $0 > \alpha \geq \beta$ 이면 다음이 성립한다.

$$\left(\frac{a_1^\alpha + \cdots + a_n^\alpha}{n}\right)^{1/\alpha} \geq \left(\frac{a_1^\beta + \cdots + a_n^\beta}{n}\right)^{1/\beta}$$

그리고 $\alpha > 0 > \beta$ 이면, 다음이 성립한다.

$$\left(\frac{a_1^\alpha + \cdots + a_n^\alpha}{n}\right)^{1/\alpha} \geq \left(\sqrt[n]{a_1^\alpha \cdots a_n^\alpha}\right)^{1/\alpha} = \sqrt[n]{a_1 \cdots a_n},$$

$$\left(\frac{a_1^\beta + \cdots + a_n^\beta}{n}\right)^{1/\beta} \leq \left(\sqrt[n]{a_1^\beta \cdots a_n^\beta}\right)^{1/\beta} = \sqrt[n]{a_1 \cdots a_n}$$

결국 $\left(\dfrac{a_1^\alpha+\cdots+a_n^\alpha}{n}\right)^{1/\alpha} \ge \left(\dfrac{a_1^\beta+\cdots+a_n^\beta}{n}\right)^{1/\beta}$ 이 성립한다.

9.32. (a) 일반성을 잃지 않고 $a \ge b$ 라 할 수 있다. 이 경우에 주어진 부등식은

$\dfrac{2\left(\dfrac{a}{b}-1\right)}{\dfrac{a}{b}+1} < \ln\dfrac{a}{b} < \sqrt{\dfrac{a}{b}} - \sqrt{\dfrac{b}{a}}$ 와 동치이다. 영역 $[1,+\infty)$ 에서 함수

$f(x)=\ln x - 2\cdot\dfrac{x-1}{x+1}$ 를 조사하자.

$f'(x)=\dfrac{(x-1)^2}{x(x+1)^2}>0$, $(x>1)$ 이 성립하므로, 영역 $[1,+\infty)$ 에서 함수

$f(x)$ 는 증가하며, $x>1$ 일 때에 $f(x)>f(1)=0$ 이다.

$x=\dfrac{a}{b}$ 로 잡으면, 부등식 $\dfrac{2\left(\dfrac{a}{b}-1\right)}{\dfrac{a}{b}+1} < \ln\dfrac{a}{b}$ 을 얻을 수 있다. 두 번째

부등식의 증명을 위해 $\sqrt{\dfrac{a}{b}}=x$ 라 놓고, 영역 $[1,+\infty)$ 에서 함수

$g(x)=2\ln x - x + \dfrac{1}{x}$ 를 조사하자.

$g'(x)=-\dfrac{(x-1)^2}{x^2}<0$, $(x>1)$ 가 성립하며, 영역 $[1,+\infty)$ 에서 함수

$g(x)$ 는 감소한다. 그리고 $x>1$ 에서 $g(x)<g(1)=0$ 이며,

$\ln\dfrac{a}{b} < \sqrt{\dfrac{a}{b}} - \sqrt{\dfrac{b}{a}}$ 이다.

(b) $a=x+1$, $b=1$로 잡자. 연습문제 9.32(a)의 부등식을 이용하면 $\frac{2x}{x+2}<\ln(x+1)<\frac{x}{\sqrt{x+1}}$이 성립한다. 이제 $\frac{x}{\sqrt{x+1}}<\frac{x(x+2)}{2(x+1)}$을 생각하자.

(c) $a=x,\ b=1$로 잡고, 부등식 $\sqrt{ab}<\frac{a-b}{\ln a-\ln b}$를 이용하자. 그러면 $\sqrt{x}<\frac{x-1}{\ln x}$이고 이로부터 $\frac{\ln x}{x-1}<\frac{1}{\sqrt{x}}$이 성립한다.

(d) $a=x+1,\ b=x$로 잡고, 연습문제 9.32(a)의 부등식을 이용하면 다음이 성립한다.

$$\sqrt{x(x+1)}<\frac{1}{\ln\frac{x+1}{x}}<\frac{x+(x+1)}{2}$$

이로부터 $\frac{2}{2x+1}<\ln\frac{x+1}{x}<\frac{1}{\sqrt{x(x+1)}}$이다. 이제

$\frac{1}{\sqrt{x(x+1)}}<\frac{2x+1}{2x(x+1)}$을 생각하자.

(e) 수 x, y에 대해 부등식 $\frac{a-b}{\ln a-\ln b}<\frac{a+b}{2}$을 쓰고, $\frac{a-b}{\ln a-\ln b}>0$을 염두에 두자. 그러면 $\left|\frac{x-y}{\ln x-\ln y}\right|<\frac{x+y}{2}$, $(x\neq y)$ 또는

$|\ln x-\ln y|>\frac{2}{x+y}\cdot|x-y|\geq|x-y|$이 성립한다. 왜냐 하면

$0<x,\ y\leq 1$이다. 그리고 $x=y$에서 성립하는 부등식을 얻을 수 있다.

(f) $I=(0;1]$, $x_1=y,\ x_2=x,\ x_3=1,\ f(x)=-\ln x$라 하자. 그러면 연습문제 7.12(a)의 부등식에 의해 $x\ln y-\ln y\geq y\ln x-\ln x>y\ln y-\ln x$이

유도된다.

(g) 연습문제 9.25(b)의 부등식에 의해 $\left(1+\frac{1}{y}\right)^{x-y} < 1+\frac{x-y}{y} = \frac{x}{y}$ 가 성립한다.

이로부터 다음이 얻어진다.

$$\ln\left(1+\frac{1}{y}\right) < \frac{\ln x - \ln y}{x-y}$$

9.33. (a) $p_k(x) = 1 - x + \frac{x^2}{2!} - \cdots + \frac{x^{2k}}{(2k)!}$, $k = 0, 1, 2, \cdots$ 라 하자. $x \le 0$ 이면

$p_k(x) > 0$ 이다.

이제 $x > 0$ 에서 $p_k(x) - e^{-x} > 0$ 을 증명하자. $k = 0$ 일 때에 부등식

$p_0(x) - e^{-x} = 1 - e^{-x} > 0$ 이 성립한다.

$k = n$ 에서($x > 0$ 일 때) 부등식 $p_n(x) - e^{-x} > 0$ 가 성립한다고 가정하고,

이 부등식이 $k = n+1$ 인 경우에(즉 부등식 $p_{n+1}(x) - e^{-x} > 0$)

성립한다는 것을 보이자.

실제로 $f(x) = p_{n+1}(x) - e^{-x}$ 라 놓으면, $x > 0$ 에서

$f''(x) = p_n(x) - e^{-x} > 0$ 이며 $f'(x) > f'(0) = 0$ 이다. 즉 $x > 0$ 에서

$f(x) > f(0) = 0$ 이 성립한다.

이와 같이, $x > 0$ 에서 $p_{n+1}(x) > e^{-x}$ 이 성립하며, 즉 $x > 0$ 에서

$p_k(x) > 0$ 이 성립한다.

(b) 임의의 값 x 에 대해 $p(x) \ge 0$ 이므로, n 은 짝수이다. 한편 다항식

$F(x) = P(x) + P'(x) + \cdots + P^{(n)}(x)$ 은 n 차이다. 이때 다항식 $F(x)$ 가

최솟값을 가진다는 것을 증명할 수 있다.

$\min_{(-\infty,+\infty)} F(x) = F(x_0)$ 라 하면, $F'(x_0) = 0$ 이다. 이와 같이, 다음이 성립한다.

$F'(x_0) = P'(x_0) + P''(x_0) + \cdots + P^{(n)}(x_0) + P^{(n+1)}(x_0)$

$= P'(x_0) + P''(x_0) + \cdots + P^{(n)}(x_0) = 0$,

$F(x_0) = P(x_0) + P'(x_0) + P''(x_0) + \cdots + P^{(n)}(x_0)$

$= P(x_0) \ge 0$

결국 모든 값 x 에 대해 $F(x) \ge F(x_0) \ge 0$, 즉 $F(x) \ge 0$ 이 성립한다.

$P(x) = \frac{x^{2n}}{(2n)!}$ 으로 잡으면, $\frac{x^{2n}}{(2n)!} + \frac{x^{2n-1}}{(2n-1)!} + \cdots + 1 \ge 0$ 이 얻어진다(연습문제 9.33(a)를 참고할 것).

9.34. 영역 $[0;b]$ 에서 함수 $f(x) = a^r - b^r + x^r - (a-b+x)^r$ 를 생각하자.

$\frac{a-b}{x} \ge 0$ 이고 $r-1 \ge 0$ 이므로,

$f'(x) = rx^{r-1} - r(a-b+x)^{r-1} = rx^{r-1}(1-(1+\frac{a-b}{x})^{r-1}) \le 0$ 이다. 즉 영역 $[0;b]$ 에서 함수 $f(x)$ 는 증가하지 않으며, $f(x) \ge f(b) = 0$, 즉 $f(c) \ge 0$ 또는 $a^r - b^r + c^r \ge (a-b+c)^r$ 이 성립한다.

9.35. $0 \le x \le 1$ 에서 $0 \le x^k \le x^m \le 1$ 이 성립하며, $(1-x^k)^m \ge (1-x^m)^m$ 이다. 결국 $(1-x_1^m)^m + \ldots + (1-x_n^m)^m \ge n-1$ 을 증명하면 된다.

$n \ge 3$ 이고 $x_1 \le \ldots \le x_n$ 이라 하면, $x_1 + 2x_2 \le 1$ 이다. 다음을 증명하자.

$$(1-x_1^m)^m+(1-x_2^m)^m \ge 1+(1-(x_1+x_2)^m)^m \qquad (9.5)$$

영역 $[0;h]$ 에서 함수 $f(x)=(1-x^m)^m-(1-(x+x_2)^m)^m$ 를 생각하자. 이때 $h=\min(x_2;1-2x_2)$ 이다(만약 $h=0$, 이면 $x_1=0$ 이며 (9.5)가 성립한다).

$f'(x)=m^2\left((x+x_2-(x+x_2)^{m+1})^{m-1}-(x-x^{m+1})^{m-1}\right)$,

$x_2 \ge x_2((x+x_2)+x_2)^m \ge x_2((x+x_2)^m+\ldots+x_2^m) \ge x_2((x+x_2)^m+\ldots+x^m)$ 이므로, $x+x_2-(x+x_2)^{m+1} \ge x-x^{m+1}$, 즉 $f'(x) \ge 0$ 이 성립한다. 결국 $f(x_1) \ge f(0)$ 이며 $(1-x_1^m)^m-(1-(x_1+x_2)^m)^m \ge 1-(1-x_2^m)^m$ 이다.

부등식 (9.5)로부터 $n=2$ 인 경우에 부등식
$(1-x_1^m)^m+\ldots+(1-x_n^m)^m \ge n-1$ 을 증명하면 된다는 것을 알 수 있다.
$0 \le x_1 \le x_2$, $x_1+x_2 \le 1$ 이라 하고, $(1-x_1^m)^m+(1-x_2^m)^m \ge 1$ 을 증명하자.

$(1-x_1^m)^m+(1-x_2^m)^m \ge (1-x_1^m)^m+(1-(1-x_1)^m)^m$, $0 \le x_1 \le \dfrac{1}{2}$ 이 성립한다.

영역 $\left[0;\dfrac{1}{2}\right]$ 에서 함수 $g(x)=(1-x^m)^m+(1-(1-x)^m)^m$ 를 생각하자.

$g'(x)=m^2\left((1-x-(1-x)^{m+1})^{m-1}-(x-x^{m+1})^{m-1}\right)$,

$1-2x=(1-2x)(1-x+x)^m \ge (1-2x)((1-x)^m+\ldots+x^m)$ 이므로,

$1-x-(1-x)^{m+1} \ge x-x^{m+1}$ 이다. 즉 $g'(x) \ge 0$ 이며 $g(x_1) \ge g(0)$,

$(1-x_1^m)^m+(1-(1-x_1)^m)^m \ge 1$ 이다. 그러므로 $(1-x_1^m)^m+(1-x_2^m)^m \ge 1$ 이 성립한다.

9.36. $a_i = \frac{b_i}{i},\ i = 1, \ldots, n$ 이라 놓으면, $p(1) \geq 0$ 을 증명하면 된다. 이때

$p(x) = \sum_{i,j=1}^{n} \frac{b_i b_j}{i+j-1} \cdot x^{i+j-1} - x\left(\sum_{i=1}^{n} \frac{b_i}{i} \cdot x^{i-1}\right)^2$ 이다. 다음이 성립한다.

$$p'(x) = \sum_{i,j=1}^{n} b_i b_j x^{i+j-2} - \left(\frac{\left(\sum_{i=1}^{n} \frac{b_i}{i} \cdot x^i\right)^2}{x}\right)'$$

$$= \sum_{i,j=1}^{n} b_i b_j x^{i+j-2} - \frac{2\left(\sum_{i=1}^{n} \frac{b_i}{i} \cdot x^i\right)\left(\sum_{i=1}^{n} b_i \cdot x^{i-1}\right)x - \left(\sum_{i=1}^{n} \frac{b_i}{i} \cdot x^i\right)^2}{x^2}$$

$$= \left(\frac{\sum_{i=1}^{n} b_i \cdot x^i - \sum_{i=1}^{n} \frac{b_i}{i} \cdot x^i}{x}\right)^2 = \left(\sum_{i=1}^{n}\left(b_i - \frac{b_i}{i}\right) \cdot x^{i-1}\right)^2$$

이때 $x \neq 0$ 이다.

결국 $x > 0$ 에서 부등식 $p'(x) \geq 0$ 이 성립하며, $p(x)$ 는 영역 $[0; +\infty)$ 에서 감소함수가 아니며, $p(1) \geq p(0) = 0$ 이다.

내 힘으로 해결하기

다음 부등식을 증명하여라(1-13, 16-20).

1. $0 \le x \le \dfrac{\pi}{2}$에 대해 $2\sin x \ge \dfrac{\pi}{2} + (x - \dfrac{\pi}{2})\cos x$

2. $p > q > 0$에 대해 $\dfrac{x^p - 1}{p} > \dfrac{x^q - 1}{q}$

3. $n \in N$ 에 대해 $\sqrt{1} + \sqrt{2} + \cdots + \sqrt{n} > \dfrac{2}{3} n\sqrt{n}$

4. $x > 0$ 에 대해 $e^x \ge x^e$

5. $0 < \alpha < \dfrac{\pi}{2}$ 에 대해 $\dfrac{\sin\alpha}{\alpha} > 1 - \dfrac{\alpha^2}{6}$

6. $0 < \alpha < \dfrac{\pi}{2}$ 에 대해 $2\sin\alpha + \tan\alpha > 3\alpha$

7. $0 < x < \pi$ 에 대해 $\sin x + \dfrac{\sin 2x}{2} + \dfrac{\sin 3x}{3} > 0$

8. $a > 0,\ b > 0$ 에 대해 $\left(\dfrac{a+1}{b+1}\right)^{b+1} \ge \left(\dfrac{a}{b}\right)^b$

9. $0 \le a < b \le c$ 에 대해 $\dfrac{e^b - e^a}{b - a} < \dfrac{e^c - 1}{2c}(b + a) + 1$

10. (a) $0 < \alpha < \beta < \dfrac{\pi}{2}$ 에 대해 $\dfrac{\sin\alpha}{\alpha} > \dfrac{\sin\beta}{\beta}$

(b) $0 < \alpha < \beta < \dfrac{\pi}{2}$ 에 대해 $\dfrac{\tan\alpha}{\alpha} < \dfrac{\tan\beta}{\beta}$

11. $0 < x < \pi/2$ 에 대해 $\dfrac{2}{\pi}x < \sin x < x$

12. $0 < x < \dfrac{\pi}{2}$ 에 대해 $(\sin x)^{-2} \le x^{-2} + 1 - \dfrac{4}{\pi^2}$

13. (a) $0 < x < \dfrac{\pi}{2}$ 에 대해 $\tan x > x + \dfrac{x^3}{3}$

(b) $0 < x < \dfrac{\pi}{2}$ 에 대해 $x\cos x < 0.6$

(c) $0 < x < \dfrac{\pi}{2}$ 에 대해 $\left(\dfrac{\sin x}{x}\right)^3 \ge \cos x$

14. 반지름이 $\dfrac{1}{2}$ 인 원에 내접하는 정n 각형과 외접하는 정n 각형의 둘레를 p_n, q_n 이라 하자. 구간 $(p_n;q_n)$ 을 3등분하자. 얻어진 3등분 구간 중에서 수 π 는 어디에 속하는가?

15. $x \ge 0$, $a \ge 1$ 에 대해 $a^x \ge x^a$ 을 만족시키는 실수 x 를 구하여라.

16. (a) $a>0, b>0, c>0$ 에 대해 $\dfrac{a+b}{a+b+2ab}+\dfrac{a+c}{a+c+2}\geq\dfrac{2(b+1)(c+1)}{2bc+3b+c+2}$

(b) $a>0, b>0, c>0, d>0$ 에 대해

$$\frac{a+b}{a+b+2ab}+\frac{c+d}{c+d+2cd}+\frac{a+c}{a+c+2}+\frac{b+d}{b+d+2}\geq 2$$

17. $x>0$, $p\geq 2$ 에 대해 $x^p+x^{-p}+2^p\leq(x+x^{-1})^p+2$

18. (a) $x>1$ 에 대해 $\ln x>\dfrac{3(x^2-1)}{x^2+4x+1}$

(b) $a>0,\ b>0,\ a\neq b$ 에 대해 $\dfrac{a-b}{\ln a-\ln b}<\dfrac{1}{3}\left(2\sqrt{ab}+\dfrac{a+b}{2}\right)$

19. $0<x<\dfrac{\pi}{4}$ 에 대해 $(\cos x)^{\cos^2 x}>(\sin x)^{\sin^2 x}$

참고. 베르눌리 부등식(연습문제 9.25(a))에 의해

$(\cos x)^{\frac{\cos^2 x}{\sin^2 x}}>1+(\cos x-1)\cdot\dfrac{\cos^2 x}{\sin^2 x}$ 이 성립한다.

20. $a_i>0, b_i>0,\ \ i=1,\ldots,n,\ \ p>0, q>0$, $\dfrac{1}{p}+\dfrac{1}{q}=1$ 에 대해

$$\left(a_1^p+\ldots+a_n^p\right)^{\frac{1}{p}}\left(b_1^q+\ldots+b_n^q\right)^{\frac{1}{q}}\geq a_1b_1+\ldots+a_nb_n$$

참고. 조건 $a_1^p+\ldots+a_n^p=1$, $b_1^q+\ldots+b_n^q=1$ 에 대해 연습문제 9.13의 부등식을 사용하자.

10

함수 성질의 이용

변수 $x_1, x_2, \cdots, x_n$의 어떤 값들에 대해 부등식 $f(x_1, x_2, \cdots, x_n) \geq g(x_1, x_2, \cdots, x_n)$을 증명해야 한다고 하자.

이 부등식을 $f(x_1, x_2, \cdots, x_n) - g(x_1, x_2, \cdots, x_n) \geq 0$과 같이 변형시키고, $x_i (1 \leq i \leq n)$에 대한 함수 $F(x) = f(x_1, x_2, \cdots, x_n) - g(x_1, x_2, \cdots, x_n)$의 종속성을 조사하자(이때 변수 $x_1, \cdots, x_{i-1}, x_{i+1} \cdots, x_n$는 상수처럼 간주한다).

예제

10.1. $n \geq 2$에 대해 다음 부등식을 증명하여라.

$$\left(x_1^2 + x_2^2 + \ldots + x_n^2\right)\cos\frac{\pi}{n+1} \geq x_1x_2 + x_2x_3 + \ldots + x_{n-1}x_n$$

증명. 다음 함수를 생각하자.

$$F\left(x_1\right) = \cos\frac{\pi}{n+1}x_1^2 - x_2x_1 + \left(x_2^2 + \ldots + x_n^2\right)\cos\frac{\pi}{n+1} - x_2x_3 - \ldots - x_{n-1}x_n$$

이 함수는 $x_1 = \dfrac{x_2}{2\cos\dfrac{\pi}{n+1}}$에서 최솟값을 가지며, 다음이 성립한다.

$$F(x_1)=(x_1^2+x_2^2+\ldots+x_n^2)\cos\frac{\pi}{n+1}-x_1x_2-\ldots-x_{n-1}x_n\ge F\left(\frac{x_2}{2\cos\frac{\pi}{n+1}}\right)$$

어렵지 않게 다음을 증명할 수 있다.

$$F\left(\frac{x_2}{2\cos\frac{\pi}{n+1}}\right)$$

$$=\left(\frac{\sin\frac{3\pi}{n+1}}{2\sin\frac{2\pi}{n+1}\cos\frac{\pi}{n+1}}x_2^2+x_3^2+\ldots+x_n^2\right)\cos\frac{\pi}{n+1}-x_2x_3-\ldots-x_{n-1}x_n$$

이차함수 $G(x_2)=F\left(\frac{x_2}{2\cos\frac{\pi}{n+1}}\right)$을 생각하면, 다음을 얻을 수 있다.

$$G\left(x_2\right)\ge G\left(\frac{\sin\frac{2\pi}{n+1}}{\sin\frac{3\pi}{n+1}}x_3\right)$$

$$=\left(\frac{\sin\frac{4\pi}{n+1}}{2\sin\frac{3\pi}{n+1}\cos\frac{\pi}{n+1}}x_3^2+\ldots+x_n^2\right)\cos\frac{\pi}{n+1}-x_3x_4-\ldots-x_{n-1}x_n$$

변수 $x_3,\ldots,x_n$에 대해 비슷하게 생각하면, 다음을 얻을 수 있다.

$$F(x_1)\ge G(x_2)\ge\ldots\ge\frac{\sin\frac{(n+1)\pi}{n+1}}{2\sin\frac{n\pi}{n+1}\cos\frac{\pi}{n+1}}x_n^2\cos\frac{\pi}{n+1}=0$$

결국 다음을 알 수 있다.

$$(x_1^2 + x_2^2 + \dots + x_n^2)\cos\frac{\pi}{n+1} \ge x_1 x_2 + \dots + x_{n-1}x_n$$

몇몇 부등식의 증명에서 다음과 같은 함수의 성질을 이용할 수 있다.

성질 1. 함수 $f(x)$가 영역 $[a;b]$에서 정의되고, 영역 $[a;c]$에서 감소하며 영역 $[c;b]$에서 증가한다. 그러면 영역 $[d;e]$에 대해 함수 $f(x)$는 영역 $[d;e]$ $(a \le d < e \le b)$의 경계점 중의 하나에서 최댓값을 가진다.

성질 2. 함수 $f(x)$가 영역 $[a;b]$에서 정의되고, 영역 $[a;c]$에서 증가하며 영역 $[c;b]$에서 감소한다. 그러면 영역 $[d;e]$에 대해 함수 $f(x)$는 영역 $[d;e]$ $(a \le d < e \le b)$의 경계점 중의 하나에서 최솟값을 가진다.

만약 함수 $f'(x)$가 영역 $[a;b]$에서 증가하면, 함수 $f(x)$는 영역 $[a;b]$의 점 a 또는 b에서 최댓값을 가진다. 그리고 함수 $f'(x)$가 영역 $[a;b]$에서 감소하면, 함수 $f(x)$는 영역 $[a;b]$의 점 a 또는 b에서 최솟값을 가진다. 이 성질을 부등식의 증명에 이용할 수 있다.

예제

10.2. $0 \le a \le 1,\ \ 0 \le b \le 1, 0 \le c \le 1$에 대해 다음 부등식을 증명하여라.

$$a^2 + b^2 + c^2 \le a^2 b + b^2 c + c^2 a + 1$$

증명. 영역 $[0,1]$에서 함수 $f(a) = a^2(1-b) - c^2 a + b^2 + c^2 - bc^2 - 1$을 생각하자. 만약 $b \ne 1$이면, $f(a)$는 a에 대한 이차함수이고 이 함수의 그래프에서 양끝은

위로 향한다. 결국 함수 $f(a)$ 는 구간 $[0,1]$의 양끝 중의 하나에서 최댓값을 가진다. 이때 다음을 알 수 있다.

$$f(0)=b^2+c^2-b^2c-1=(1-c)\left(b^2-(1+c)\right)\le 0,$$

$$f(1)=1-b-c^2+b^2+c^2-b^2c-1=b(b-1)-b^2c\le 0$$

결국 구간 $[0,1]$에서 $f(a)\ge 0$ 이다. 이로부터 부등식이 증명된다.

만약 $b=1$ 이면, 유사한 방법으로 부등식을 증명할 수 있다.

예제

10.3. $0\le x_i\le 1$, $i=1,2,3$ 에 대해 부등식 $x_1+x_2+x_3-x_1x_2-x_2x_3-x_3x_1\le 1$ 을 증명하여라.

증명. 다음의 단조 함수를 생각하자.

$$f(x)=x+x_2+x_3-xx_2-x_2x_3-xx_3=x(1-x_2-x_3)+x_2+x_3-x_3x_2$$

이 함수는 구간 $[0,1]$의 끝점 중의 하나에서 최댓값을 가진다. 이때 다음이 성립한다.

$$f(0)=x_2+x_3-x_2x_3=1+(1-x_3)(x_2-1)\le 1,$$

$$f(1)=1-x_3-x_2+x_2+x_3-x_2x_3=1-x_2x_3\le 1$$

결국 구간 $[0,1]$에서 $f(x)\le 1$ 또는

$f(x_1)=x_1+x_2+x_3-x_1x_2-x_2x_3-x_3x_1\le 1$ 이다.

연습문제

다음 부등식을 증명하여라(10.2-10.14).

10.1. 만약 구간 [-1,1]의 모든 수들에 대해 부등식 $\left|ax^2+bx+c\right| \le 1$ 이 성립한다면, 이러한 수들 x 에 대해 부등식 $\left|cx^2-bx+a\right| \le 2$ 가 성립한다는 것을 증명하여라.

10.2. 삼각형의 변들 a, b, c 에 대해 $(a+b+c)^2 < 4(ab+bc+ac)$

10.3. $0 \le a \le 1,\quad 0 \le b \le 1, 0 \le c \le 1$ 에 대해

$$\frac{a}{b+c+1}+\frac{b}{c+a+1}+\frac{c}{a+b+1}+(1-a)(1-b)(1-c) \le 1$$

10.4. $0 < p \le a,b,c,d,e \le q$ 에 대해

$$(a+b+c+d+e)\left(\frac{1}{a}+\frac{1}{b}+\frac{1}{c}+\frac{1}{d}+\frac{1}{e}\right) \le 25+6\left(\sqrt{\frac{p}{q}}-\sqrt{\frac{q}{p}}\right)^2$$

10.5. (a) $a_i \le a_2 \le \ldots \le a_n,\ b_1 \le b_2 \le \ldots \le b_n,\ \sum_{i=1}^{n} m_i = 1,\ m_i > 0\ (i=1,\ldots,n)$ 에 대해

$$\left(\sum_{i=1}^{n} m_i a_i\right)\left(\sum_{i=1}^{n} m_i b_i\right) \le \sum_{i=1}^{n} m_i a_i b_i \quad \text{(체비셰프 부등식)}$$

(b) $a_i \le a_2 \le \ldots \le a_n,\ b_1 \ge b_2 \ge \ldots \ge b_n,\ \sum_{i=1}^{n} m_i = 1,\ m_i > 0\ (i=1,\ldots,n)$ 에 대해

$$\left(\sum_{i=1}^{n} m_i a_i\right)\left(\sum_{i=1}^{n} m_i b_i\right) \ge \sum_{i=1}^{n} m_i a_i b_i$$

10.6. 수들 $a_i > -1,\ \ i = 1, ..., n$ 이며 $a_1, \dots, a_n$ 은 같은 부호를 가진다. 이때

$$(1+a_1)(1+a_2)...(1+a_n) \geq 1 + a_1 + a_2 + ... + a_n$$

10.7. $x_1, ..., x_n \in [a, b],\ 0 < a < b$ 에 대해

$$(x_1 + ... + x_n)\left(\frac{1}{x_1} + ... + \frac{1}{x_n}\right) \leq \frac{(a+b)^2}{4ab} \cdot n^2$$

10.8. $0 < a \leq c \leq b,\ a + b < 1$ 에 대해 $\dfrac{(1-a)(1-b)}{ab} \geq \dfrac{(1-c)(1-a-b+c)}{c(a+b-c)}$

10.9. $1 < a < m < b$ 에 대해 $\dfrac{1}{1+a} + \dfrac{1}{1+b} \geq \dfrac{1}{1+m} + \dfrac{1}{1+\dfrac{ab}{m}}$

10.10. $a, b, c > 0,\ \ p, q, r \in \left[0; \frac{1}{2}\right],\ \ a + b + c = p + q + r = 1$ 에 대해

$$abc \leq \frac{1}{8}(pa + qb + rc)$$

10.11. $n \geq 3,\ \ i < j < k,\ \ 0 < a_1 < ... < a_n,\ \left(a_1^2 + ... + a_n^2\right)^2 > (n-1)\left(a_1^4 + ... + a_n^4\right)$ 에 대해 $a_i + a_j > a_k$

10.12. $x \geq 0,\ y \geq 0,\ z \geq 0,\ \ xy + yz + zx + xyz \leq 4$ 에 대해

$$x + y + z \geq xy + yz + zx$$

10.13. 모든 실수 x 에 대해 $\left|ax^2+bx+c\right| \le \left|Ax^2+Bx+C\right|$ 이다. 이때

$\left|b^2-4ac\right| \le \left|B^2-4AC\right|$

10.14. $\left(1+\dfrac{2}{\sqrt{3}}\right)(x^2-x+1)(y^2-y+1)(z^2-z+1) \ge (xyz)^2-xyz+1$

10.15. (a) $\lambda>1,\ 0<x_i<1,\ 0<y_i<1,\ x_i+y_i=1,\ \ i=1,\dots,n$ 에 대해

$(1-x_1\cdot\ldots\cdot x_n)^\lambda+(1-y_1^\lambda)\cdot\ldots\cdot(1-y_n^\lambda)\ge 1$

(b) $p+q=1,\ p>0,\ q>0,\ \ m,n\in N$ 에 대해 $(1-p^n)^m+(1-q^m)^n\ge 1$

증명

10.1. 다음이 성립한다.

$|cx^2-bx+a| \le |cx^2-c|+|c-bx+a|$

$=|c|(1-x^2)+|c-bx+a| \le |c|+|c-bx+a|$

만약 $x=0$ 이면 부등식 $|ax^2+bx+c|\le 1$ 로부터 $|c|\le 1$ 이 유도된다. 이와 같이, $\left|cx^2-bx+a\right| \le 1+\left|c-bx+a\right|$ 이다.

이제 함수 $f(x)=\left|c-bx+a\right|$ 가 구간 [-1,1]의 끝점들 중의 하나에서 최댓값을 가진다는 것을 생각하면 된다. 결국 다음이 성립한다.

$f(x)\le \max\left(f(-1),f(1)\right)=\max\left(\left|c+b+a\right|,\left|c-b+a\right|\right)\le 1$

즉 $\left|cx^2-bx+a\right| \le 1+1=2$ 이다.

10.2. a,b, c를 삼각형의 변들이라 하면, $|b-c|<a<b+c$이다. 일반성을 잃지 않고 $b \ge c$라 할 수 있다. 영역 $[b-c;b+c]$에서 다음 함수를 생각하자.

$$f(a)=(a+b+c)^2-4(ab+bc+ac)$$

$f(a)=a^2-2a(b+c)+b^2+c^2-2bc$이다. 이 함수의 그래프는 포물선이며 양끝이 위로 향한다. 결국 주어진 영역의 양 끝점들 $b-c$, $b+c$ 중의 하나에서 함수 $f(a)$는 최댓값을 가진다. 이때 $f(b-c)=4c(c-b)\le 0$, $f(b+c)=-4bc<0$이다. 이와 같이, 영역 $(b-c;b+c)$에서 $f(a)<0$이다.

10.3. 첫 번째 증명.

영역 $[0,1]$에서 함수

$$f(a)=\frac{a}{b+c+1}+\frac{b}{c+a+1}+\frac{c}{a+b+1}+(1-a)(1-b)(1-c)$$ 를 생각하자.

이때 영역 $[0,1]$에서 도함수

$$f'(a)=\frac{1}{b+c+1}-\frac{b}{(c+a+1)^2}-\frac{c}{(a+b+1)^2}-(1-b)(1-c)$$ 는 증가하며,

성질 1로부터 $f(a)$는 영역의 끝점 0, 1 중의 하나에서 최댓값을 가진다.

a를 0 또는 1로 바꾸고 얻어진 함수를 b에 대한 함수로 생각하면, 이 함수는 점 $b=0$ 또는 $b=1$에서 최댓값을 가진다.

부등식이 a,b,c에 대해 대칭이므로, 부등식의 좌변에 있는 식은 (0, 0, 0), (0, 0, 1), (0, 1, 1), (1, 1, 1) 중의 하나에서 최댓값을 가진다. 모든 경우에서 부등식의 좌변은 1이다.

두 번째 증명.

연습문제 1.26에 의해, 다음을 알 수 있다.

$$\frac{a}{1+b+c}+\frac{b}{1+a+c}+\frac{c}{1+a+b}+(1-a)(1-b)(1-c)$$

$$\leq a-a\frac{b+c}{2}+\frac{abc}{3}+b-b\frac{a+c}{2}+\frac{abc}{3}$$

$$+c-c\frac{a+b}{2}+\frac{abc}{3}+(1-a)(1-b)(1-c)=1$$

10.4. $A=\frac{1}{b}+\frac{1}{c}+\frac{1}{d}+\frac{1}{e}$, $B=b+c+d+e$ 에 대해 다음 함수를 생각하자.

$$f(a)=(a+b+c+d+e)\left(\frac{1}{a}+\frac{1}{b}+\frac{1}{c}+\frac{1}{d}+\frac{1}{e}\right) \text{ 또는}$$

$$f(a)=Aa+\frac{B}{a}+AB+1$$

$f'(a)=A-\frac{B}{a^2}$ ($B>0$)이므로, 함수 $f(a)$ 는 영역 $[p;q]$ 에서 증가한다.

그러므로 이 함수는 점 p , q 중의 하나에서 최댓값을 가진다. 이로부터 $f(a)\leq \max(f(p),f(q))$ 를 알 수 있다.

이제 구간 $[p;q]$ 에서 다음 함수를 생각하자.

$$g(b)=(p+b+c+d+e)\left(\frac{1}{p}+\frac{1}{b}+\frac{1}{c}+\frac{1}{d}+\frac{1}{e}\right)$$

또는 $h(b)=(q+b+c+d+e)\left(\frac{1}{q}+\frac{1}{b}+\frac{1}{c}+\frac{1}{d}+\frac{1}{e}\right)$

유사한 방법으로, $g(b)\le\max(g(p),g(q))$, $h(b)\le\max(h(p),h(q))$를 얻을 수 있다.

변수 c,d, e에 대해 유사한 방법으로 생각하면, 식은 몇몇 변수들이 p와 같고 나머지 변수들은 $-q$와 같은 경우에 최댓값을 가진다는 것을 알 수 있다. 이와 같이 $m\ge0,\ n\ge0,\ m+n=5,\ m,n\in Z$에 대해, 다음이 성립한다.

$$(a+b+c+d+e)\left(\frac{1}{a}+\frac{1}{b}+\frac{1}{c}+\frac{1}{d}+\frac{1}{e}\right)\le(mp+nq)\left(m\frac{1}{p}+n\frac{1}{q}\right)$$

이제 부등식 $(mp+nq)\left(\frac{m}{p}+\frac{n}{q}\right)\le25+6\left(\sqrt{\frac{p}{q}}-\sqrt{\frac{q}{p}}\right)^2$을 증명하자.

$$m^2+n^2+\frac{mnp}{q}+\frac{mnq}{p}\le25+\left(\sqrt{\frac{p}{q}}-\sqrt{\frac{q}{p}}\right)^2$$

$$(m+n)^2+mn\left(\frac{p}{q}+\frac{q}{p}-2\right)\le25+6\left(\frac{p}{q}+\frac{q}{p}-2\right),$$

$$25+mn\left(\frac{p}{q}+\frac{q}{p}-2\right)\le25+6\left(\frac{p}{q}+\frac{q}{p}-2\right),$$

왜냐 하면, $mn\le6$이다.

참고. 연습문제 10.4의 부등식은 다음과 같이 일반화될 수 있다:

만약 $0<p<a_1,a_2,\ldots,a_n<q$이면, 다음 부등식이 성립한다.

$$(a_1+\ldots+a_n)\left(\frac{1}{a_1}+\ldots+\frac{1}{a_n}\right)\le n^2+\psi(n)\left(\sqrt{\frac{p}{q}}-\sqrt{\frac{q}{p}}\right)^2$$

이때 $\psi(n)=\begin{cases}\dfrac{n^2}{4}, & n=2k\left(k=0,1,2,\ldots\right)\\ \dfrac{n^2-1}{4}, & n=2k+1\left(k=0,1,2,\ldots\right)\end{cases}$ 이다.

10.5. (a) 영역 $\left[a_1;a_3\right]$ 에서 다음 함수를 생각하자.

$$f(x)=\left(m_2x+\sum_{\substack{i=1\\i\neq 2}}^{n}m_ia_i\right)\left(\sum_{i=1}^{n}m_ib_i\right)-\sum_{\substack{i=1\\i\neq 2}}^{n}m_ia_ib_i-m_2xb_2$$

$f(x)$ 는 선형함수이므로, 이 함수는 a_1, a_3 중의 하나에서 최댓값을 가진다. 식 $M=f(a_2)$ 에서 a_2 를 a_1 또는 a_3 로 바꾸고, 얻어진 식에서 a_3 를 x 로 바꾸고, 유사한 방법으로 이 식이 a_1 또는 a_4 중의 하나에서 최댓값을 가진다는 것을 증명하자. 이러한 생각을 수 $a_4, \ldots, a_{n-1}, b_2, \ldots, b_{n-1}$ 에 대해 반복하면, 다음을 얻을 수 있다.

$$M\le(\alpha a_1+\beta a_n)(\gamma a_1+\delta b_n)-ka_1b_1-(a-k)a_1b_n-(\delta-\alpha+k)a_nb_n$$
$$-(\beta+\alpha-\delta-k)a_nb_1$$

이때 $\alpha(\gamma)$ 는 m_i 들의 합이며(m_i 에 상응하는 $a_i\,(b_i)$를 $a_1\,(b_1)$으로 바꾼 그러한 m_i 들임), $\alpha+\beta=1$, $\gamma+\delta=1$, $k=\min(\alpha,\gamma)$ 이다.

다음이 성립한다.

$$M\le\alpha\gamma a_1b_1+\left(\alpha\delta-\alpha\right)a_1b_n+\left(\beta\gamma-\beta-\alpha+\delta\right)a_nb_1+\left(\beta\delta-\delta+\alpha\right)a_nb_n$$
$$-ka_1b_1+ka_1b_n+ka_nb_1-ka_nb_n$$
$$=\alpha\gamma a_1b_1-\alpha\gamma a_1b_n-\alpha\gamma a_nb_1+\alpha\gamma a_nb_n-k\left(a_1-a_n\right)\left(b_1-b_n\right)$$
$$=\left(\alpha\gamma-k\right)\left(a_1-a_n\right)\left(b_1-b_n\right)\le 0$$

왜냐 하면, $k=\alpha$ 또는 $k=\gamma$ 이며 $0\le\alpha\le1$, $0\le\gamma\le1$ 이다.

(b) 수 $a_1\le a_2\le\ldots\le a_n$, $-b_1\le -b_2\le\ldots\le -b_n$ 에 대해, 위의 (a)의 부등식을 쓰자. 그러면 다음을 얻을 수 있다.

$$\left(\sum_{i=1}^{n} m_i a_i\right)\left(\sum_{i=1}^{n} m_i\left(-b_i\right)\right)\le\sum_{i=1}^{n} m_i a_i\left(-b_i\right)$$

얻어진 부등식의 양변에 −1을 곱하면, 증명이 얻어진다.

10.6. 만약 $a_1>0,\ \ldots,\ a_n>0$ 이면, 이러한 경우에는 부등식의 좌변에 있는 괄호를 열면 된다. 만약 $-2\le a_1<0,\ \ldots,\ -2\le a_n<0$ 이면, 구간 $[-2;0]$ 에서 다음 함수를 생각하자.

$$f(x)=(1+x)(1+a_2)\ldots(1+a_n)-1-x-a_2-\ldots-a_n$$

이 함수는 선형함수이므로, 이것은 -2 또는 0에서 최솟값을 가진다. 어렵지 않게 식 $\left(1+a_1\right)\cdot\ldots\cdot\left(1+a_n\right)-1-a_1-\ldots-a_n$ 는 몇 개의 수들은 -2이고 나머지는 0인 경우에 최솟값을 가진다는 것을 알 수 있다.

이와 같이, $a_1=\ldots=a_n=0$ 일 때에

$\left(1+a_1\right)\cdot\ldots\cdot\left(1+a_n\right)-1-a_1-\ldots-a_n=1-1=0$ 이다. 만약 몇 개의 수들이 -2이면, $\left(1+a_1\right)\cdot\ldots\cdot\left(1+a_n\right)-1-a_1-\ldots-a_n=(-1)^k-1+2k\ge0$ 이다. 이때 k 는 -2의 개수이다.

10.7. 영역 $[a,b]$ 에서 함수 $f(x)=(x+x_2+\ldots+x_n)\left(\frac{1}{x}+\frac{1}{x_2}+\ldots+\frac{1}{x_n}\right)$ 를 생각하자. $A=x_2+\ldots+x_n$, $B=\frac{1}{x_2}+\ldots+\frac{1}{x_n}$ 일 때에 이 함수는

$f(x)=1+\dfrac{A}{x}+Bx+AB$ 로 쓸 수 있다. $f'(x)=B-\dfrac{A}{x^2}$ $(B>0)$ 이므로, $f'(x)$ 는 $[a,b]$에서 증가하며 a, b 중의 하나에서 최댓값을 가진다. 이로부터 $f(x_1)\le\max(f(a),f(b))$ 이다.

마찬가지로, 영역 $[a,b]$에서 함수

$$g(x)=(b+x+x_3+\ldots+x_{n)})\left(\frac{1}{b}+\frac{1}{x}+\frac{1}{x_3}+\ldots+\frac{1}{x_n}\right)$$ 또는

$$g(x)=(a+x+x_3+\ldots+x_n)\left(\frac{1}{a}+\frac{1}{x}+\frac{1}{x_3}+\ldots+\frac{1}{x_n}\right)$$ 을 생각하면,

$g(x_2)\le\max(g(a),g(b))$ 을 얻을 수 있다.

변수 $x_3,\ldots,x_n$ 에 대해 이 과정을 반복하면, 식

$(x_1+\ldots+x_n)\left(\dfrac{1}{x_1}+\ldots+\dfrac{1}{x_n}\right)$는 변수들의 일부가 a 이고 나머지가 b 인 경우에 최댓값을 가진다는 것을 알 수 있다.

$x_1=\ldots=x_k=a,\quad x_{k+1}=\ldots=x_n=b$ 이라 하자. 이제 다음을 증명하면 된다.

$$(ka+(n-k)b)\left(\frac{k}{a}+\frac{n-k}{b}\right)\le\frac{(a+b)^2}{4ab}\cdot n^2$$

마지막 부등식의 타당성은 동치인 부등식 $((n-2k)a-(n-2k)b)^2\ge 0$ 으로부터 얻어질 수 있다.

10.8. 영역 $[a,b]$ 에서 함수 $f(x)=\dfrac{(1-x)(1-a-b+x)}{x(a+b-x)}$ 를 생각하자. 어렵지 않게 다음을 알 수 있다.

$$f(x)=\left(\frac{1}{a+b}-1\right)\left(\frac{1}{x}+\frac{1}{a+b-x}\right)+1$$

이때 $f'(x)=\dfrac{(2x-(a+b))(a+b)}{x^2(a+b-x)^2}\left(\dfrac{1}{a+b}-1\right)$ 이며, 함수 $f(x)$ 는 영역 $\left[a;\dfrac{a+b}{2}\right]$ 에서 감소하며 $\left[\dfrac{a+b}{2},b\right]$ 에서 증가한다. 이것은 영역 $[a;b]$ 의 a 또는 b 중의 하나에서 함수 $f(x)$ 가 최댓값을 가진다는 것을 의미한다.

$f(a)=f(b)=\dfrac{(1-a)(1-b)}{ab}$ 이므로 $f(x)\le\dfrac{(1-a)(1-b)}{ab}$ 이다. 이때 $x=c$ 로 잡으면 주어진 부등식을 얻을 수 있다.

10.9. 영역 $[a;b]$ 에서 함수 $f(x)=\dfrac{1}{1+x}+\dfrac{1}{1+\dfrac{ab}{x}}=\dfrac{1}{1+x}+1-\dfrac{ab}{x+ab}$ 를 생각하자.

$f'(x)=\dfrac{(ab-1)(x-\sqrt{ab})(x+\sqrt{ab})}{(x+1)^2(x+ab)^2}$ 이므로, 영역 $\left[a;\sqrt{ab}\right]$ 에서 함수 $f(x)$ 는 감소하며 $\left[\sqrt{ab};b\right]$ 에서 증가한다. 결국

$f(x)\le\max(f(a),\ f(b))$ 이다.

$f(a)=f(b)=\dfrac{1}{1+a}+\dfrac{1}{1+b}$, $a\le m\le b$ 이므로, $f(m)\le\dfrac{1}{1+a}+\dfrac{1}{1+b}$ 이다.

10.10. $\dfrac{1}{2}-q\le p\le\dfrac{1}{2}$ 을 생각하면, 함수 $f(p)=pa+qb+(1-p-q)c$ 에 대해 다음이 성립한다.

$$f(p) \ge \min\left(f\left(\frac{1}{2}-q\right), f\left(\frac{1}{2}\right)\right) = \min\left(\left(\frac{1}{2}-q\right)a + qb + \frac{1}{2}c;\ \frac{1}{2}a + qb + \left(\frac{1}{2}-q\right)c\right) \ge$$

$$\ge \min\left(\frac{1}{2}a + \frac{1}{2}c;\ \frac{1}{2}b + \frac{1}{2}c;\ \frac{1}{2}a + \frac{1}{2}b\right)$$

이제 $\min\left(\frac{1}{2}a + \frac{1}{2}c; \frac{1}{2}b + \frac{1}{2}c; \frac{1}{2}a + \frac{1}{2}b\right) = \frac{1}{2}(a+c)$라 하면, 다음을 알 수 있다.

$$pa + qb + rc \ge \frac{1}{2}(a+c) \ge (a+c)2(a+c)(1-(a+c))$$

$$= 2(a+c)^2 b \ge 8abc$$

10.11. $m \in \{1, \dots, n\}$ 이라 하면, 주어진 부등식은 다음과 동치이다.

$$(n-2)a_m^4 - 2a_m^2\left(a_1^2 + \dots + a_n^2 - a_m^2\right)$$

$$+ (n-1)\left(a_1^4 + \dots + a_n^4 - a_m^4\right) - \left(a_1^2 + \dots + a_n^2 - a_m^2\right)^2 < 0$$

그러므로 다음 이차함수는 $x = a_m^2$ 에서 음의 값을 가진다.

$$(n-2)x^2 - 2x\left(a_1^2 + \dots + a_n^2 - a_m^2\right)$$

$$+ (n-1)\left(a_1^4 + \dots + a_n^4 - a_m^4\right) - \left(a_1^2 + \dots + a_n^2 - a_m^2\right)^2$$

결국 $D > 0$ 이며, 다음을 알 수 있다.

$$\left(a_1^2 + \dots + a_n^2 - a_m^2\right)^2 > (n-2)\left(a_1^4 + \dots + a_n^4 - a_m^4\right)$$

이것을 반복하면, 다음을 얻을 수 있다.

$\left(a_i^2+a_j^2+a_k^2\right)^2>2\left(a_i^4+a_j^4+a_k^4\right)$

또는 $(a_i+a_j+a_k)(a_i+a_j-a_k)(a_i-a_j+a_k)(-a_i+a_j+a_k)>0$

결국 $a_i+a_j>a_k$ 이다.

10.12. 만약 $\max(xy,yz,zx)\le 1$ 이면,

$x+y+z\ge\sqrt{xy}+\sqrt{yz}+\sqrt{zx}\ge xy+yz+zx$ 이며,

$x+y+z\ge xy+yz+zx$ 이다.

$xy>1$ 라 하고, 두 가지 경우를 생각하자.

(a) $x+y\ge 4$ 인 경우에 $x+y+z\ge 4\ge xy+yz+zx$ 가 성립한다.

(b) $x+y<4$ 인 경우에 $z\le\dfrac{4-xy}{x+y+xy}$ 이 성립하며, $z\le\dfrac{x+y-xy}{x+y-1}$ 를 증명해야 한다.

$a=x+y,\ b=xy$ 에 대해 $\dfrac{4-xy}{x+y+xy}\le\dfrac{x-y-xy}{x+y-1}$ 또는

$f(b)=b^2-(a-1)b+4a-4-a^2\le 0$ 을 증명하자.

$1\le b\le\dfrac{a^2}{4}$ 이므로, $f(b)\le\max\left(f(1),f\left(\dfrac{a^2}{4}\right)\right)$ 이다.

$a\ge 2\sqrt{xy}\ge 2$ 이므로, $f(1)=(a-1)(2-a)\le 0$ 이다. 그리고

$f\left(\dfrac{a^2}{4}\right)=\dfrac{(a-2)^2(a+4)(a-4)}{16}\le 0$ 이다. 즉 $f(b)\le 0$ 이다.

10.13. 만약 $x \neq 0$ 이면 $\left|a+\frac{b}{x}+\frac{c}{x^2}\right| \le \left|A+\frac{B}{x}+\frac{C}{x^2}\right|$ 라고 하면, $x \to +\infty$ 일 때에 다음을 얻을 수 있다.

$$|a| \le |A| \tag{10.1}$$

다음의 경우들을 살펴보자.

(a) $A=0$ 인 경우. 이때 (10.1)로부터 $a=0$ 을 얻을 수 있으며, $\left|b+\frac{c}{x}\right| \le \left|B+\frac{C}{x}\right|$ 이다. 즉 $|b| \le |B|$ 이다. 그러면 $|b^2-4ac| = |b^2| \le |B^2| = |B^2-4AC|$ 이다.

(b) $A \neq 0$ 인 경우. $B^2-4AC>0$ 이라 하고 다항식 Ax^2+Bx+C 의 근을 x_1, x_2 라 하자. 그러면 $|ax^2+bx+c| \le |Ax^2+Bx+C|$ 로부터 $ax_i^2+bx_i+c=0,\ \ i=1,2$ 가 얻어진다. 즉 $a=b=c=0$ 또는 $(x_2-x_1)^2 = \frac{b^2-4ac}{a^2} = \frac{B^2-4AC}{A^2}$ 이다. 결국 $|b^2-4ac| \le |B^2-4AC|$ 이다.

(c) $A \neq 0$ 인 경우. $B^2-4AC \le 0$ 이라 하자. 일반성을 잃지 않고, $A>0$ 이라 할 수 있다. 그러면 $|ax^2+bx+c| \le Ax^2+Bx+C$ 이며, 모든 실수 x 에 대해 다음이 성립한다.

$$(A-a)x^2+(B-b)x+C-c \ge 0,\ (A+a)x^2+(B+b)x+C+c \ge 0$$

$$(B-b)^2-4(A-a)(C-c) \le 0,\ (B+b)^2-4(A+a)(C+c) \le 0$$ 이며,

다음이 성립한다.

$$(B-b)^2-4(A-a)(C-c)+(B+b)^2-4(A+a)(C+c) \le 0$$

즉 $b^2-4ac \le 4AC-B^2 = \left|B^2-4AC\right|$ 이다.

이제 $b^2-4ac<0$ 인 경우를 생각하면, 일반성을 잃지 않고 $a>0$ 이라 할 수 있다. 즉 $ax^2+bx+c \le Ax^2+Bx+C$ 이며,

$\dfrac{4ac-b^2}{4a} \le \dfrac{4AC-B^2}{4A}$ 이다. 그러면, 다음이 성립한다.

$$\left|b^2-4ac\right| = 4ac-b^2 \le 4AC-B^2 = \left|B^2-4AC\right|$$

10.14. 만약 $xyz=0$ 이면, 다음이 성립한다.

$$\left(1+\frac{2}{\sqrt{3}}\right)(x^2-x+1)(y^2-y+1)(z^2-z+1) \ge \left(1+\frac{2}{\sqrt{3}}\right)\cdot\frac{3}{4}\cdot\frac{3}{4} > 1$$

$$=(xyz)^2-xyz+1$$

만약 $xyz \ne 0$ 이면, 일반성을 잃지 않고 $yz>0$ 이라 할 수 있다.

$k=1+\dfrac{2}{\sqrt{3}}$, $A=(y^2-y+1)(z^2-z+1)$, $B=yz$ 이라 하면, 다음을 증명하면 된다.

$$(kA-B^2)x^2-(kA-B)x+kA-1 \ge 0 \tag{10.2}$$

$kA \ge k\cdot\dfrac{3}{4}y^2\cdot\dfrac{3}{4}z^2 > y^2z^2 = B^2$ 을 생각하면, 다음을 증명하면 된다.

$D=(kA-B)^2-4(kA-B^2)(kA-1) \le 0$ 또는

$3k^2A^2-2k(2B^2-B+2)A+3B^2 \ge 0$

이제 다음을 증명하자.

$$A \geq \frac{2B^2 - B + 2 + 2\sqrt{(B-1)^2(B^2+B+1)}}{3k} \tag{10.3}$$

다음을 생각하자.

$$A = (y+z)^2 - (B+1)(y+z) + B^2 - B + 1 \tag{10.4}$$

$t = \sqrt{B} + \dfrac{1}{\sqrt{B}}$ 이라 하자. 이제 두 가지 경우를 살펴보자.

(a) $t > 4$ 인 경우.

(10.4)로부터 $A \geq \dfrac{3}{4}(B-1)^2$ 이 성립하며, 다음을 증명하자.

$$\frac{9k}{4}(B-1)^2 \geq 2B^2 - B + 2 + 2\sqrt{(B-1)^2(B^2+B+1)}$$

$$\frac{9k}{4}\left(B + \frac{1}{B} - 2\right) \geq 2\left(B + \frac{1}{B}\right) - 1 + 2\sqrt{\left(B + \frac{1}{B} - 2\right)\left(B + \frac{1}{B} + 1\right)}$$ 또는

$$\frac{9k}{4}\left(t^2 - 4\right) \geq 2(t^2 - 2) - 1 + 2\sqrt{(t^2-4)(t^2-1)}$$

$\dfrac{9k}{4}\left(t^2 - 4\right) - (4t^2 - 10) > \left(\dfrac{9k}{4} - 4\right)16 - 9k + 10 > 0$ 이므로 얻어진 부등식은 성립한다.

결국 다음을 알 수 있다.

$$2(t^2-2) - 1 + 2\sqrt{(t^2-4)(t^2-1)} \leq 2(t^2-2) - 1 + (t^2-4) + (t^2-1)$$

$$= 4t^2 - 10 < \frac{9k}{4}\left(t^2 - 4\right)$$

(b) $t \le 4$ 인 경우

$y+z \ge 2\sqrt{yz} \ge \frac{B+1}{2}$ 이 성립하며, (10.4)로부터 다음을 얻을 수 있다.

$$A \ge \left(2\sqrt{B}\right)^2 - 2(B+1)\sqrt{B} + B^2 - B + 1$$

다음을 증명하자.

$$3k\left(B^2+3B+1-2(B+1)\sqrt{B}\right) \ge 2B^2 - B + 2 + 2\sqrt{(B-1)^2(B^2+B+1)}$$

$3k(t-1)^2 \ge 2t^2 - 5 + 2\sqrt{(t^2-4)(t^2-1)}$ 또는

$$\left(t-1-\sqrt{3}\right)^2\left(\left(9+4\sqrt{3}\right)t^2 - \left(18+6\sqrt{3}\right)t + 12 + 2\sqrt{3}\right) \ge 0$$

얻어진 부등식은 $D = \left(18+6\sqrt{3}\right)^2 - 4\left(9+4\sqrt{3}\right)\left(12+2\sqrt{3}\right) < 0$ 이므로 성립한다.

10.15. (a) 수학적 귀납법으로 증명하자.

$n=1$ 인 경우에는 $(1-x_1)^\lambda + 1 - y_1^\lambda = 1$ 이다. $n \ge 2$ 이며 부등식이 $n-1$ 개의 수에 대해 성립한다고 하자. 영역 $[0;1]$ 에서 다음 함수를 생각하자.

$$f(x) = (1-(1-x)\cdot x_2 \cdot \ldots \cdot x_n)^\lambda + (1-x^\lambda)\cdot(1-y_2^\lambda)\cdot \ldots \cdot (1-y_n^\lambda)$$

$$f'(x) = \lambda x_2 \cdot \ldots \cdot x_n (1-(1-x)\cdot x_2 \cdot \ldots \cdot x_n)^{\lambda-1} - \lambda x^{\lambda-1} \cdot (1-y_2^\lambda) \cdot \ldots \cdot (1-y_n^\lambda)$$

이므로, $0 \le x < x_0$ 일 때에 $f'(x) > 0$ 이며

(이때 $x_0 = \dfrac{1-x_2\cdot\ldots\cdot x_n}{\left(\dfrac{(1-y_2^{\lambda})\cdot\ldots\cdot(1-y_n^{\lambda})}{x_2\cdot\ldots\cdot x_n}\right)^{\frac{1}{\lambda-1}} - x_2\cdot\ldots\cdot x_n}$ 이다),

$x_0 < x \le 1$ 일 때에 $f'(x) < 0$ 이다. 이때

$(1-y_2^{\lambda})\cdot\ldots\cdot(1-y_n^{\lambda}) > (1-y_2)\cdot\ldots\cdot(1-y_n) = x_2\cdot\ldots\cdot x_n$ 인 것, 즉

$0 < x_0 < 1$ 을 생각하자. 이로부터 $f(y_1) \ge \min(f(0); f(1))$ 이다.

$f(0) = (1-x_2\cdot\ldots\cdot x_n)^{\lambda} + (1-y_2^{\lambda})\cdot\ldots\cdot(1-y_n^{\lambda}) \ge 1$, $f(1)=1$ 이므로,

$f(y_1) \ge 1$ 이다. 결국 임의의 자연수 n 에 대해 주어진 부등식이 성립한다.

(b) 만약 $m=1$ 이면 $(1-p^n)^m + (1-q^m)^n = 1$ 이다. 만약 $m>1$ 이면, 연습문제 10.15(a)의 부등식에서 $\lambda = m$, $x_1 = \ldots = x_n = p$ 로 잡으면, $(1-p^n)^m + (1-q^m)^n \ge 1$ 이 된다.

○ 내 힘으로 해결하기

다음 부등식을 증명하여라(2-12, 14-20).

1. $0 \le p \le 1$, $0 \le r \le 1$ 이며, 항등식 $(px+(1-p)y)(rx+(1-r)y) = ax^2 + bxy + cy^2$ 이 성립한다. 이때 a,b,c 중의 하나는 $\dfrac{4}{9}$ 보다 작지 않다는 것을 증명하여라.

2. $0 \le x_i \le 1$ $(i=1,\ldots,n)$, $n \ge 3, n \in N$ 에 대해

$$x_1+\ldots+x_n - x_1x_2 - x_2x_3 - \ldots - x_{n-1}x_n - x_nx_1 \le \left[\frac{n}{2}\right]$$

3. $x_1,\ldots,x_n \in [0,1]$ 에 대해 $(x_1+x_2+\ldots+x_n+1)^2 \geq 4(x_1{}^2+\ldots+x_n{}^2)$

4. $0<a\leq a_i\leq A;\ \ 0<b\leq b_i\leq B,\ \ i=1,\ldots,n$ 에 대해

$$\frac{\left(\sum_{i=1}^{n}a_i^2\right)\left(\sum_{i=1}^{n}b_i^2\right)}{\left(\sum_{i=1}^{n}a_ib_i\right)^2}\leq\left(\frac{\sqrt{\frac{AB}{ab}}+\sqrt{\frac{ab}{AB}}}{2}\right)^2$$

5. 삼각형의 변 a, b, c 에 대해 $a^2b^2+b^2c^2+c^2a^2>\frac{1}{2}(a^4+b^4+c^4)$

6. (a) $x^2+y^2+z^2+xy+yz+zx+x+y+z+\frac{3}{8}\geq 0$

(b) $0\leq x,y,z\leq 1$ 에 대해 $xy(1-z)+yz(1-x)+xz(1-y)\leq 1$

7. $0\leq a_i\leq 1(i=1,\ldots,n)$ 에 대해 $2^n\geq(1+a_1)\ldots(1+a_n)+(1-a_1)\ldots(1-a_n)\geq 2$

8. $a>0,\ b>0,\ c>0$ 에 대해 $2^{a+b}+2^{b+c}+2^{c+a}<1+2^{a+b+c+1}$

9. $\min\left((a-b)^2,(b-c)^2,(a-c)^2\right)\leq\frac{a^2+b^2+c^2}{2}$

10. $a,b\geq 0$ 에 대해 $a^4+ab+b^2\geq 4a^2b+a^3b$

11. $a>0,\ b>0,\ c>0,\ A>0,\ B>0,\ C>0$, $a+A=b+B=c+C=k$ 에 대해

$aB+bC+cA<k^2$

12. $a,b,c\in[0,1]$ 에 대해 $\dfrac{a}{bc+1}+\dfrac{b}{ca+1}+\dfrac{c}{ab+1}\le 2$

13. 모서리의 길이가 a 인 정사면체로부터 사각뿔대를 만들었다. 이 각뿔대의 둘레는 $3a$ 보다 작다는 것을 증명하여라.

14. $a_1,\ldots,a_n>0$, $0<m\le x_i\le M$, $i=1,\ldots,n$ 에 대해

$$\frac{\sum_{i=1}^{n}a_ix_i\sum_{i=1}^{n}\frac{a_i}{x_i}}{\left(\sum_{i=1}^{n}a_i\right)^2}\le\frac{1}{4}\left(\sqrt{\frac{M}{m}}+\sqrt{\frac{m}{M}}\right)^2$$

15. $0\le a\le b\le c\le d$ 에 대해

$8ac+8bd\le 3a^2+3b^2+3c^2+3d^2+ab+bc+cd+da$

16. (a) $2\le a,b,\ c\le 3$ 에 대해 $\dfrac{a^2+b^2-c^2}{a+b-c}\le a+b-2$

(b) $n\ge 3$, $2\le a_i\le 3$, $i=1,\ldots,n$ 에 대해

$$\frac{a_1^2+a_2^2-a_3^2}{a_1+a_2-a_3}+\frac{a_2^2+a_3^2-a_4^2}{a_2+a_3-a_4}+\ldots+\frac{a_n^2+a_1^2-a_2^2}{a_n+a_1-a_2}\le 2a_1+2a_2+\ldots+2a_n-2n$$

17. $1\le a\le 2,\ 1\le b\le 2,\ 1\le c\le 2,\ 1\le d\le 2$ 에 대해 $\dfrac{1}{2}<\dfrac{a(c-d)+2d}{b(d-c)+2c}\le 2$

18. $a\gamma - 2b\beta + c\alpha = 0$, $ac - b^2 > 0$ 에 대해 $\alpha\gamma - \beta^2 \le 0$

19. $n \ge 2$, $a_i > 0,\ \ b_i > 0,\ \ i = 1, \dots, n$ 에 대해

$$(a_1 + \dots + a_n - b_1 - \dots - b_n)^2 + 2|a_1 b_2 - a_2 b_1| + \dots$$

$$+ 2|a_1 b_n - a_n b_1| + \dots + 2|a_{n-1} b_n - a_n b_{n-1}|$$

$$\le |a_1^2 - b_1^2| + \dots + |a_n^2 - b_n^2| + 2|a_1 a_2 - b_1 b_2| + \dots$$

$$+ 2|a_1 a_n - b_1 b_n| + \dots + 2|a_{n-1} a_n - b_{n-1} b_n|$$

20. $n \ge 2,\ 0 \le a_i \le 1,\ \ i = 1, \dots, n$ 에 대해

$$\frac{a_1}{1 + a_1 + \dots + a_n - a_1} + \dots + \frac{a_n}{1 + a_1 + \dots + a_n - a_n} + (1 - a_1) \cdot \dots \cdot (1 - a_n) \le 1$$

11
얀센 부등식의 이용

정리

11.1*. 만약 영역 $D(f)=I$ 의 임의의 수 a, b 에 대해 다음 부등식이 성립하면,

$$\frac{f(a)+f(b)}{2} \geq f\left(\frac{a+b}{2}\right) \tag{11.1}$$

$$\left[\frac{f(a)+f(b)}{2} \leq f\left(\frac{a+b}{2}\right)\right] \tag{11.2}$$

$\alpha_1+\cdots+\alpha_n = 1$ 인 임의의 $\alpha_1,\cdots,\alpha_n \in Q_+$ 와 임의의 수 $x_1,\cdots,x_n \in I$ 에 대해 다음 부등식이 성립한다.**

$$\alpha_1 f(x_1)+\cdots+\alpha_n f(x_n) \geq f(\alpha_1 x_1+\cdots+\alpha_n x_n) \tag{11.3}$$

또는 $\left[\alpha_1 f(x_1)+\cdots+\alpha_n f(x_n) \leq f(\alpha_1 x_1+\cdots+\alpha_n x_n)\right]$ (11.4)

정리 11.1에서 조건 (11.1)에 대해 부등식 (11.3)이 성립하며, 조건 (11.2)에 대해 부등식 (11.4)가 성립한다.

---

*증명은 연습문제 7.8을 참고할 것.

** 이 부등식을 얀센 부등식이라 부른다.

예제

11.1. $x_1,\cdots,x_n \in \left[0;\dfrac{\pi}{2}\right]$ 에 대해

부등식 $\dfrac{\cos x_1+\cdots+\cos x_n}{n} \le \cos\left(\dfrac{x_1+\cdots+x_n}{n}\right)$ 을 증명하여라.

증명. 임의의 수 $a,b\in\left[0;\dfrac{\pi}{2}\right]$ 에 대해 정리 11.1의 조건 (11.2)가 성립한다는 것, 즉

$\dfrac{\cos a+\cos b}{2} \le \cos\left(\dfrac{a+b}{2}\right)$ 을 증명하자.

실제로 $\dfrac{\cos a+\cos b}{2} = \cos\dfrac{a+b}{2}\cos\dfrac{a-b}{2} \le \cos\dfrac{a+b}{2}$ 이다.

$\alpha_1=\cdots=\alpha_n=\dfrac{1}{n}$ 이라 하고, 부등식 (11.4)를 이용하면, 다음을 얻을 수 있다.

$$\frac{\cos x_1+\cdots+\cos x_n}{n} \le \cos\frac{x_1+\cdots+x_n}{n}$$

정리

11.2*. 구간 $D(f)=I$ 의 임의의 수 a, b 와 $\alpha\ge 0,\ \beta\ge 0,\ \alpha+\beta=1$ 인 임의의 수 α,β 에 대해 다음 부등식이 성립하면,

$$\alpha f(a)+\beta f(b)\ge f(\alpha a+\beta b) \tag{11.5}$$

$$\left[\alpha f(a)+\beta f(b)\le f(\alpha a+\beta b)\right] \tag{11.6}$$

임의의 $\alpha_1,\cdots,\alpha_n$, $x_1,\cdots,x_n$ 에 대해 다음 부등식이 성립한다.

---

*증명은 연습문제 7.9를 참고할 것.

$$\alpha_1 f(x_1)+\cdots+\alpha_n f(x_n) \geq f(\alpha_1 x_1+\cdots+\alpha_n x_n) \tag{11.7}$$

$$\left[\alpha_1 f(x_1)+\cdots+\alpha_n f(x_n) \leq f(\alpha_1 x_1+\cdots+\alpha_n x_n)\right] \tag{11.8}$$

이때 $\alpha_1 \geq 0, \cdots, \alpha_n \geq 0, \ \ \alpha_1+\cdots+\alpha_n=1, \ \ x_1, \cdots, x_n \in \mathbf{I}$ 이다.

정리 11.2에서 조건 (11.5)에 대해 부등식 (11.7)이 성립하며, 조건 (11.6)에 대해 부등식 (11.8)이 성립한다.

만약 영역 I에서 함수 $f(x)$ 가 조건 (11.5)를 만족시키면, 이 영역에서 함수 $f(x)$ 는 볼록이라고 말하며, 조건 (11.6)을 만족시키면 오목이라고 말한다.

이제 다음 정리를 살펴보자. 정리 11.3에서 조건 (11.9)에 대해 조건 (11.7)이 성립하며, 조건 (11.10)에 대해 조건 (11.8)이 성립한다.

정리

11.3. 영역 $D(f)=I$ 에서 함수 $f(x)$ 에 대해 다음 조건이 성립하면,

$$f''(x) \geq 0 \tag{11.9}$$

$$\left[f''(x) \leq 0\right] \tag{11.10}$$

조건 (11.7) [(11.8)]이 성립한다.

증명. 조건 (11.9)가 성립한다고 하자. 우선 (11.5)가 성립한다는 것을 증명하자. 실제로 유한급수의 공식을 이용하면, 다음을 알 수 있다.

$$\alpha f(x_1)+\beta f(x_2)-f(\alpha x_1+\beta x_2)$$

$$=\alpha\left(f(x_1)-f(\alpha x_1+\beta x_2)\right)+\beta\left(f(x_2)-f(\alpha x_1+\beta x_2)\right)$$

$$= \alpha f'(c_1)(x_1 - \alpha x_1 - \beta x_2) + \beta f'(c_2)(x_2 - \alpha x_1 - \beta x_2)$$
$$= \alpha\beta\left(f'(c_2) - f'(c_1)\right)(x_2 - x_1) = \alpha\beta f''(c)(c_2 - c_1)(x_2 - x_1)$$

이때 $x_1 < c_1 < \alpha x_1 + \beta x_2 < c_2 < x_2$, $c_1 < c < c_2$ 이다.

결국 좌변의 부호는 $f''(c)$ 의 부호와 일치하며, 이것은 (11.5)가 성립한다는 것을 의미한다. 정리 11.2에 의해 (11.7)도 성립한다.

예제

11.2. $a_i > 0,\ c_i > 0$, $i = 1, \ldots, n$, $k \notin (0,1)$ 에 대해

$$\left(\sum_{i=1}^{n} a_i^k\right)\left(\sum_{i=1}^{n} c_i^k\right)^{k-1} \geq \left(\sum_{i=1}^{n} a_i c_i^{k-1}\right)^k$$ 을 증명하여라.

증명. 영역 $(0, +\infty)$ 에서 함수 $f(x) = x^k$ 를 생각하자.

$f''(x) = k(k-1)x^{k-2} \geq 0$ 이므로, $i = 1, \cdots, n$ 에 대해 $\alpha_i = \dfrac{c_i^k}{\sum_{j=1}^{n} c_j^k}$,

$x_i = \left(\dfrac{a_i}{c_i}\right)^k$ 로 잡으면, 정리 11.3에 의해 다음을 얻을 수 있다.

$$\sum_{i=1}^{n} \frac{c_i^k}{\sum_{j=1}^{n} c_j^k} \cdot \left(\frac{a_i}{c_i}\right)^k \geq \left(\sum_{i=1}^{n} \frac{c_i^k}{\sum_{j=1}^{n} c_j^k} \cdot \frac{a_i}{c_i}\right)^k$$

이로부터 주어진 부등식이 증명된다.

연습문제

다음 부등식을 증명하여라(11.1 - 11.21).

11.1. $x_1, \cdots, x_n \in [0, \pi]$ 에 대해 $\dfrac{\sin x_1 + \cdots + \sin x_n}{n} \le \sin \dfrac{x_1 + \cdots + x_n}{n}$

11.2. $a, b, c \in N$ 에 대해 $\dfrac{a+b+c}{3} \le a^{a/(a+b+c)} \cdot b^{b/(a+b+c)} \cdot c^{c/(a+b+c)} \le \dfrac{a^2+b^2+c^2}{a+b+c}$

11.3. $a, b, c \in Q$ 인 삼각형의 변 a, b, c 에 대해

$$\left(1+\frac{b-c}{a}\right)^a \cdot \left(1+\frac{c-a}{b}\right)^b \cdot \left(1+\frac{a-b}{c}\right)^c \le 1$$

11.4. 삼각형의 변 a, b, c 에 대해 $a^2b(a-b) + b^2c(b-c) + c^2a(c-a) \ge 0$

11.5. $a > 0,\ b > 0,\ c > 0$ 에 대해 $a^3b + b^3c + c^3a \ge a^2bc + b^2ca + c^2ab$

11.6. $x > 0,\ y > 0,\ z > 0$, $x + y + z = 1$ 에 대해 $\left(1+\dfrac{1}{x}\right)\left(1+\dfrac{1}{y}\right)\left(1+\dfrac{1}{z}\right) \ge 64$

11.7. $a > 0,\ b > 0,\ c > 0,\ d > 0$ 에 대해

$$\frac{12}{\sqrt{a}+\sqrt{b}+\sqrt{c}+\sqrt{d}}$$
$$\le \frac{1}{\sqrt{a}+\sqrt{b}} + \frac{1}{\sqrt{a}+\sqrt{c}} + \frac{1}{\sqrt{a}+\sqrt{d}} + \frac{1}{\sqrt{b}+\sqrt{c}} + \frac{1}{\sqrt{b}+\sqrt{d}} + \frac{1}{\sqrt{c}+\sqrt{d}}$$

11.8. $m>0,\ n>0,\ p>0,\ q>0$, $\dfrac{1}{p}+\dfrac{1}{q}=1$에 대해 $\dfrac{m^p}{p}+\dfrac{n^q}{q}\ge mn$

11.9. 삼각형의 변 a, b, c에 대해

$$\sqrt{a}(a+c-b)+\sqrt{b}(a+b-c)+\sqrt{c}(b+c-a)\le\sqrt{(a^2+b^2+c^2)(a+b+c)}$$

11.10. $\left(\sum_{i=1}^{n} a_i^2\right)\left(\sum_{i=1}^{n} c_i^2\right)\ge\left(\sum_{i=1}^{n} a_i c_i\right)^2$

11.11. $a_1, a_2, \cdots, a_n, c_1, \cdots, c_n>0$, $0<k<1$에 대해

$$\left(\sum_{i=1}^{n} a_i^k\right)\left(\sum_{i=1}^{n} c_i^k\right)^{k-1}\le\left(\sum_{i=1}^{n} a_i\, c_i^{k-1}\right)^k$$

11.12. (a) $a_i>0,\ b_i>0,\ i=1,\ldots,n,\quad p>0,\ q>0$, $\dfrac{1}{p}+\dfrac{1}{q}=1$에 대해

$$\left(\sum_{i=1}^{n} a_i^p\right)^{\frac{1}{p}}\left(\sum_{i=1}^{n} b_i^q\right)^{\frac{1}{q}}\ge\sum_{i=1}^{n} a_i b_i$$

(b) $a_i>0,\ b_i>0,\ i=1,\ldots,n$, $p>1$에 대해 $\displaystyle\sum_{i=1}^{n}\frac{a_i^p}{b_i^{p-1}}\ge\frac{\left(\sum_{i=1}^{n} a_i\right)^p}{\left(\sum_{i=1}^{n} b_i\right)^{p-1}}$

11.13. n각형의 변 $a_1, a_2, \cdots, a_n$에 대해

$$\frac{a_1}{-a_1+a_2+\cdots+a_n}+\frac{a_2}{a_1-a_2+\cdots+a_n}+\cdots+\frac{a_n}{a_1+a_2+\cdots+a_{n-1}-a_n}\ge\frac{n}{n-2}$$

11.14. $d_1>0,\cdots,d_n>0,\ b_1>0,\cdots,b_n>0$, $m\ge 2$ 에 대해

$$\frac{\sum_{i=1}^{n} d_i^m}{n}\cdot\frac{\sum_{i=1}^{n} b_i^m}{n}\ge\left(\frac{\sum_{i=1}^{n} d_i b_i}{n}\right)^m$$

11.15. (a) $x_1>0,\ x_2>0,\ x_3>0$ 에 대해 $\dfrac{x_1}{x_2+x_3}+\dfrac{x_2}{x_3+x_1}+\dfrac{x_3}{x_1+x_3}\ge\dfrac{3}{2}$

(b) $n\ge 4$, $x_1>0,\cdots,x_n>0$ 에 대해

$$\frac{x_1}{x_2+x_n}+\frac{x_2}{x_3+x_1}+\cdots+\frac{x_{n-1}}{x_n+x_{n-2}}+\frac{x_n}{x_1+x_{n-1}}\ge 2$$

11.16. 삼각형의 변 x,y,z 에 대해

$$\left|\frac{x}{y}+\frac{y}{z}+\frac{z}{x}-\frac{y}{x}-\frac{z}{y}-\frac{x}{z}\right|\le 2\left(1-\frac{xy+yz+xz}{x^2+y^2+z^2}\right)$$

11.17. (a) $a>0,\ b>0,\ c>0,\ d>0$ 에 대해

$$\frac{a}{b+c+d}+\frac{b}{a+c+d}+\frac{c}{a+b+d}+\frac{d}{a+b+c}\ge\frac{4}{3}$$

(b) $n\ge 2$, $a_1>0,\ldots,a_n>0$ 에 대해

$$\frac{a_1}{a_2+a_3+\cdots+a_n}+\frac{a_2}{a_1+a_3+\cdots+a_n}+\cdots+\frac{a_n}{a_1+a_2+\cdots+a_{n-1}}\ge\frac{n}{n-1}$$

11.18. $a>0,\ b>0,\ c>0,\ d>0$ 에 대해 $\dfrac{a}{b+c}+\dfrac{b}{c+d}+\dfrac{c}{a+d}+\dfrac{d}{a+b}\ge 2$

11.19. $a>0,\ b>0,\ c>0$ 에 대해

$$a+b+c \le \frac{a^2+b^2}{2c}+\frac{b^2+c^2}{2a}+\frac{c^2+a^2}{2b} \le \frac{a^3}{bc}+\frac{b^3}{ca}+\frac{c^3}{ab}$$

11.20. $a>0,\ b>0,\ c>0$ 에 대해

$$\frac{a^3}{a^2+ab+b^2}+\frac{b^3}{b^2+bc+c^2}+\frac{c^3}{c^2+ca+a^2} \ge \frac{a+b+c}{3}$$

11.21. $a>0,\ b>0,\ c>0,\ d>0$ 에 대해 $\left(\frac{a+b}{c+d}\right)^{a+b} \le \left(\frac{a}{c}\right)^a \cdot \left(\frac{b}{d}\right)^b$

11.22. $1=x_0 \ge x_1 \ge x_2 \ge \cdots \ge x_n \ge \cdots$ 이며 양수인 항들을 가지는 수열 (x_n)을 생각하자. 임의의 그러한 수열 (x_n)에 대해 $\frac{x_0^2}{x_1}+\frac{x_1^2}{x_2}+\cdots+\frac{x_{n-1}^2}{x_n} \ge 3.999$ 이 성립하는 그러한 n 이 존재한다는 것을 증명하여라.

11.23. 삼각형 ABC 의 내부점 M 으로부터 변 BC, CA, AB 에 수선 $MA_1,\ MB_1,\ MC_1$ 를 그었다. 삼각형 ABC 의 어떤 점 M 에 대해 $\frac{BC}{MA_1}+\frac{CA}{MB_1}+\frac{AB}{MC_1}$ 의 값이 최소가 되는가?

11.24. $a_1,\ldots,a_n,b_1,\ldots,b_n>0$, $\mathfrak{J} \subseteq \{1,\ldots,n\}$ 이라 하자. 그리고 임의의 $\mathfrak{J}$ 와 $m \in \mathbb{N}$ 에 대해 부등식 $\sum_{i\in\mathfrak{J}} b_i \ge \left(\sum_{i\in\mathfrak{J}} a_i\right)^m$ 이 성립한다. 이때 $\left(\sum_{i=1}^n a_ib_i\right)^2 \ge \left(\sum_{i=1}^n a_i^2\right)^{m+1}$ 을 증명하여라.

11.25. $a_1>0,\ \ldots,\ a_n>0,\ b_1>0,\ \ldots,\ b_n>0$ 이다. 다음 부등식을 증명하여라.

(a) $p(p-1)\ge 0$ 에 대해 $\frac{a_1^p}{b_1^{p-1}}+\ldots+\frac{a_n^p}{b_n^{p-1}}\ge\frac{(a_1+\ldots+a_n)^p}{(b_1+\ldots+b_n)^{p-1}}$

(b) $p(p-1)<0$ 에 대해 $\frac{a_1^p}{b_1^{p-1}}+\ldots+\frac{a_n^p}{b_n^{p-1}}\le\frac{(a_1+\ldots+a_n)^p}{(b_1+\ldots+b_n)^{p-1}}$

(c) $p>0$ 에 대해

$$\left(\frac{p+1}{p}\right)^p\cdot\left(\frac{a_1^{p+1}}{b_1^p}+\ldots+\frac{a_n^{p+1}}{b_n^p}\right)>a_1\cdot\left(\frac{a_1}{b_1}\right)^p+\ldots+a_n\cdot\left(\frac{a_1+\ldots+a_n}{b_1+\ldots+b_n}\right)^p$$

$$\ge\frac{p}{p+1}\left(b_1\cdot\left(\frac{a_1}{b_1}\right)^{p+1}+\ldots+b_n\left(\frac{a_1+\ldots+a_n}{b_1+\ldots+b_n}\right)^{p+1}\right)++\frac{1}{p+1}.\frac{(a_1+\ldots+a_n)^{p+1}}{(b_1+\ldots+b_n)^p}$$

11.26. (a) 영역 G 와 구간 I 에서 정의된 함수 $f(x)$ 가 주어졌다고 하자. 그리고 I 의 임의의 수 x_1, x_2 (이때 $x_1+x_2\in G$)에 대해 부등식 $f\left(\frac{x_1+x_2}{2}\right)\le\frac{f(x_1)+f(x_2)}{2}$ 가 성립한다. 수 $x_1,\ldots,x_n$ 는 I 에 속하며 $x_1+x_1',\ldots,x_n+x_n'\in G$ 이다. 수 $x_1',\ldots,x_n'$ 는 수 $x_1,\ldots,x_n$ 의 재배열이라 할 때, $f\left(\frac{x_1+\ldots+x_n}{n}\right)\le\frac{f(x_1)+\ldots+f(x_n)}{n}$ 을 증명하여라.

(b) $n\ge 2,\ \ a_i>0,\ \ i=1,\ldots,n$ 에 대해 $\frac{a_1}{(n-1)a_1+a_2}+\ldots+\frac{a_n}{(n-1)a_n+a_1}\le 1$

(c) $n\ge 2,\ \ x_i>0,\ i=1,\ldots,n$, $x_1\cdot\ldots\cdot x_n=\lambda^n$ $(\lambda>0)$ 에 대해

$$\frac{1}{\sqrt{1+x_1}}+\ldots+\frac{1}{\sqrt{1+x_n}}\ge\min\left(1,\frac{n}{\sqrt{1+\lambda}}\right)$$

(d) $n \ge 2,\ \ x_i > 0,\ i = 1, \ldots, n,\ \ x_i + x_j \le 1,\ \ i, j \in \{1, \ldots, n\}$ 에 대해

$$\frac{(1-x_1)\cdot \ldots \cdot (1-x_n)}{x_1 \cdot \ldots \cdot x_n} \ge \left(\frac{1 - \frac{x_1 + \ldots + x_n}{n}}{\frac{x_1 + \ldots + x_n}{n}} \right)^n$$

11.27. $x + y + z = 1$ 에 대해 부등식 $\frac{1}{1+x^2} + \frac{1}{1+y^2} + \frac{1}{1+z^2} \le \frac{27}{10}$ 을 증명하여라.

11.28. $\alpha \ge 2,\ \ a > 0, b > 0, c > 0, d > 0,\ abcd = 1$ 에 대해 다음 부등식을 증명하여라.

$$\frac{1}{(1+a)^\alpha} + \frac{1}{(1+b)^\alpha} + \frac{1}{(1+c)^\alpha} + \frac{1}{(1+d)^\alpha} \ge 2^{2-\alpha}$$

증명

11.1. 임의의 수 $a, b \in [0, \pi]$ 에 대해 조건 $\frac{\sin a + \sin b}{2} \le \sin \frac{a+b}{2}$ 이 성립한다.

실제로 $\frac{\sin a + \sin b}{2} = \sin \frac{a+b}{2} \cos \frac{a-b}{2} \le \sin \frac{a+b}{2}$ 이다.

$\alpha_1 = \cdots = \alpha_n = \frac{1}{n}$ 로 잡고 부등식 (11.4)를 이용하면,

$\frac{\sin x_1 + \cdots + \sin x_n}{n} \le \sin \frac{x_1 + \cdots + x_n}{n}$ 을 얻을 수 있다.

11.2. 임의의 수 $a>0,\ b>0$ 에 대해 부등식 $\dfrac{\log a+\log b}{2}\le\log\dfrac{a+b}{2}$ 이

성립하므로, $\alpha_1=\dfrac{a}{a+b+c}$, $\alpha_2=\dfrac{b}{a+b+c}$, $\alpha_3=\dfrac{c}{a+b+c}$ 로 잡고 부등식 (11.4)을 사용하면 다음이 성립한다.

$$\alpha_1\log a+\alpha_2\log b+\alpha_3\log c\le\log(\alpha_1a+\alpha_2b+\alpha_3c)$$

이로부터 $a^{a/(a+b+c)}\cdot b^{b/(a+b+c)}\cdot c^{c/(a+b+c)}\le\dfrac{a^2+b^2+c^2}{a+b+c}$ 이다.

이제 영역 $(0;+\infty)$ 에서 함수 $f(x)=x\ln x$ 를 생각하자.

$f''(x)=\dfrac{1}{x}>0$ 이므로, 함수 $f(x)$ 에 대해 (11.7)이 성립한다.

$\alpha_1=\alpha_2=\alpha_3=\dfrac{1}{3}$ 로 잡으면, 다음이 성립한다.

$$\frac{1}{3}(a\ln a+b\ln b+c\ln c)\ge\frac{1}{3}(a+b+c)\cdot\ln\frac{a+b+c}{3}$$

이로부터 $a^a\cdot b^b\cdot c^c\ge\left(\dfrac{a+b+c}{3}\right)^{a+b+c}$ 또는

$a^{a/(a+b+c)}\cdot b^{b/(a+b+c)}\cdot c^{c/(a+b+c)}\ge\dfrac{a+b+c}{3}$ 이다.

11.3. 다음과 같이 놓자.

$$f(x)=\log x,x_1=1+\frac{b-c}{a},x_2=1+\frac{c-a}{b},x_3=1+\frac{a-b}{c}$$

$$\alpha_1=\frac{a}{a+b+c},\alpha_2=\frac{b}{a+b+c},\alpha_3=\frac{c}{a+b+c}$$

그러면 다음이 성립한다.

$$\frac{1}{a+b+c}\left(a\log\left(1+\frac{b-c}{a}\right)+b\log\left(1+\frac{c-a}{b}\right)+c\log\left(1+\frac{a-b}{c}\right)\right)$$

$$\le\log\left(\frac{a}{a+b+c}\left(1+\frac{b-c}{a}\right)+\frac{b}{a+b+c}\left(1+\frac{c-a}{b}\right)+\frac{c}{a+b+c}\left(1+\frac{a-b}{c}\right)\right)$$

이로부터 $\left(1+\frac{b-c}{a}\right)^a\cdot\left(1+\frac{c-a}{b}\right)^b\cdot\left(1+\frac{a-b}{c}\right)^c\le 1$ 이다.

11.4. 함수 $f(x)=x^2$ 을 생각하자. 임의의 수 m, n, $\alpha\ge 0, \beta\ge 0$, $\alpha+\beta=1$ 에 대해 다음 부등식이 성립함을 확인할 수 있다.

$$\alpha f(m)+\beta f(n)\ge f(\alpha m+\beta n)$$

정리 11.2에 의해 부등식 (11.7)이 성립한다. 그리고 다음과 같이 잡자.

$$x_1=c, x_2=b, x_3=a, \alpha_1=\frac{a+c-b}{a+b+c}, \alpha_2=\frac{b+c-a}{a+b+c}, \alpha_3=\frac{a+b-c}{a+b+c}$$

그러면 다음을 얻을 수 있다.

$$c^2\frac{a+c-b}{a+b+c}+b^2\frac{b+c-a}{a+b+c}+a^2\frac{a+b-c}{a+b+c}$$

$$\ge\left(\frac{ac+c^2-bc+b^2+bc-ab+a^2+ab-ac}{a+b+c}\right)^2$$

이로부터 다음을 알 수 있다.

$$c^2\left((a+c)^2-b^2\right)+b^2\left((b+c)^2-a^2\right)+a^2\left((a+b)^2-c^2\right)\ge\left(a^2+b^2+c^2\right)^2$$

또는 $a^2b(a-b)+b^2c(b-c)+c^2a(c-a)\ge 0$

11.5. 첫 번째 방법. 다음과 같이 놓고 증명한다.

$$f(x)=x^2, x_1=a+b-c, x_2=a+c-b, x_3=b+c-a,$$

$$\alpha_1=\frac{a}{a+b+c},\ \alpha_2=\frac{b}{a+b+c},\ \alpha_3=\frac{c}{a+b+c}$$

두 번째 방법. 다음을 생각한다.

$$a^3b+b^3c+c^3a-\left(a^2bc+b^2ca+c^2ab\right)$$

$$=ab(a-c)^2+bc(b-a)^2+ac(b-c)^2\ge 0$$

11.6. 영역 $(0;+\infty)$에서 함수 $f(t)=\ln\left(1+\frac{1}{t}\right)$를 생각하자.

$f''(t)=\frac{1}{t^2}-\frac{1}{(t+1)^2}>0$ 이므로, 부등식 (11.7)이 성립한다.

$\alpha_1=\alpha_2=\alpha_3=\frac{1}{3}$, $t_1=x$, $t_2=y$, $t_3=z$ 로 잡으면, 다음을 얻을 수 있다.

$$\frac{1}{3}\left(\ln\left(1+\frac{1}{x}\right)+\ln\left(1+\frac{1}{y}\right)+\ln\left(1+\frac{1}{z}\right)\right)\ge\ln\left(1+\frac{3}{x+y+z}\right)$$

이로부터 $x+y+z=1$ 임을 생각하면,

$\left(1+\frac{1}{x}\right)\left(1+\frac{1}{y}\right)\left(1+\frac{1}{z}\right)\ge\left(1+\frac{3}{x+y+z}\right)^3=64$ 가 얻어진다.

11.7. 영역 $(0;+\infty)$에서 함수 $f(x)=\frac{1}{x}$을 생각하자.

부등식 $\frac{1}{2}\left(\frac{1}{a}+\frac{1}{b}\right)\ge\frac{2}{a+b}$ 가 성립하므로, 다음과 같이 잡으면 정리 11.1에 의해 주어진 부등식이 얻어진다.

$$x_1 = \sqrt{a}+\sqrt{b},\ x_2 = \sqrt{a}+\sqrt{c},\ \ x_3 = \sqrt{a}+\sqrt{d},\ x_4 = \sqrt{b}+\sqrt{c},$$

$$x_5 = \sqrt{b}+\sqrt{d},\ x_6 = \sqrt{c}+\sqrt{d},\ \ \alpha_1 = \cdots = \alpha_6 = \frac{1}{6}$$

11.8. 영역 $(0;+\infty)$에서 함수 $f(x)=\ln x$를 생각하자. $f''(x)=\dfrac{-1}{x^2}<0$이므로 부등식 (11.6)이 성립한다. $\alpha=\dfrac{1}{p},\ \beta=\dfrac{1}{q},\ \ a=m^p,\ \ b=n^q$로 잡으면, 주어진 부등식을 얻을 수 있다.

11.9. 영역 $(0;+\infty)$에서 함수 $f(x)=\sqrt{x}$를 생각하자. 함수 $f(x)$에 대해 조건 (11.10)이 성립한다는 것을 확인할 수 있다.
$\alpha_1=\dfrac{a+c-b}{a+b+c},\ \alpha_2=\dfrac{a+b-c}{a+b+c},\ \alpha_3=\dfrac{c+b-a}{a+b+c},\ \ x_1=a,\ x_2=b,\ x_3=c$로 잡으면, 부등식 (11.8)이 주어진 부등식으로 변형될 수 있다.

참고. $a=9, b=4, c=1$인 경우에 부등식은 성립하지 않는다.

11.10. $c_1^2+\ldots+c_n^2\neq 0$이라 하고, 함수 $f(x)=x^2$를 생각하자. $f''(x)>0$이므로,

$\alpha_i=\dfrac{c_i^2}{c_1^2+\cdots+c_n^2},\quad x_i=\left(\dfrac{a_i}{c_i}\right)^2,\ \ i=1,\cdots,n$으로 잡으면 정리 11.3에 의해 다음이 얻어진다.

$$\sum_{i=1}^{n}\frac{c_i^2}{c_1^2+\cdots+c_n^2}\cdot\left(\frac{a_i}{c_i}\right)^2 \geq \left(\sum_{i=1}^{n}\frac{c_i^2}{c_1^2+\cdots+c_n^2}\cdot\frac{a_i}{c_i}\right)^2$$

이로부터 주어진 부등식이 얻어진다. $c_1=\ldots=c_n=0$이면, 자명한 부등식이 얻어진다.

11.11. $f''(x)<0$ 을 생각하면, 예제 11.2와 유사하게 증명이 유도된다.

11.12. (a) k 를 p 로, c_i 를 $b_i^{\frac{q}{p}}$ 를 바꾸어 예제 11.2와 유사하게 증명할 수 있다.

(b) 연습문제 11.12(a)에 의해 다음이 성립한다.

$$\left(\sum_{i=1}^{n}\left(\frac{a_i}{b_i^{\frac{p-1}{p}}}\right)^p\right)^{\frac{1}{p}}\left(\sum_{i=1}^{n}\left(b_i^{\frac{p-1}{p}}\right)^{\frac{p}{p-1}}\right)^{\frac{p-1}{p}} \ge \sum_{i=1}^{n}a_i$$

결국 $\left(\sum_{i=1}^{n}\frac{a_i^p}{b_i^{p-1}}\right)\left(\sum_{i=1}^{n}b_i\right)^{p-1} \ge \left(\sum_{i=1}^{n}a_i\right)^p$ 또는 $\sum_{i=1}^{n}\frac{a_i^p}{b_i^{p-1}} \ge \frac{\left(\sum_{i=1}^{n}a_i\right)^p}{\left(\sum_{i=1}^{n}b_i\right)^{p-1}}$ 이다.

11.13. 영역 $(0;+\infty)$ 에서 함수 $f(x)=\frac{1}{x}$ 을 생각하자. 다음과 같이 잡자.

$$x_i = a_1+\cdots+a_{i-1}-a_i+\cdots+a_n,\ \ \alpha_i=\frac{a_i}{a_1+\cdots+a_n},\ i=1,\cdots,n$$

그러면 다음이 얻어진다.

$$\frac{1}{a_1+\cdots+a_n}\cdot\sum_{i=1}^{n}\frac{a_i}{a_1+\cdots+a_{i-1}-a_i+\cdots+a_n}$$

$$\ge \frac{a_1+\cdots+a_n}{\sum_{i=1}^{n}a_i\left(a_1+\cdots+a_{i-1}-a_i+\cdots+a_n\right)}$$

$n\left(a_1^{\,2}+\cdots+a_n^{\,2}\right)\ge\left(a_1+\cdots+a_n\right)^2$ 이므로(연습문제 2.2를 참고할 것), 다음이 성립한다.

$$\sum_{i=1}^{n}\frac{a_i}{a_1+\cdots+a_{i-1}-a_i+\cdots+a_n}\ge\frac{\left(a_1+\cdots+a_n\right)^2}{\left(a_1+\cdots+a_n\right)^2-2\left(a_1^{\,2}+\cdots+a_n^{\,2}\right)}\ge\frac{n}{n-2}$$

11.14. 예제 11.2의 부등식에서 $c_i=1$로 잡으면, 다음이 성립한다.

$$n^{k-1}\sum_{i=1}^{n}a_i^k\ge\left(\sum_{i=1}^{n}a_i\right)^k \quad \text{또는} \quad \frac{\sum_{i=1}^{n}a_i^k}{n}\ge\left(\frac{\sum_{i=1}^{n}a_i}{n}\right)^k$$

이때 $k=\dfrac{m}{2}$, $a_i=d_i^2$로 잡으면, $\dfrac{\sum_{i=1}^{n}d_i^m}{n}\ge\left(\dfrac{\sum_{i=1}^{n}d_i^2}{n}\right)^{\frac{m}{2}}$ 이 얻어진다.

유사한 방법으로 부등식 $\dfrac{\sum_{i=1}^{n}b_i^m}{n}\ge\left(\dfrac{\sum_{i=1}^{n}b_i^2}{n}\right)^{\frac{m}{2}}$ 을 얻을 수 있다.

얻어진 부등식을 항들끼리 곱하고 연습문제 11.10의 부등식을 이용하면, 다음이 얻어진다.

$$\frac{\sum_{i=1}^{n}b_i^m}{n}\cdot\frac{\sum_{i=1}^{n}d_i^m}{n}\ge\left(\frac{\sum_{i=1}^{n}b_i^2\cdot\sum_{i=1}^{n}d_i^2}{n^2}\right)^{m/2}\ge\left(\frac{\sum_{i=1}^{n}b_i\,d_i}{n}\right)^m$$

11.15. 영역 $(0;+\infty)$에서 함수 $f(x)=\dfrac{1}{x}$을 생각하자.

(a) $\alpha_i=\dfrac{x_i}{x_1+x_2+x_3}, i=1,2,3$ 으로 잡으면, 다음을 알 수 있다.

$$\frac{x_1}{x_1+x_2+x_3}\cdot\frac{1}{x_2+x_3}+\frac{x_2}{x_1+x_2+x_3}\cdot\frac{1}{x_1+x_3}+\frac{x_3}{x_1+x_2+x_3}\cdot\frac{1}{x_1+x_2}$$

$$\geq\frac{1}{\frac{x_1}{x_1+x_2+x_3}\cdot(x_2+x_3)+\frac{x_2}{x_1+x_2+x_3}(x_1+x_3)+\frac{x_3}{x_1+x_2+x_3}(x_1+x_2)}$$

이로부터 $\dfrac{x_1}{x_2+x_3}+\dfrac{x_2}{x_1+x_3}+\dfrac{x_3}{x_1+x_2}\geq\dfrac{(x_1+x_2+x_3)^2}{2(x_1 x_2+x_2x_3+x_1 x_3)}$ 이다.

부등식 $\dfrac{x_1^2+x_2^2+x_3^2}{3}\geq\left(\dfrac{x_1+x_2+x_3}{3}\right)^2$ 또는

$x_1^2+x_2^2+x_3^2\geq x_1 x_2+x_2x_3+x_1 x_3$ 에 의해, 다음이 성립한다.

$$\frac{(x_1+x_2+x_3)^2}{2(x_1 x_2+x_2x_3+x_1 x_3)}=\frac{1}{2}\cdot\frac{x_1{}^2+x_2{}^2+x_3{}^2}{x_1 x_2+x_2x_3+x_1 x_3}+1\geq\frac{3}{2}$$

이로부터 $\dfrac{x_1}{x_2+x_3}+\dfrac{x_2}{x_1+x_3}+\dfrac{x_3}{x_1+x_2}\geq\dfrac{3}{2}$ 이다.

(b) $\alpha_i=\dfrac{x_i}{(x_1+\cdots+x_n)}, i=1,\cdots,n$ 으로 잡으면, 다음이 성립한다.

$$\frac{x_1}{x_1+\cdots+x_n}\cdot\frac{1}{x_2+x_n}+\frac{x_2}{x_1+\cdots+x_n}\cdot\frac{1}{x_1+x_3}+\cdots+\frac{x_n}{x_1+\cdots+x_n}\cdot\frac{1}{x_1+x_{n-1}}$$

$$\geq\frac{1}{\frac{x_1(x_2+x_n)+x_2(x_3+x_1)+\cdots+x_n(x_1+x_{n-1})}{x_1+\cdots+x_n}}$$

이로부터 다음이 얻어진다(연습문제 7.6의 증명을 참고할 것).

$$\frac{x_1}{x_2+x_n}+\frac{x_2}{x_1+x_3}+\cdots+\frac{x_n}{x_1+x_{n-1}}$$

$$\ge\frac{\left(x_1+\cdots+x_n\right)^2}{x_1x_2+x_1x_n+x_2x_3+x_2x_1+\cdots+x_n\left(x_1+x_{n-1}\right)}$$

$$=\frac{\left(x_1+\cdots+x_n\right)^2}{2\left(x_1x_2+x_2x_3+\cdots+x_{n-1}x_n+x_nx_1\right)}\ge 2$$

결국 $\frac{x_1}{x_2+x_n}+\frac{x_2}{x_1+x_3}+\cdots+\frac{x_n}{x_1+x_{n-1}}\ge 2$ 이다.

11.16. $A=\frac{x}{y}+\frac{y}{z}+\frac{z}{x}-\frac{y}{x}-\frac{z}{y}-\frac{x}{z}\ge 0$ 이라 하고, 영역 $\left(0;+\infty\right)$ 에서 함수 $f(x)=\frac{1}{x}$ 을 생각하자. 다음과 같이 잡자.

$$\alpha_1=\frac{y+z-x}{y+z+x},\quad \alpha_2=\frac{y+x-z}{y+z+x},\quad \alpha_3=\frac{z+x-y}{y+z+x}$$

그러면 $\frac{1}{x+y+z}\left(\frac{y+z-x}{y}+\frac{x+y-z}{x}+\frac{z+x-y}{z}\right)\ge\frac{1}{\frac{x^2+y^2+z^2}{x+y+z}}$

또는 $3-A\ge\frac{\left(x+y+z\right)^2}{x^2+y^2+z^2}$ 이 성립하며,

$$A\le 3-\frac{\left(x+y+z\right)^2}{x^2+y^2+z^2}=2\left(1-\frac{xy+xz+yz}{x^2+y^2+z^2}\right)\text{이다.}$$

어렵지 않게 $xy+xz+yz>\frac{1}{2}\left(x^2+y^2+z^2\right)$ 을 보일 수 있으며, $A<1$ 이다.

11.17. (b) 다음이 성립한다.

$$\frac{a_1}{a_1+\cdots+a_n}\cdot\frac{1}{a_2+\cdots+a_n}+\frac{a_2}{a_1+\cdots+a_n}\cdot\frac{1}{a_1+a_3+\cdots+a_n}+\cdots$$

$$+\frac{a_n}{a_1+\cdots+a_n}\cdot\frac{1}{a_1+\cdots+a_{n-1}}$$

$$\geq\frac{1}{\frac{a_1(a_2+\cdots+a_n)+a_2(a_1+a_3+\cdots+a_n)+\cdots+a_n(a_1+\cdots+a_{n-1})}{a_1+\cdots+a_n}}$$

$n(a_1^2+\cdots+a_n^2)\geq(a_1+\cdots+a_n)^2$ 이므로, 다음이 얻어진다.

$$\frac{a_1}{a_2+\cdots+a_n}+\cdots+\frac{a_n}{a_1+\cdots+a_{n-1}}\geq\frac{(a_1+\cdots+a_n)^2}{(a_1+\cdots+a_n)^2-(a_1^2+\cdots+a_n^2)}\geq\frac{n}{n-1}$$

11.18. 다음이 성립한다.

$$\frac{a}{a+b+c+d}\cdot\frac{1}{b+c}+\frac{b}{a+b+c+d}\cdot\frac{1}{c+d}+\frac{c}{a+b+c+d}\cdot\frac{1}{d+a}$$

$$+\frac{d}{a+b+c+d}\cdot\frac{1}{a+b}\geq\frac{1}{\frac{a(b+c)+b(c+d)+c(d+a)+d(a+b)}{a+b+c+d}}$$

이때

$$(a+b+c+d)^2-2(ab+ac+bc+bd+cd+ac+ad+bd)$$

$$=(a-c)^2+(b-d)^2\geq 0$$

이므로, 다음을 얻을 수 있다.

$$\frac{a}{b+c}+\frac{b}{c+d}+\frac{c}{d+a}+\frac{d}{a+b}\geq\frac{(a+b+c+d)^2}{ab+ac+bc+bd+cd+ac+ad+db}\geq 2$$

11.19. 영역 $(0;+\infty)$에서 함수 $f(x)=\frac{1}{x}$을 생각하자. 다음과 같이 잡자.

$$\alpha_1=\alpha_6=\frac{a}{2(a+b+c)},\ \alpha_2=\alpha_3=\frac{b}{2(a+b+c)},\ \alpha_4=\alpha_5=\frac{c}{2(a+b+c)},$$

$$x_1=\frac{c}{a},\ x_2=\frac{c}{b},\ x_3=\frac{a}{b},\ x_4=\frac{a}{c},\ x_5=\frac{b}{c},\ x_6=\frac{b}{a}$$

그러면, 다음이 얻어진다.

$$\frac{a}{2(a+b+c)}\cdot\frac{1}{\frac{c}{a}}+\frac{b}{2(a+b+c)}\cdot\frac{1}{\frac{c}{b}}+\frac{b}{2(a+b+c)}\cdot\frac{1}{\frac{a}{b}}+\frac{c}{2(a+b+c)}\cdot\frac{1}{\frac{a}{c}}$$

$$+\frac{c}{2(a+b+c)}\cdot\frac{1}{\frac{b}{c}}+\frac{a}{2(a+b+c)}\cdot\frac{1}{\frac{b}{a}}\geq\frac{1}{\frac{2c+2a+2b}{2(a+b+c)}}=1$$

두 번째 부등식도 유사한 방법으로 얻어질 수 있다.

$$\frac{a^3}{bc}+\frac{b^3}{ca}+\frac{c^3}{ab}$$

$$=\frac{1}{2}\left(a^2\cdot\frac{1}{\frac{bc}{a}}+b^2\cdot\frac{1}{\frac{ac}{b}}\right)+\frac{1}{2}\left(a^2\cdot\frac{1}{\frac{bc}{a}}+c^2\cdot\frac{1}{\frac{ab}{c}}\right)++\frac{1}{2}\left(c^2\cdot\frac{1}{\frac{ab}{c}}+b^2\cdot\frac{1}{\frac{ac}{b}}\right)$$

$$\geq\frac{1}{2}\cdot\frac{\left(a^2+b^2\right)^2}{2abc}+\frac{1}{2}\cdot\frac{\left(a^2+c^2\right)^2}{2abc}+\frac{1}{2}\cdot\frac{\left(c^2+b^2\right)^2}{2abc}$$

$$=\frac{a^2+b^2}{2c}\cdot\frac{a^2+b^2}{2ab}+\frac{a^2+c^2}{2b}\cdot\frac{a^2+c^2}{2ac}+\frac{b^2+c^2}{2a}\cdot\frac{b^2+c^2}{2bc}$$

$$\geq\frac{a^2+b^2}{2c}+\frac{a^2+c^2}{2b}+\frac{b^2+c^2}{2a}$$

11.20. 영역 $(0;+\infty)$에서 함수 $f(x)=\dfrac{1}{x}$를 생각하자. 다음과 같이 잡자.

$$\alpha_1=\frac{a^2}{a^2+b^2+c^2},\ \alpha_2=\frac{b^2}{a^2+b^2+c^2},\ \alpha_3=\frac{c^2}{a^2+b^2+c^2},$$

$$x_1=\frac{a^2+ab+b^2}{a},\ x_2=\frac{b^2+bc+c^2}{b},\ x_3=\frac{c^2+ca+a^2}{c}$$

이로부터 다음을 얻을 수 있다.

$$\frac{a^2}{a^2+b^2+c^2}\cdot\frac{1}{\frac{a^2+ab+b^2}{a}}+\frac{b^2}{a^2+b^2+c^2}\cdot\frac{1}{\frac{b^2+bc+c^2}{b}}$$

$$+\frac{c^2}{a^2+b^2+c^2}\cdot\frac{1}{\frac{c^2+ac+a^2}{c}}$$

$$\geq\frac{1}{\frac{a^3+a^2b+ab^2+b^3+b^2c+bc^2+c^3+c^2a+a^2c}{a^2+b^2+c^2}}$$

또는

$$\frac{a^3}{a^2+ab+b^2}+\frac{b^3}{b^2+bc+c^2}+\frac{c^3}{c^2+ac+a^2}$$

$$\geq\frac{\left(a^2+b^2+c^2\right)^2}{(a+b+c)\left(a^2+b^2+c^2\right)}\geq\frac{a+b+c}{3}$$

11.21. 영역 $(0;+\infty)$에서 함수 $f(x)=-\ln x$를 생각하자. 이 함수는 볼록함수이므로, 다음이 성립한다.

$$-\ln\left(\frac{a}{a+b}\cdot\frac{c}{a}+\frac{b}{a+b}\cdot\frac{d}{b}\right)\leq-\frac{a}{a+b}\ln\frac{c}{a}-\frac{b}{a+b}\ln\frac{d}{b}$$ 또는

$$\left(\frac{a+b}{c+d}\right)^{a+b} \le \left(\frac{a}{c}\right)^{a} \cdot \left(\frac{b}{d}\right)^{b}$$

참고. 만약 $a_1 > 0, \ldots, a_n > 0, b_1 > 0, \ldots, b_n > 0$ 이면, 다음이 성립한다.

$$\left(\frac{a_1+\ldots+a_n}{b_1+\ldots+b_n}\right)^{a_1+\ldots+a_n} \le \left(\frac{a_1}{b_1}\right)^{a_1} \cdot \ldots \cdot \left(\frac{a_n}{b_n}\right)^{a_n}$$

11.22. 영역 $(0;+\infty)$ 에서 함수 $f(x)=\dfrac{1}{x}$ 을 생각하자.

$\alpha_i = \dfrac{x_{i-1}}{x_0+x_1+\cdots+x_{n-1}}$, $i=1,\cdots,n$ 으로 잡으면, 다음이 성립한다.

$$\frac{x_0^2}{x_1}+\frac{x_1^2}{x_2}+\cdots+\frac{x_{n-1}^2}{x_n} = \left(\frac{x_0}{x_0+x_1+\cdots+x_{n-1}}\cdot\frac{1}{\frac{x_1}{x_0}}+\cdots\right.$$

$$\left.+\frac{x_{n-1}}{x_0+x_1+\cdots+x_{n-1}}\cdot\frac{1}{\frac{x_n}{x_{n-1}}}\right)\cdot\left(x_0+x_1+\cdots+x_{n-1}\right)$$

$$\ge \frac{\left(x_0+x_1+\cdots+x_{n-1}\right)^2}{x_1+x_2+\cdots+x_{n-1}+x_n} = k_n$$

이제 $n > n_0$ 에 대해 $k_n \ge 3.999$ 가 얻어지는 그러한 자연수 n_0 이 존재한다는 것을 증명하자. 실제로 $n > \dfrac{3.999}{0.001}+1$ 일 때에 다음이 성립한다.

$$\left(x_0+x_1+\cdots+x_{n-1}\right)^2 - 3.999\left(x_1+x_2+\cdots+x_{n-1}+x_n\right)$$

$$\ge 0.001(n-1)x_n - 3.999x_n \ge 0$$

즉 $n_0 = 4000$ 을 잡을 수 있다.

11.23. 영역 $(0;+\infty)$에서 함수 $f(x)=\frac{1}{x}$을 생각하자. 다음과 같이 잡자.

$$\alpha_1=\frac{BC}{AB+BC+AC},\ \alpha_2=\frac{AC}{AB+BC+AC},\ \alpha_3=\frac{AB}{AB+BC+AC},$$

$$x_1=MA_1,\quad x_2=MB_1,\ x_3=MC_1$$

그러면 다음을 얻을 수 있다.

$$\frac{BC}{MA_1}+\frac{CA}{MB_1}+\frac{AB}{MC_1}$$

$$=\left(\frac{BC}{BC+AC+AB}\cdot\frac{1}{MA_1}+\frac{CA}{BC+AC+AB}\cdot\frac{1}{MB_1}+\frac{AB}{BC+AC+AB}\cdot\frac{1}{MC_1}\right)$$

$$(BC+AC+AB)\geq\frac{(BC+AC+AB)^2}{BC\cdot MA_1+AC\cdot MB_1+AB\cdot MC_1}=\frac{4p^2}{2S}=\frac{2p^2}{S}$$

결국 식 $\frac{BC}{MA_1}+\frac{CA}{MB_1}+\frac{AB}{MC_1}$의 최댓값은 $\frac{2p^2}{S}$이며, 이 값은

$MA_1=MB_1=MC_1$인 경우에 얻어진다.

11.24. 일반성을 잃지 않고 $a_1\geq a_2\geq\ldots\geq a_n$이라 할 수 있다. 연습문제 14.10(a)에 의해 다음을 알 수 있다.

$$\sum_{i=1}^{n}a_ib_i=b_1(a_1-a_2)+(b_1+b_2)(a_2-a_3)+\ldots$$

$$+(b_1+\ldots+b_{n-1})(a_{n-1}-a_n)+(b_1+\ldots+b_n)a_n$$

결국 다음이 성립한다.

$$\sum_{i=1}^{n}a_ib_i\geq a_1^m(a_1-a_2)+(a_1+a_2)^m(a_2-a_3)+\ldots$$

$$+(a_1+\ldots+a_{n-1})^m(a_{n-1}-a_n)+(a_1+\ldots+a_n)^m a_n=A$$

영역 $[0;+\infty)$ 에서 함수 $f(x)=x^m$ 가 볼록이므로 다음을 알 수 있다.

$$\frac{A}{a_1}=\frac{(a_1-a_2)}{a_1}a_1^m+\frac{(a_2-a_3)}{a_1}(a_1+a_2)^m+\ldots$$

$$+\frac{(a_{n-1}-a_n)}{a_1}(a_1+\ldots+a_{n-1})^m+\frac{a_n}{a_1}(a_1+\ldots+a_n)^m$$

$$\geq\left(\frac{a_1(a_1-a_2)}{a_1}+\frac{(a_1+a_2)(a_2-a_3)}{a_1}+\ldots\right.$$

$$\left.+\frac{(a_1+\ldots+a_{n-1})(a_{n-1}-a_n)}{a_1}+\frac{(a_1+\ldots+a_n)a_n}{a_1}\right)^m$$

$$=\left(\frac{a_1^2+a_2^2+\ldots+a_n^2}{a_1}\right)^m$$

이와 같이, 다음을 얻었다.

$$\left(\sum_{i=1}^n a_ib_i\right)^2\geq A^2\geq\frac{\left(a_1^2+a_2^2+\ldots+a_n^2\right)^{2m}}{a_1^{2m-2}}$$

$$=\left(\frac{a_1^2+a_2^2+\ldots+a_n^2}{a_1^2}\right)^{m-1}\left(a_1^2+a_2^2+\ldots+a_n^2\right)^{m+1}\geq\left(a_1^2+a_2^2+\ldots+a_n^2\right)^{m+1}$$

결국 $\left(\sum_{i=1}^n a_ib_i\right)^2\geq\left(a_1^2+a_2^2+\ldots+a_n^2\right)^{m+1}$ 이다.

11.25. (a) 영역 $(0;+\infty)$ 에서 함수 $f(x)=x^{1-p}$ 를 생각하자.

$f''(x)=p(p-1)x^{-p-1}\geq 0$ 이므로, 함수 $f(x)$ 에 대해 부등식 (11.7)이 성립한다. $\alpha_i=\dfrac{a_i}{a_1+\ldots+a_n}$, $i=1,\ldots,n$ 으로 잡으면, 다음을 얻을 수 있다.

$$\frac{a_1}{a_1+\ldots+a_n}\cdot\left(\frac{b_1}{a_1}\right)^{1-p}+\ldots+\frac{a_n}{a_1+\ldots+a_n}\cdot\left(\frac{b_n}{a_n}\right)^{1-p}$$

$$\geq\left(\frac{a_1}{a_1+\ldots+a_n}\cdot\frac{b_1}{a_1}+\ldots+\frac{a_n}{a_1+\ldots+a_n}\cdot\frac{b_n}{a_n}\right)^{1-p}$$

또는 $\frac{a_1^p}{b_1^{p-1}}+\ldots+\frac{a_n^p}{b_n^{p-1}}\geq\frac{(a_1+\ldots+a_n)^p}{(b_1+\ldots+b_n)^{p-1}}$

(b) $f''(x)<0$ 을 생각하면 연습문제 11.25(a)와 유사하게 증명할 수 있다.

(c) $B_i=\frac{b_1+\ldots+b_i}{a_1+\ldots+a_i}$, $i=1,\ldots,n$ 이라 놓으면, $i=2,\ldots,n$ 에 대해 다음을 얻을 수 있다.

$$b_i=B_i(a_1+\ldots+a_i)-B_{i-1}(a_1+\ldots+a_{i-1})$$

결국 다음이 성립한다.

$$\frac{b_i}{B_i^{p+1}}=\frac{a_1+\ldots+a_i}{B_i^p}-(a_1+\ldots+a_{i-1})\cdot\frac{B_{i-1}}{B_i^{p+1}} \tag{11.11}$$

연습문제 9.13에 의해 $\dfrac{\left(\dfrac{B_{i-1}^{\frac{p}{p+1}}}{B_i^p}\right)^{\frac{p+1}{p}}}{\dfrac{p+1}{p}}+\dfrac{\left(\dfrac{1}{B_{i-1}^{\frac{p}{p+1}}}\right)^{p+1}}{p+1}\geq\dfrac{1}{B_i^p}$ 이다. 결국 다음이 성립한다.

$$\frac{B_{i-1}}{B_i^{p+1}}\geq\frac{p+1}{pB_i^p}-\frac{1}{pB_i^{p-1}} \tag{11.12}$$

(11.11)과 (11.12)로부터 $\frac{p+1}{p}\cdot\frac{a_i}{B_i^p}-\frac{b_i}{B_i^{p+1}}\geq\frac{a_1+\ldots+a_i}{pB_i^p}-\frac{a_1+\ldots+a_{i-1}}{pB_{i-1}^p}$,

$i=2,\ldots,n$ 을 얻을 수 있으며, $\dfrac{p+1}{p}\cdot\dfrac{a_1}{B_1^p}-\dfrac{b_1}{B_1^{p+1}}=\dfrac{a_1}{pB_1^p}\geq\dfrac{a_1}{pB_1^p}$ 이 성립한다. 모든 n 개의 부등식을 더하면, 다음을 얻을 수 있다.

$$\frac{p+1}{p}\cdot\left(\frac{a_1}{B_1^p}+\ldots+\frac{a_n}{B_n^p}\right)-\left(\frac{b_1}{B_1^{p+1}}+\ldots+\frac{b_n}{B_n^{p+1}}\right)=\frac{a_1}{pB_1^p}\geq\frac{a_1+\ldots+a_n}{pB_n^p} \tag{11.13}$$

결국 (11.13)으로부터 다음이 얻어진다.

$$\frac{p+1}{p}\cdot\left(\frac{a_1}{B_1^p}+\ldots+\frac{a_n}{B_n^p}\right)>\left(\frac{b_1}{B_1^{p+1}}+\ldots+\frac{b_n}{B_n^{p+1}}\right) \tag{11.14}$$

그리고 연습문제 11.25(a)에 의해, 다음을 알 수 있다.

$$\frac{b_1}{B_1^{p+1}}+\ldots+\frac{b_n}{B_n^{p+1}}=\frac{\left(\frac{a_1}{B_1^p}\right)^{\frac{p+!}{p}}}{\left(\frac{a_1^{p+1}}{b_1^p}\right)^{\frac{1}{p}}}+\ldots+\frac{\left(\frac{a_n}{B_n^p}\right)^{\frac{p+!}{p}}}{\left(\frac{a_n^{p+1}}{b_n^p}\right)^{\frac{1}{p}}}\geq\frac{\left(\frac{a_1}{B_1^p}+\ldots+\frac{a_n}{B_n^p}\right)^{\frac{p+!}{p}}}{\left(\frac{a_1^{p+1}}{b_1^p}+\ldots+\frac{a_n^{p+1}}{b_n^p}\right)^{\frac{1}{p}}} \tag{11.15}$$

결국 (11.14)와 (11.15)로부터 다음을 얻게 된다.

$$a_1\cdot\left(\frac{a_1}{b_1}\right)^p+\ldots+a_n\cdot\left(\frac{a_1+\ldots+a_n}{b_1+\ldots+b_n}\right)^p<\left(\frac{p+1}{p}\right)^p\left(\frac{a_1^{p+1}}{b_1^p}+\ldots+\frac{a_n^{p+1}}{b_n^p}\right)$$

그리고 (11.13)으로부터 다음을 얻을 수 있다.

$$a_1\cdot\left(\frac{a_1}{b_1}\right)^p+\ldots+a_n\cdot\left(\frac{a_1+\ldots+a_n}{b_1+\ldots+b_n}\right)^p$$

$$\geq\frac{p}{p+1}\left(b_1\cdot\left(\frac{a_1}{b_1}\right)^{p+1}+\ldots+b_n\left(\frac{a_1+\ldots+a_n}{b_1+\ldots+b_n}\right)^{p+1}\right)+\frac{1}{p+1}.\frac{(a_1+\ldots+a_n)^{p+1}}{(b_1+\ldots+b_n)^p}$$

참고. 1. 만약 $p<-1$ 이고 $a_1,\cdots,a_n,b_1,\cdots,b_n$ 이 임의의 양수라면, 다음 부등식이 성립한다.

$$a_1 \cdot \left(\frac{a_1}{b_1}\right)^p + \ldots + a_n \cdot \left(\frac{a_1 + \ldots + a_n}{b_1 + \ldots + b_n}\right)^p < \left(\frac{p+1}{p}\right)^p \left(\frac{a_1^{p+1}}{b_1^p} + \ldots + \frac{a_n^{p+1}}{b_n^p}\right)$$

2. 만약 $p > 1$ 이고 $a_1, \cdots, a_n$ 이 임의의 양수라면, 다음 부등식이 성립한다.

$$a_1^p + \ldots + \left(\frac{a_1 + \ldots + a_n}{n}\right)^p + \frac{n}{p-1} \cdot \left(\frac{a_1 + \ldots + a_n}{n}\right)^p < \left(\frac{p}{p-1}\right)^p \cdot (a_1^p + \ldots + a_n^p)$$

3. 만약 $p > 1$ 이고 $b_1, \cdots, b_n$ 이 임의의 양수라면, 다음 부등식이 성립한다.

$$b_1^{\frac{1}{1}} + \ldots + (b_1 \cdot \ldots \cdot b_n)^{\frac{1}{n}} < \left(\frac{p}{p-1}\right)^p \cdot (b_1 + \ldots + b_n)$$

4. 만약 $b_1, \cdots, b_n$ 이 임의의 양수라면, 다음 부등식이 성립한다.

$$b_1^{\frac{1}{1}} + \ldots + (b_1 \cdot \ldots \cdot b_n)^{\frac{1}{n}} < e \cdot (b_1 + \ldots + b_n)$$

11.26. (a) 수 $x_i'' = \dfrac{x_i + x_i'}{2}$, $i = 1, \ldots, n$ 을 생각하자. 모든 $i, j \in \{1, \ldots, n\}$ 에 대해

$\min(x_i, x_i') \le x_i'' \le \max(x_i, x_i')$,

$\min(x_i + x_j, x_i' + x_j') \le x_i'' + x_j'' \le \max(x_i + x_j, x_i' + x_j')$ 을 생각하면,

$x_i'' \in I$, $x_i'' + x_j'' \in G$ 이다.

만약 부등식

$$f\left(\frac{x_1'' + \ldots + x_n''}{n}\right) \le \frac{f(x_1'') + \ldots + f(x_n'')}{n} \tag{11.16}$$

을 증명하면, $f\left(x_i''\right) \le \dfrac{f(x_i) + f(x_i')}{2}$, $i = 1, \ldots, n$,

$f(x_1) + \ldots + f(x_n) = f(x_1') + \ldots + f(x_n')$, $\dfrac{x_1'' + \ldots + x_n''}{n} = \dfrac{x_1 + \ldots + x_n}{n}$ 이므로

$$f\left(\frac{x_1+\ldots+x_n}{n}\right)\le\frac{f(x_1)+\ldots+f(x_n)}{n}$$ 이다.

부등식 (11.16)이 m 개의 수에 대해 성립한다고 가정하고, 이것이 $2m$ 개의 수에 대해 성립한다는 것을 증명하자. 실제로 다음이 성립한다.

$$f\left(\frac{x_1''+x_2''+\ldots+x_{2m-1}''+x_{2m}''}{2m}\right)=f\left(\frac{\frac{x_1''+x_2''}{2}+\ldots+\frac{x_{2m-1}''+x_{2m}''}{2}}{m}\right)$$

$$\le\frac{f\left(\frac{x_1''+x_2''}{2}\right)+\ldots+f\left(\frac{x_{2m-1}''+x_{2m}''}{2}\right)}{m}$$

$$\le\frac{\frac{f(x_1'')+f(x_2'')}{2}+\ldots+\frac{f(x_{2m-1}'')+f(x_{2m}'')}{2}}{m}$$

$$=\frac{f(x_1'')+f(x_2'')+\ldots+f(x_{2m-1}'')+f(x_{2m}'')}{2m}$$

이제 만약 부등식 (11.16)이 k $(k>2)$ 개의 수에 대해 성립하면, 이것은 $k-1$ 개의 수에 대해서도 성립한다는 것을 증명하자. $i,j\in\{1,\ldots,k-1\}$ 에 대해 $x_1'',\ldots,x_{k-1}''\in I$, $x_i''+x_j''\in G$ 라 놓자.

$\min(x_1'',\ldots,x_{k-1}'')\le\frac{x_1''+\ldots+x_{k-1}''}{k-1}=x''\le\max(x_1'',\ldots,x_{k-1}'')$ 을 생각하면, 모든 $i=1,\ldots,k-1$ 에 대해 $x''\in I,\quad 2x'',x''+x_i''\in G$ 이며, 다음이 성립한다.

$$f\left(\frac{x_1''+\ldots+x_{k-1}''+x''}{k}\right)\le\frac{f(x_1'')+\ldots+f(x_{k-1}'')+f(x'')}{k}$$

이로부터 다음이 유도된다.

$$f\left(\frac{x_1''+\ldots+x_{k-1}''}{k-1}\right)\le\frac{f(x_1'')+\ldots+f(x_{k-1}'')}{k-1}$$

두 수에 대해 부등식 (11.16)이 성립하므로, 위의 주장들로부터 이 부등식이 n 개의 수에 대해 성립한다는 것이 유도된다.

참고. $G=R$ 이면, 얀센 부등식을 얻을 수 있다.

(b) 만약 $n\ge 2$, $y_i>0$, $i=1,\ldots,n$, $y_1\cdot\ldots\cdot y_n=\dfrac{1}{(n-1)^n}$ 이면, 다음이 성립함을 증명하자.

$$\frac{1}{1+y_1}+\ldots+\frac{1}{1+y_n}\le n-1 \qquad (11.17)$$

실제로 영역 R 에서 함수 $f(x)=\dfrac{1}{1+3^x}$ 을 생각하고, $G=(-\infty;0]$ 이다.

만약 $x_1+x_2\in G$ 이면, 다음이 성립한다는 것을 생각하자.

$$-\frac{2}{1+3^{\frac{x_1+x_2}{2}}}-\left(-\frac{1}{1+3^{x_1}}-\frac{1}{1+3^{x_2}}\right)=\frac{\left(3^{\frac{x_1+x_2}{2}}-1\right)\left(3^{\frac{x_1}{2}}-3^{\frac{x_2}{2}}\right)^2}{(1+3^{x_1})(1+3^{x_2})\left(1+3^{\frac{x_1+x_2}{2}}\right)}\le 0$$

즉 $f\left(\dfrac{x_1+x_2}{2}\right)\le\dfrac{f(x_1)+f(x_2)}{2}$ 이다.

만약 임의의 i, j 에 대해 부등식 $y_iy_j\le 1$ 이 성립하면, $y_i=3^{x_i}$, $i=1,\ldots,n$ 에서 $x_i+x_j\in G$ 이며, 결국 $x_1'=x_2$, … , $x_{n-1}'=x_n$, $x_n'=x_1$ 일 때에 연습문제 11.25(a)의 조건이 만족되며, 다음이 성립한다.

$$\frac{1}{1+y_1}+\ldots+\frac{1}{1+y_n}\le\frac{n}{1+\sqrt[n]{y_1\cdot\ldots\cdot y_n}}=n-1$$

만약 $y_iy_j > 1$ 인 수 i, j 가 존재하면, 다음이 성립한다.

$$\frac{1}{1+y_1}+\ldots+\frac{1}{1+y_n} \le \frac{1}{1+y_i}+\frac{1}{1+y_j}+\sum_{k\ne i,k\ne j}\frac{1}{1+y_k}$$

$$<1+\sum_{k\ne i,k\ne j}\frac{1}{1+y_k}<1+(n-2)=n-1$$

$y_i=\dfrac{a_{i+1}}{(n-1)a_i}$, $i=1,\ldots,n$, $a_{n+1}=a_1$ 일 때에 부등식 (11.17)로부터 다음이 얻어진다.

$$\frac{a_1}{(n-1)a_1+a_2}+\ldots+\frac{a_n}{(n-1)a_n+a_1}\le 1$$

(c) 영역 R 에서 함수 $f(x)=\dfrac{1}{\sqrt{1+3^x}}$ 을 생각하고, $G=\left[2;+\infty\right)$ 이다. 만약 $x_1+x_2 \in G$ 이면, 다음이 성립한다는 것을 생각하자.

$$\left(\sqrt{1+3^{x_1}}+\sqrt{1+3^{x_2}}\right)^2$$

$$=2+3^{x_1}+3^{x_2}+2\sqrt{(1+3^{x_1})(1+3^{x_2})}\ge 2+3^{x_1}+3^{x_2}$$

$$+2\left(1+3^{\frac{x_1+x_2}{2}}\right)\left(4+3^{x_1}+3^{x_2}+2\cdot 3^{\frac{x_1+x_2}{2}}\right)\left(1+3^{\frac{x_1+x_2}{2}}\right)-4(1+3^{x_1})(1+3^{x_2})$$

$$=\left(3^{\frac{x_1+x_2}{2}}-3\right)\left(3^{\frac{x_1}{2}}-3^{\frac{x_2}{2}}\right)^2\ge 0$$

이므로, 다음이 성립한다.

$$\left(\sqrt{1+3^{x_1}}+\sqrt{1+3^{x_2}}\right)^2\left(1+3^{\frac{x_1+x_2}{2}}\right)\geq\left(4+3^{x_1}+3^{x_2}+2\cdot3^{\frac{x_1+x_2}{2}}\right)\left(1+3^{\frac{x_1+x_2}{2}}\right)$$

$$\geq 4(1+3^{x_1})(1+3^{x_2})$$

즉 $f\left(\frac{x_1+x_2}{2}\right)\leq\frac{f(x_1)+f(x_2)}{2}$ 이다.

만약 임의의 i, j에 대해 부등식 $y_iy_j\geq 9$ 이 성립하면, $y_i=3^{x_i}$, $i=1,\ldots,n$ 에서 $x_i+x_j\in G$ 이다. 결국 $x_1'=x_2,\ldots,x_{n-1}'=x_n$, $x_n'=x_1$ 에 대해 연습문제 11.25(a)의 조건이 성립한다. 이로부터 다음이 성립한다는 것을 알 수 있다.

$$\frac{1}{\sqrt{1+y_1}}+\ldots+\frac{1}{\sqrt{1+y_n}}\geq\frac{n}{1+\sqrt[n]{y_1\cdot\ldots\cdot y_n}}=\frac{n}{\sqrt{1+\lambda}}$$

만약 $y_iy_j<9$, 인 수 i, j가 존재하면,

$\left(\sqrt{1+y_1}+\sqrt{1+y_2}\right)^2\geq 4+y_1+y_2+2\sqrt{y_1y_2}>(1+y_1)(1+y_2)$ 이므로,

$\frac{1}{\sqrt{1+y_1}}+\ldots+\frac{1}{\sqrt{1+y_n}}\geq\frac{1}{\sqrt{1+y_1}}+\frac{1}{\sqrt{1+y_2}}>1$ 이다.

(d) 영역 $(0;1)$ 에서 함수 $f(x)=\ln\frac{1-x}{x}$ 를 생각하고, $G=(0;1]$ 이다.

만약 $x_1,x_2\in(0;1)$, $x_1+x_2\in G$ 이면, $\left(\frac{2-(x_1+x_2)}{x_1+x_2}\right)^2\leq\frac{(1-x_1)(1-x_2)}{x_1x_2}$

또는 $(x_1-x_2)^2(1-x_1-x_2)>0$ 이므로, 다음이 성립한다.

$$f\left(\frac{x_1+x_2}{2}\right)=\ln\frac{1-\frac{x_1+x_2}{2}}{\frac{x_1+x_2}{2}}\leq\frac{\ln\frac{1-x_1}{x_1}+\ln\frac{1-x_2}{x_2}}{2}=\frac{f(x_1)+f(x_2)}{2}$$

즉 $f\left(\frac{x_1+x_2}{2}\right) \le \frac{f(x_1)+f(x_2)}{2}$ 이다. 그러면 연습문제 11.25(a)에 의해 다음이 성립한다.

$$f\left(\frac{x_1+\ldots+x_n}{n}\right) \le \frac{f(x_1)+\ldots+f(x_n)}{n}$$

또는 $\frac{(1-x_1)\cdot\ldots\cdot(1-x_n)}{x_1\cdot\ldots\cdot x_n} \ge \left(\frac{1-\frac{x_1+\ldots+x_n}{n}}{\frac{x_1+\ldots+x_n}{n}}\right)^n$

11.27. 일반성을 잃지 않고 $x \le y \le z$ 라 놓을 수 있다. 세 가지 경우를 생각하자.

(a) 만약 $x \le -\frac{1}{\sqrt{3}}$ 이면, $y+z \ge 1+\frac{1}{\sqrt{3}} > \frac{3}{2}$ 이며, $z > \frac{3}{4}$ 이다. 그러면 다음이 성립한다.

$$\frac{1}{1+x^2}+\frac{1}{1+y^2}+\frac{1}{1+z^2} < 1+1+\frac{16}{25} < \frac{27}{10}$$

(b) 만약 $y \ge \frac{1}{\sqrt{3}}$ 이면, $z \ge \frac{1}{\sqrt{3}}$ 이고

$\frac{1}{1+x^2}+\frac{1}{1+y^2}+\frac{1}{1+z^2} \le 1+\frac{3}{4}+\frac{3}{4} < \frac{27}{10}$ 이다.

(c) 만약 $x, y \in \left(-\frac{1}{\sqrt{3}}; \frac{1}{\sqrt{3}}\right)$ 이면, 영역 $\left(-\frac{1}{\sqrt{3}}; \frac{1}{\sqrt{3}}\right)$ 에서 함수

$f(t) = \frac{1}{1+t^2}$ 을 생각하자.

$f''(t) = \frac{2(1+t^2)(3t^2-1)}{(1+t^2)^2} < 0$ 을 생각하면, 얀센 부등식에 의해 다음이 성립한다.

$$\frac{1}{1+x^2}+\frac{1}{1+y^2}\le\frac{2}{1+\left(\frac{x+y}{2}\right)^2}=\frac{2}{1+\left(\frac{1-z}{2}\right)^2}$$

그러면 $\frac{1}{1+x^2}+\frac{1}{1+y^2}+\frac{1}{1+z^2}\le\frac{2}{1+\left(\frac{1-z}{2}\right)^2}+\frac{1}{1+z^2}\le\frac{27}{10}$ 이다. 왜냐하면 마지막 부등식은 부등식 $(3z-1)^2(3z^2-4z+5)\ge 0$ 과 동치이기 때문이다.

11.28. $\alpha\ge 2$, $a>0, b>0$ 일 때에 다음을 증명하자.

$$\frac{1}{(1+a)^\alpha}+\frac{1}{(1+b)^\alpha}\ge\frac{2^{2-\alpha}}{1+(ab)^{\frac{\alpha}{2}}} \tag{11.18}$$

실제로 $x=\frac{1}{1+a}$, $y=\frac{1}{1+b}$ 라 놓으면, 부등식 (11.18)이 다음과 같이 된다.

$$\left(x^{\frac{\alpha}{2}}y^{-\frac{\alpha}{2}}+x^{-\frac{\alpha}{2}}y^{\frac{\alpha}{2}}\right)\left(x^{\frac{\alpha}{2}}y^{\frac{\alpha}{2}}+(1-x)^{\frac{\alpha}{2}}(1-y)^{\frac{\alpha}{2}}\right)\ge 2^{2-\alpha}$$

일반성을 잃지 않고 $y^{\frac{\alpha}{2}}(1-y)^{\frac{\alpha}{2}}\ge x^{\frac{\alpha}{2}}(1-x)^{\frac{\alpha}{2}}$ 라 놓을 수 있으며,
코시-분야코프스키 부등식에 의해 다음이 얻어진다.

$$\left(x^{\frac{\alpha}{2}}y^{-\frac{\alpha}{2}}+x^{-\frac{\alpha}{2}}y^{\frac{\alpha}{2}}\right)\left(x^{\frac{\alpha}{2}}y^{\frac{\alpha}{2}}+(1-x)^{\frac{\alpha}{2}}(1-y)^{\frac{\alpha}{2}}\right)\ge$$

$$\ge\left(x^{\frac{\alpha}{2}}+\sqrt{y^{\frac{\alpha}{2}}(1-y)^{\frac{\alpha}{2}}x^{-\frac{\alpha}{2}}(1-x)^{\frac{\alpha}{2}}}\right)^2\ge\left(x^{\frac{\alpha}{2}}+(1-x)^{\frac{\alpha}{2}}\right)^2$$

그리고 얀센 부등식에 의해,

$$\left(x^{\frac{\alpha}{2}}+(1-x)^{\frac{\alpha}{2}}\right)^2 \ge \left(2\left(\frac{x+(1-x)}{2}\right)^{\frac{\alpha}{2}}\right)^2 = 2^{2-\alpha}$$ 이며, 결국 다음이 성립한다.

$$\left(x^{\frac{\alpha}{2}}y^{-\frac{\alpha}{2}}+x^{-\frac{\alpha}{2}}y^{\frac{\alpha}{2}}\right)\left(x^{\frac{\alpha}{2}}y^{\frac{\alpha}{2}}+(1-x)^{\frac{\alpha}{2}}(1-y)^{\frac{\alpha}{2}}\right) \ge 2^{2-\alpha}$$

다음을 생각하자.

$$\frac{1}{(1+a)^\alpha}+\frac{1}{(1+b)^\alpha}+\frac{1}{(1+c)^\alpha}+\frac{1}{(1+d)^\alpha} \ge \frac{2^{2-\alpha}}{1+(ab)^{\frac{\alpha}{2}}}+\frac{2^{2-\alpha}}{1+(cd)^{\frac{\alpha}{2}}}$$

$$=\frac{2^{2-\alpha}}{1+(ab)^{\frac{\alpha}{2}}}+\frac{2^{2-\alpha}}{1+\left(\frac{1}{ab}\right)^{\frac{\alpha}{2}}} = 2^{2-\alpha}$$

○ 내 힘으로 해결하기

1. 삼각형의 각 α, β, γ 에 대해 다음을 증명하여라.

(a) $\cos\alpha+\cos\beta+\cos\gamma \le \frac{3}{2}$

(b) $\frac{1}{\sin^2\alpha/2}+\frac{1}{\sin^2\beta/2}+\frac{1}{\sin^2\gamma/2} \ge 12$

(c) $\frac{1}{\cos\alpha/2}+\frac{1}{\cos\beta/2}+\frac{1}{\cos\gamma/2} \ge 2\sqrt{3}$

(d) $\frac{1}{\sin\alpha/2}+\frac{1}{\sin\beta/2}+\frac{1}{\sin\gamma/2} \ge 6$

2. 예각삼각형의 각 α, β, γ 에 대해 다음을 증명하여라.

(a) $\dfrac{\sqrt{1+8\cos^2\alpha}}{\sin\alpha}+\dfrac{\sqrt{1+8\cos^2\beta}}{\sin\beta}+\dfrac{\sqrt{1+8\cos^2\gamma}}{\sin\gamma}\ge 6$

(b) $\dfrac{1}{\cos\alpha}+\dfrac{1}{\cos\beta}+\dfrac{1}{\cos\gamma}\ge 6$

3. 볼록사각형 $ABCD$ 에 대해 $\sin\dfrac{\angle A}{2}\sin\dfrac{\angle B}{2}\sin\dfrac{\angle C}{2}\sin\dfrac{\angle D}{2}=\dfrac{1}{4}$ 이 성립하면, 이 사각형은 직사각형이라는 것을 증명하여라.

4. $3\le n\le 6$, $x_i>0$, $i=1,\cdots,n$ 에 대해 다음 부등식을 증명하여라.

$$\frac{x_1}{x_2+x_3}+\frac{x_2}{x_3+x_4}+\cdots+\frac{x_{n-1}}{x_n+x_1}+\frac{x_n}{x_1+x_2}\ge\frac{n}{2}$$

5. 주어진 원에 내접하는 모든 볼록n각형들 중에서 정n각형이 최대의 넓이를 가진다는 것을 증명하여라.

6. 주어진 원에 내접하는 모든 볼록n각형들 중에서 정n각형이 최대의 둘레를 가진다는 것을 증명하여라.

7. $x>0,\ a_1\ge 0,\ \cdots,\ a_n\ge 0$, $a_1+\cdots+a_n=1$ 에 대해 다음 부등식을 증명하여라.

$$\frac{a_1}{1+xa_1}+\frac{a_2}{1+xa_2}+\cdots+\frac{a_n}{1+xa_n}\le\frac{n}{n+x}$$

8. $\alpha>0,\ \beta>0,\ \gamma>0,\ \delta>0$, $\alpha+\beta+\gamma+\delta=\pi$ 에 대해 다음 부등식을 증명하여라.

$$\sin\alpha\sin\beta+\sin\beta\sin\gamma+\sin\gamma\sin\delta+\sin\delta\sin\alpha\le 2$$

9. $x_1, x_2, \cdots, x_n$ 은 임의의 실수이다.

(a) $\lambda \geq 2$ 또는 $\lambda < 0$ 일 때에 다음 부등식이 성립한다는 것을 증명하여라.

$$\sum\left(\pm x_1 \pm x_2 \pm \cdots \pm x_n\right(^{\lambda} \geq 2^n \left(\sum_{i=1}^{n} x_i^{\,2}\right)^{\lambda/2}$$

(b) $0 < \lambda < 2$ 일 때에 다음 부등식이 성립한다는 것을 증명하여라.

$$\sum\left|\pm x_1 \pm x_2 \pm \cdots \pm x_n\right|^{\lambda} \leq 2^n \left(\sum_{i=1}^{n} x_i^{\,2}\right)^{\frac{\lambda}{2}}$$

(좌변에서 합은 $+$와 $-$ 부호의 모든 조합에 대해 계산한다.)

10. $a \geq \frac{1}{2},\ b \geq \frac{1}{2}$ 에 대해 부등식 $\left(\frac{a^2 - b^2}{2}\right)^2 \geq \sqrt{\frac{a^2 + b^2}{2}} - \frac{a+b}{2}$ 을 증명하여라.

11. $a > 0,\ x_1 > 0, \cdots, x_n > 0,\ \sum_{i=1}^{n} x_i = 1$ 에 대해 부등식

$$\sum_{i=1}^{n}\left(x_i + \frac{1}{x_i}\right)^a \geq \frac{\left(n^2+1\right)^a}{n^{a-1}}$$ 을 증명하여라.

12. (a) $a_1 + \ldots + a_n = 1,\ x_i > 0,\ a_i \geq 0,\ i = 1, \ldots, n$ 에 대해

$a_1x_1 + \ldots + a_nx_n \geq x_1^{a_1} \cdot \ldots \cdot x_n^{a_n}$ 을 증명하여라.

(b) $a_{ij} \geq 0,\ \sum_{i=1}^{n} a_{ij} = 1,\ j = 1, 2, \ldots, n,\ \sum_{j=1}^{n} a_{ij} = 1,\ i = 1, 2, \ldots, n$ 이다.

$x_1 \geq 0, \cdots, x_n \geq 0$ 에 대해 다음 부등식을 증명하여라.

$$\left(a_{11}x_1 + a_{12}x_2 + \ldots + a_{1n}x_n\right)\left(a_{21}x_1 + a_{22}x_2 + \ldots + a_{2n}x_n\right)\cdots$$
$$\left(a_{n1}x_1 + a_{n2}x_2 + \ldots + a_{nn}x_n\right) \geq x_1x_2\cdots x_n$$

(c) $u+v+w=1$, $u \ge 0,\ v \ge 0,\ w \ge 0,\ x \ge 0,\ y \ge 0,\ z \ge 0$ 에 대해 다음 부등식을 증명하여라.

$$(ux+vy+wz)(vx+wy+uz)(wx+uy+vz)$$
$$\ge (y+z-x)(z+x-y)(x+y-z)$$

13. $x>0,\ y>0,\ z>0$, $x+y+z=1$ 에 대해 다음을 증명하여라.

$$\left(\frac{(1-x)(1-y)}{z}\right)^{\frac{(1-x)(1-y)}{z}} \cdot \left(\frac{(1-y)(1-z)}{x}\right)^{\frac{(1-y)(1-z)}{x}} \cdot \left(\frac{(1-z)(1-x)}{y}\right)^{\frac{(1-z)(1-x)}{y}} \ge \frac{256}{81}$$

14. 다음 식의 최댓값과 최솟값을 구하여라.

(a) $a>0,\ b>0,\ c>0$ 에 대해 $\dfrac{a}{a+b}+\dfrac{b}{b+c}-\dfrac{a}{a+c}$

(b) $n \ge 3$, $x_1>0, \ldots, x_n>0$ 에 대해 $\displaystyle\sum_{j=1}^{n-1}\frac{x_j}{x_j+x_{j+1}}-\frac{x_1}{x_1+x_n}$

15. $n \ge 2$, $x_i>0,\ i=1,\ldots,n$, $x_1+\ldots+x_n=1$ 에 대해 다음을 증명하여라.

$$\frac{x_1}{\sqrt{1-x_1}}+\ldots+\frac{x_n}{\sqrt{1-x_n}} \ge \frac{\sqrt{x_1}+\ldots+\sqrt{x_n}}{\sqrt{n-1}}$$

참고. $\dfrac{x_1}{\sqrt{1-x_1}}+\ldots+\dfrac{x_n}{\sqrt{1-x_n}} \ge n\cdot\dfrac{\dfrac{x_1+\ldots+x_n}{n}}{\sqrt{1-\dfrac{x_1+\ldots+x_n}{n}}}$ 을 증명하여라.

16. $0 \le x_i < 1,\ i=1,\ldots,n$ 에 대해 다음을 증명하여라.

$$\frac{x_1}{1-x_1^2}+\ldots+\frac{x_n}{1-x_n^2} \ge n\cdot\frac{(x_1+\ldots+x_n)^3}{(x_1+\ldots+x_n)^2-(x_1^2+\ldots+x_n^2)^2}$$

참고. 영역 $[0;1)$ 에서 함수 $f(x)=\dfrac{1}{1-x^2}$ 을 생각하고,

$\alpha_i = \dfrac{x_i}{x_1+\ldots+x_n},\ \ i=1,\ldots,n$ 으로 잡자.

17. $n \ge 2,\ a_i > 0,\ b_i > 0,\ i=1,\ldots,n,\ \ k>1$ 에 대해 다음을 증명하여라.

$$(a_1b_1+a_2b_2+\ldots+a_nb_n)^k+(a_1b_2+a_2b_3+\ldots+a_nb_1)^k+\ldots+$$
$$+(a_1b_n+a_2b_1+\ldots+a_nb_{n-1})^k \le (b_1+b_2+\ldots+b_n)^k(a_1^k+a_2^k+\ldots+a_n^k)$$

18. 임의의 양수 $a_1, \ldots, a_n$ 에 대해 다음 부등식을 만족시키는 λ 값을 구하여라.

$$\sqrt{\frac{a_1^n}{a_1^n+\lambda a_1\cdot\ldots\cdot a_n}}+\ldots+\sqrt{\frac{a_n^n}{a_n^n+\lambda a_1\cdot\ldots\cdot a_n}} \ge \frac{n}{\sqrt{1+\lambda}}$$

12
수열과 관련된 부등식

여기서는 점화식으로 표현된 수열과 관련된 부등식들을 여러 가지 방법으로 증명해 보자.

○ 연습문제

12.1. $x_{n+1} = x_n + \dfrac{x_n^2}{n^2}$, $n = 1, 2, \ldots$, $0 < x_1 < 1$ 일 때에 수열 (x_n) 이 유계라는 것을 증명하여라.

12.2. $a_1 = 1$, $a_n = \dfrac{a_{n-1}}{2} + \dfrac{1}{a_{n-1}}$, $n = 2, 3, \ldots, 10$ 에 대해 $0 < a_{10} - \sqrt{2} < 10^{-370}$ 을 증명하여라.

12.3. 수열 (u_n) 에서 $u_1 = 1$, $u_{n+1} = u_n + \dfrac{1}{u_n}$, $n = 1, 2, \ldots$ 이다. 이때 $14.2 < u_{100} < 14.22$ 을 증명하여라.

12.4. 수열 (u_n) 에서 $u_1 = 1$, $u_{n+1} = u_n + \dfrac{1}{u_n^2}$, $n = 1, 2, \ldots$ 이다. 이때 $30 < u_{9000} < 30.01$ 을 증명하여라.

12.5. 수열 (u_n) 에서 $u_0 = 0.001,\ u_{n+1} = u_n(1-u_n),\ \ n = 0,1,\dots$ 이다. 이때 $u_{1000} < \dfrac{1}{2000}$ 을 증명하여라.

12.6. 수열 $a_1 = 1,\ \ a_{n+1} = \dfrac{a_n}{2} + \sqrt{\dfrac{a_n^2}{4} + \dfrac{1}{a_n}},\ \ n = 1,2,\dots$ 이 주어졌다. 이 수열은 유계가 아니라는 것을 증명하여라.

12.7. $a_0 = a_n = 0$, $a_i > 0,\ i = 1,\dots,n-1,\ \ n \ge 2$, $\dfrac{a_{s-1} + a_{s+1}}{2} > a_s \cos\dfrac{\pi}{k},\ \ k \in N$ 이 성립한다. 이때 $n \ge k$ 를 증명하여라.

12.8. $x_1 \in [0;1)$ 이며 $x_{n+1} = \begin{cases} 0, & \text{if } x_n = 0 \\ \dfrac{1}{x_n} - \left[\dfrac{1}{x_n}\right], & \text{if } x_n \ne 0 \end{cases}$ $\quad n = 1,2,\dots$ 이다.

$F_1 = F_2 = 1$, $F_{n+2} = F_{n+1} + F_n,\ \ n = 1,2,\dots$ 에 대해

$x_1 + x_2 + \dots + x_n < \dfrac{F_1}{F_2} + \dfrac{F_2}{F_3} + \dots + \dfrac{F_n}{F_{n+1}}$ 을 증명하여라.

12.9. $n \ge 2$ 이며 n 은 정수이다. 그리고 $a_0, a_1, \dots, a_n$ 은 음이 아닌 수이며, $a_0 = 1$, $a_i \le a_{i+1} + a_{i+2}$, $\ i = 0,1,\dots,n-2$ 이다. 이때 합 $a_0 + a_1 + \dots + a_n$ 의 최솟값을 구하여라.

12.10. $x_n^n = \sum_{j=0}^{n-1} x_n^j$, $n = 1,2,\dots$ 인 양수들의 수열 $x_1, x_2, \dots, x_n, \dots$ 이 주어졌다. 이때 $2 - \dfrac{1}{2^{n-1}} \le x_n < 2 - \dfrac{1}{2^n}$ 을 증명하여라.

12.11. $a_0, a_1, a_2, \ldots, a_n, \ldots$ 은 양수들의 무한수열이다. 무한한 수 n 에 대해 부등식 $1 + a_n > \sqrt[n]{2.7} a_{n-1}$ 을 증명하여라.

12.12. 수열 $a_n = \max_{[0;1]}(x^n(1-x) + (1-x)^n x), \ \ n = 1, 2, \ldots$ 이 주어졌다. 이때 $a_{n+1} \ge \frac{1}{2} a_n, \ \ n = 1, 2, \ldots$ 을 증명하여라.

12.13. $a_0 = a_{n+1} = 0$, $\left| a_{i-1} - 2a_i + a_{i+1} \right| \le 1, \ \ i = 1, \ldots, n$ 이 성립한다. 이때 $a_k \le \frac{k(n+1-k)}{2}, \ \ k = 1, \ldots, n$ 을 증명하여라.

12.14. 양수들의 수열 (a_n) 이 존재하여 모든 자연수 m 에 대해 부등식 $a_1 + \ldots + a_{m+1} \le C a_m$ 이 성립하도록 하는, 그러한 C 의 최솟값을 구하여라.

증명

12.1. 수학적 귀납법으로 $x_n \le \frac{nx_1}{(1-\sqrt{x_1})n + \sqrt{x_1}}$; $n = 1, 2, 3, \ldots$ 을 증명하자.

$n = 1$ 인 경우에 부등식 $x_1 \le \frac{x_1}{(1-\sqrt{x_1}) + \sqrt{x_1}} = x_1$ 이 성립한다.

주어진 부등식이 $n = k$ 인 경우에 성립한다고 가정하자. 즉

$x_k \le \dfrac{kx_1}{(1-\sqrt{x_1})k+\sqrt{x_1}}$ 이 성립한다고 하자. 이제 $n=k+1$ 인 경우에, 즉

$x_{k+1} \le \dfrac{(k+1)x_1}{(1-\sqrt{x_1})(k+1)+\sqrt{x_1}}$ 을 증명하면 된다.

$x_{k+1} = x_k + \dfrac{x_k^2}{k^2}$, $x_k \le \dfrac{kx_1}{(1-\sqrt{x_1})k+\sqrt{x_1}}$ 이므로, 다음이 성립한다.

$$x_{k+1} \le \frac{kx_1}{k(1-\sqrt{x_1})+\sqrt{x_1}} + \frac{x_1^2}{(k(1-\sqrt{x_1})+\sqrt{x_1})^2}$$

$$= x_1 \frac{k^2(1-\sqrt{x_1})+k\sqrt{x_1}+x_1}{(k(1-\sqrt{x_1})+\sqrt{x_1})^2} \le \frac{(k+1)x_1}{(1-\sqrt{x_1})(k+1)+\sqrt{x_1}}$$

왜냐 하면, 다음이 성립하기 때문이다.

$$\frac{k+1}{k(1-\sqrt{x_1})+1} - \frac{k^2(1-\sqrt{x_1})+k\sqrt{x_1}+x_1}{k^2(1-\sqrt{x_1})^2+2k(1-\sqrt{x_1})\sqrt{x_1}+x_1}$$

$$= \frac{\sqrt{x_1}(1-\sqrt{x_1})^2}{(k(1-\sqrt{x_1})+1)(k^2(1-\sqrt{x_1})^2+2k(1-\sqrt{x_1})\sqrt{x_1}+x_1)} > 0$$

이와 같이 임의의 자연수 n 에 대해

$0 < x_n \le \dfrac{nx_1}{(1-\sqrt{x_1})n+\sqrt{x_1}} \le \dfrac{nx_1}{n(1-\sqrt{x_1})} = \dfrac{x_1}{1-\sqrt{x_1}}$ 이 성립하며, 수열 (x_n) 은

유계이다.

12.2. $n=2,3,\ldots$ 에 대해 $a_n-\sqrt{2}>0$ 을 증명하자.

$a_n = 0,5(a_{n-1}+\dfrac{2}{a_{n-1}}) \ge \sqrt{a_{n-1}\cdot\dfrac{2}{a_{n-1}}} = \sqrt{2}$ 이므로, $a_n-\sqrt{2}\ge 0$ 이다. 수열의

모든 항들이 유리수이므로 등호는 성립하지 않으며, $a_n-\sqrt{2}>0$ 이다.

이제 수열 $b_n = a_n - \sqrt{2}$ 을 생각하자. $b_n = a_n - \sqrt{2} = 0.5(a_{n-1} + \frac{2}{a_{n-1}}) - \sqrt{2}$

$= \frac{a_{n-1}^2 - 2\sqrt{2}a_{n-1} + 2}{2a_{n-1}} = \frac{(a_{n-1} - \sqrt{2})^2}{2a_{n-1}} = \frac{b_{n-1}^2}{2a_{n-1}}, n = 2, 3, \ldots$ 이므로,

$b_n < \frac{b_{n-1}^2}{2\sqrt{2}}$ 이다.

$b_2 = a_2 - \sqrt{2} = \frac{3}{2} - \sqrt{2} < \frac{1}{10}$, $b_n < \frac{b_{n-1}^2}{2\sqrt{2}}$ 이므로 $b_3 < \frac{b_2^2}{2\sqrt{2}} < \frac{1}{10^2 2\sqrt{2}}$,

$b_4 < \frac{1}{10^4 (2\sqrt{2})^2 2\sqrt{2}}$ 이 된다. 이와 같이 계속하면, 다음을 얻을 수 있다.

$$b_{10} < \frac{1}{10^{2^8}} \cdot \frac{1}{(2\sqrt{2})^{2^7}} \cdot \frac{1}{(2\sqrt{2})^{2^6}} \cdot \ldots \cdot \frac{1}{2\sqrt{2}} = \frac{1}{10^{256}} \cdot \frac{1}{(2\sqrt{2})^{255}}$$

이제 다음을 증명하자.

$\frac{1}{10^{256}} \cdot \frac{1}{(2\sqrt{2})^{255}} < \frac{1}{10^{370}}$ 또는 $10^{114} < (2\sqrt{2})^{255} = 2^{382}\sqrt{2}$

$2^{10} > 10^3$ 이므로 $10^{114} < 2^{380} < 2^{382}\sqrt{2}$ 이다. 이와 같이,

$b_{10} < \frac{1}{10^{256}} \cdot \frac{1}{(2\sqrt{2})^{255}} < \frac{1}{10^{370}}$ 이며 $a_{10} - \sqrt{2} < 10^{-370}$ 을 얻을 수 있다.

12.3. 조건으로부터 $u_{n+1}^2 = u_n^2 + 2 + \frac{1}{u_n^2}$ 이 성립한다. 즉 다음을 알 수 있다.

$$u_2^2 = u_1^2 + 2 + \frac{1}{u_1^2},\ u_3^2 = u_2^2 + 2 + \frac{1}{u_2^2},\ \ldots,\ u_n^2 = u_{n-1}^2 + 2 + \frac{1}{u_{n-1}^2}$$

이 등식들을 서로 더하면, 다음이 얻어진다.

$$u_n^2 = 2n + \frac{1}{u_2^2} + \frac{1}{u_3^2} + \ldots + \frac{1}{u_{n-1}^2} \quad (n \geq 3) \tag{12.1}$$

$u_{n-1} > u_{n-2} > \ldots > u_2 = 2$ 이므로, $\frac{1}{u_2^2} + \frac{1}{u_3^2} + \ldots + \frac{1}{u_{n-1}^2} < \frac{n}{4}$ 이다.

결국 다음이 성립한다.

$$2n \leq u_n^2 < \frac{9}{4}n \quad (n \geq 2) \tag{12.2}$$

조건 (12.1)과 (12.2)로부터 $n = 100$ 인 경우에 다음을 알 수 있다.

$$200 + \frac{4}{9}(\frac{1}{2} + \frac{1}{3} + \ldots + \frac{1}{99}) < u_{100}^2 < 200 + \frac{1}{2}(\frac{1}{2} + \frac{1}{3} + \ldots + \frac{1}{99})$$

합 $\frac{1}{2} + \frac{1}{3} + \ldots + \frac{1}{99}$ 을 위로, 아래로 조사하자. 다음이 성립한다.

$$\frac{1}{2} + \frac{1}{3} + \ldots + \frac{1}{99} = (\frac{1}{2} + \frac{1}{3} + \frac{1}{4} + \frac{1}{5} + \frac{1}{6} + \frac{1}{8} + \frac{1}{10}) + (\frac{1}{7} + \frac{1}{9} + \frac{1}{11})$$
$$+(\frac{1}{12} + \frac{1}{13} + \ldots + \frac{1}{33}) + (\frac{1}{34} + \frac{1}{35} + \ldots + \frac{1}{99})$$
$$> 1.675 + 0.346 + \ln\frac{34}{12} + \ln\frac{100}{34} > 4.021$$

왜냐 하면, $\ln\frac{34}{12} > 1$, $\ln\frac{100}{34} > 1$ 이기 때문이다. 그리고 $\ln 3 < 1.1$ 이므로, 다음이 성립한다.

$$\frac{1}{2} + \frac{1}{3} + \ldots + \frac{1}{99} = (\frac{1}{2} + \frac{1}{3} + \frac{1}{4} + \frac{1}{5} + \frac{1}{6} + \frac{1}{8} + \frac{1}{10}) + (\frac{1}{7} + \frac{1}{9} + \frac{1}{11})$$
$$+(\frac{1}{12} + \frac{1}{13} + \ldots + \frac{1}{33}) + (\frac{1}{34} + \frac{1}{35} + \ldots + \frac{1}{99}) < 1.675 + 0.347$$

$$+\ln\frac{33}{11}+\ln\frac{99}{33}=2.022+2\ln 3<4.222$$

결국 $201.787<u_{100}^2<202.111$이며 $14.2<u_{100}<14.22$이다.

증명 과정에서 다음 부등식을 이용했다.

$$\frac{1}{k}+\frac{1}{k+1}+\ldots+\frac{1}{m}>\ln\frac{m+1}{k},\quad \frac{1}{k}+\frac{1}{k+1}+\ldots+\frac{1}{m}<\ln\frac{m}{k-1}$$

이들을 증명하자.

$$\frac{1}{k}+\frac{1}{k+1}+\ldots+\frac{1}{m}=\int_k^{k+1}\frac{1}{k}dx+\int_{k+1}^{k+2}\frac{1}{k+1}dx+\ldots+\int_m^{m+1}\frac{1}{m}dx>\int_k^{k+1}\frac{1}{x}dx$$

$$+\int_{k+1}^{k+2}\frac{1}{x}dx+\ldots+\int_m^{m+1}\frac{1}{x}dx=\int_k^{m+1}\frac{1}{x}dx=\ln\frac{m+1}{k},$$

$$\frac{1}{k}+\frac{1}{k+1}+\ldots+\frac{1}{m}=\int_k^{k+1}\frac{1}{k}dx+\int_{k+1}^{k+2}\frac{1}{k+1}dx+\ldots+\int_m^{m+1}\frac{1}{m}dx<\int_{k-1}^{k}\frac{1}{x}dx$$

$$+\int_k^{k+1}\frac{1}{x}dx+\ldots+\int_{m-1}^{m}\frac{1}{x}dx=\int_{k-1}^{m}\frac{1}{x}dx=\ln\frac{m}{k-1}$$

12.4. $n=1,2,\ldots$에 대해 $u_{n+1}^3=u_n^3+3+\dfrac{3}{u_n^3}+\dfrac{1}{u_n^6}$이 성립한다. 이와 같이, 다음을 알 수 있다.

$$u_2^3=u_1^3+3+\frac{3}{u_1^3}+\frac{1}{u_1^6},\ u_3^3=u_2^3+3+\frac{3}{u_2^3}+\frac{1}{u_2^6},\ \ldots,\ u_{n+1}^3=u_n^3+3+\frac{3}{u_n^3}+\frac{1}{u_n^6}$$

얻어진 등식들을 더하면, 다음이 얻어진다.

$$u_{n+1}^3=3n+3\left(\frac{1}{u_1^3}+\ldots+\frac{1}{u_n^3}\right)+\left(\frac{1}{u_1^6}+\ldots+\frac{1}{u_n^6}\right)$$

결국 $u_{n+1}^3 > 3n + \frac{3}{u_1^3} = 3(n+1)$ 또는 $u_{n+1} > \sqrt[3]{3(n+1)}$ 이며, 이로부터

$u_{9000} > \sqrt[3]{3 \cdot 9000} = 30$ 이 얻어진다.

한편 다음이 성립한다.

$$u_{n+1}^3 = 3n + 3(\frac{1}{u_1^3} + \ldots + \frac{1}{u_n^3}) + (\frac{1}{u_1^6} + \ldots + \frac{1}{u_n^6})$$

$$< 3(n+1) + 1 + 3(\frac{1}{3 \cdot 2} + \ldots + \frac{1}{3 \cdot n}) + (\frac{1}{3^2 \cdot 2^2} + \ldots + \frac{1}{3^2 \cdot n^2})$$

$$= 3(n+1) + 1 + (\frac{1}{2} + \ldots + \frac{1}{n}) + \frac{1}{9}(\frac{1}{2^2} + \ldots + \frac{1}{n^2})$$

$\frac{1}{2} + \frac{1}{3} + \ldots + \frac{1}{n} < \ln n$ 이고(연습문제 12.3의 증명을 참고할 것) 다음이 성립하므로,

$$\frac{1}{2^2} + \frac{1}{3^2} + \ldots + \frac{1}{n^2} < \frac{1}{1 \cdot 2} + \frac{1}{2 \cdot 3} + \ldots + \frac{1}{(n-1)n} = (1 - \frac{1}{2}) + (\frac{1}{2} - \frac{1}{3}) + \ldots +$$

$$(\frac{1}{n-1} - \frac{1}{n}) = 1 - \frac{1}{n} < 1$$

$u_{n+1}^3 < 3(n+1) + 1 + \ln n + \frac{1}{9}$ 이다.

결국 $u_{9000}^3 < 2702 + \ln 9000 < 2702 + \ln 2^{25} < 2727 < (30 + \frac{1}{100})^3$ 이며

$u_{9000} < 30.01$ 이다.

12.5. $u_{n+1} = u_n(1 - u_n)$ 이므로 $\frac{1}{u_{n+1}} = \frac{1}{u_n(1-u_n)} = \frac{1}{u_n} + \frac{1}{1-u_n}$ 이다.

이와 같이 $\frac{1}{u_1}=\frac{1}{u_0}+\frac{1}{1-u_0}$, $\frac{1}{u_2}=\frac{1}{u_1}+\frac{1}{1-u_1}$, $\cdots$,

$\frac{1}{u_{1000}}=\frac{1}{u_{999}}+\frac{1}{1-u_{999}}$ 이다.

이 등식들을 더하면, 다음을 얻을 수 있다.

$$\frac{1}{u_{1000}}=\frac{1}{u_0}+\frac{1}{1-u_0}+\ldots+\frac{1}{1-u_{999}}$$

$$=10^3+\frac{1}{1-u_0}+\ldots+\frac{1}{1-u_{999}}>10^3+1+\ldots+1=2000$$

이로부터 $u_{1000}<\frac{1}{2000}$ 이다.

이 문제에 부등식 $0<u_n<1$을 이용했다. 이를 증명하자.

$$u_{n+1}=u_n(1-u_n)\le\left(\frac{u_n+(1-u_n)}{2}\right)^2=\frac{1}{4}<1\quad(n=0,1,2,\ldots)$$

만약 $u_n\le 0$ 이면, 등식 $u_n=u_{n-1}(1-u_{n-1})$ 이 얻어지고 $u_{n-1}\le 0$ 이다. 이 과정을 반복하면 $u_0\le 0$ 이 얻어지며, 이것은 성립하지 않는다. 결국 $u_n>0$ 이다.

12.6. 수열 (a_n) 이 유계라고 가정하자. 즉 $m<a_n<M\quad(n=1,2,3,\ldots)$ 이라 하자(이때 $a_n>0$ 이므로 $M>0$ 이다). 문제의 조건으로부터 다음이 얻어진다.

$$a_{n+1}^2-a_{n+1}a_n=\frac{1}{a_n}\text{ 또는 }\frac{1}{a_n}=\frac{1}{a_{n+1}}+\frac{1}{a_n^2a_{n+1}^2}$$

이와 같이, $\frac{1}{a_1}=\frac{1}{a_2}+\frac{1}{a_1^2a_2^2}$, $\frac{1}{a_2}=\frac{1}{a_3}+\frac{1}{a_2^2a_3^2}$, $\cdots$, $\frac{1}{a_n}=\frac{1}{a_{n+1}}+\frac{1}{a_n^2a_{n+1}^2}$ 이다.

얻어진 등식들을 더하면, 다음을 얻을 수 있다.

$$1=\frac{1}{a_{n+1}}+\frac{1}{a_1^2a_2^2}+\frac{1}{a_2^2a_3^2}+\dots+\frac{1}{a_n^2a_{n+1}^2}>\underbrace{\frac{1}{M^4}+\frac{1}{M^4}+\dots+\frac{1}{M^4}}_{n}=\frac{n}{M^4}$$ 또는

$$M^4>n$$

이 부등식은 성립하지 않으므로, 수열 (a_n) 은 유계가 아니다.

12.7. $n<k$ 라고 가정하자. 이 경우에 $\frac{\pi}{k}<\frac{\pi}{n}$ 이며 $\cos\frac{\pi}{k}>\cos\frac{\pi}{n}$ 이다. 이로부터 다음이 얻어진다.

$$a_2>2a_1\cos\frac{\pi}{n},\quad a_1+a_3>2a_2\cos\frac{\pi}{n},\quad \cdots\quad ,\ a_{n-2}>2a_{n-1}\cos\frac{\pi}{n}$$

첫 번째 부등식의 양변에 $\sin\frac{\pi}{n}$ 을 곱하고, 두 번째 부등식에는 $\sin\frac{2\pi}{n}$ 을 곱하며 이와 같이 마지막 부등식에는 $\sin\frac{(n-1)\pi}{n}$ 을 곱하자. 얻어진 모든 부등식을 더하면, 부등식 $0>0$ 이 얻어지며, 모순이 얻어진다. 그러므로 $n\ge k$ 이다.

12.8. 일반성을 잃지 않고 $x_n\neq 0$ 이라 할 수 있다. 다음이 성립한다.

$$x_k=\left\{\frac{1}{x_{k-1}}\right\}\qquad k=2,\dots,n$$

결국 $x_k\in(0;1)$, $k=1,2,\dots,n$ 이며, 다음을 알 수 있다.

$$x_k=\frac{1}{x_{k+1}+\left[\frac{1}{x_k}\right]}\le\frac{1}{x_{k+1}+1}=f(x_{k+1})\qquad k=1,2,\dots,n-1 \tag{12.3}$$

이때 $f(x)=\dfrac{1}{x+1}$ 이다.

보조정리.

만약 $f(x)$가 영역 I에서 감소하고 함수 $x+f(x)$는 증가하면, 함수 $g(x)=x+f(x)+f(f(x))+...+\underbrace{f(f(...f}_{m}(x)...))$는 영역 I에서 증가한다.

이때 $m\in N$ 이다.

실제로 함수 $\underbrace{f(f(...f}_{2k}(x)...))$, $k\in N$가 영역 I에서 증가한다는 것을 생각하면, 함수 $\underbrace{f(f(...f}_{2k}(x)...))+\underbrace{f(f(...f}_{2k+1}(x)...))$도 영역 I에서 증가하며, 다음 함수는 증가하는 함수의 합이 되며, 영역 I에서 증가한다.

$$g(x)=x+f(x)+f(f(x))+f(f(f(x)))+...$$

어렵지 않게 영역 $I=[0;1]$에서 함수 $f(x)=\dfrac{1}{x+1}$가 보조정리의 조건을 만족시킨다는 것을 알 수 있다.

이와 같이, 보조정리와 (12.3)으로부터 다음을 알 수 있다.

$$x_1+x_2+...+x_n\le f(x_2)+x_2+x_3+...+x_n\le x_3+f(x_3)+f(f(x_3))$$
$$+x_4+...+x_n\le...\le x_n+f(x_n)+f(f(x_n))+...+\underbrace{f(f(...f}_{n-1}(x_n)...))$$
$$\le 1+f(1)+\underbrace{f(f(...f}_{n-1}(1)...))=\frac{F_1}{F_2}+\frac{F_2}{F_3}+...+\frac{F_n}{F_{n+1}}$$

왜냐 하면, $1=\dfrac{F_1}{F_2}$, $f\left(\dfrac{F_i}{F_{i+1}}\right)=\dfrac{F_{i+1}}{F_{i+2}}$, $i=1,2,...,n-1$ 이기 때문이다.

12.9. 수학적 귀납법으로 다음 보조정리를 증명하자.

보조정리.

만약 $n \ge 2$, $c_0 = 0$, $c_n \ge 0$, $c_i \le c_{i+1} + c_{i+2}$, $i = 1, 2, \ldots, n-2$ 이면, $c_0 + c_1 + \ldots + c_n \ge 0$ 이다.

실제로 $n = 2$, $n = 3$ 이면, 다음이 성립한다.

$c_0 + c_1 + c_2 \ge 2c_0 = 0$, $c_0 + c_1 + c_2 + c_3 \ge 2c_0 + c_3 \ge 0$

$n \le k$ 인 경우에 보조정리가 성립한다고 하자. 이제 $n = k+1$ $(k \ge 3)$ 인 경우에 성립한다는 것을 증명하자. 두 가지 경우를 살펴보자.

(a) $c_1 \ge 0$ 인 경우.

$0 \le c_1 \le c_2 + c_3$ 이므로, $0, c_2, c_3, \ldots, c_{k+1}$ 가 보조정리의 조건들을 만족하므로 $0 + c_2 + c_3 + \ldots + c_{k+1} \ge 0$ 이며,

$c_0 + c_1 + c_2 + \ldots + c_{k+1} \ge c_2 + c_3 + \ldots + c_{k+1} \ge 0$ 이다.

(b) $c_1 < 0$ 인 경우.

$c_2 \ge -c_1 > 0$ 이며, $0, c_3, c_4, \ldots, c_{k+1}$ 가 보조정리의 조건들을 만족하므로 $0 + c_3 + c_4 + \ldots + c_{k+1} \ge 0$ 이다. 한편 다음이 성립한다.

$c_0 + c_1 + c_2 + c_3 + \ldots + c_{k+1} \ge 2c_0 + c_3 + \ldots + c_{k+1} \ge 0$

이로부터 보조정리가 증명된다.

$F_0 = 0$, $F_1 = 1$, $F_{i+2} = F_{i+1} + F_i$, $i = 0, 1, \ldots, n-2$ 에 대해 수 $c_i = a_i - \dfrac{F_{n-i}}{F_n}$, $i = 0, 1, \ldots, n$ 이 보조정리의 조건들을 만족한다는 것을 생각하자. 결국

$c_0 + c_1 + \dots + c_n \ge 0$ 또는 $a_0 + a_1 + \dots + a_n \ge \frac{F_n}{F_n} + \frac{F_{n-1}}{F_n} + \dots + \frac{F_0}{F_n}$ 이다. 한편 수

$a_i = \frac{F_{n-i}}{F_n}$ 이 문제의 조건들을 만족하므로, 합 $a_0 + a_1 + \dots + a_n$ 의 최솟값은

$\frac{F_n + F_{n-1} + \dots + F_0}{F_n}$ 이다. 수학적 귀납법으로 어렵지 않게

$F_0 + F_1 + \dots + F_n = F_{n+2} - 1$ 을 증명할 수 있다.

12.10. $n = 2, 3, \dots$ 에 대해 $x_1 = 1$, $x_n > 1$ 을 생각하자. 결국 $n > 1$ 에서 $x_n^n = \frac{x_n^n - 1}{x_n - 1}$

또는 $x_n^n(2 - x_n) = 1$ 이 성립한다.

$x_n = 2 - y_n$ 이라 하면 $n = 2, 3, \dots$ 에서 $0 < y_n < 1$ 이며, $y_n(2 - y_n)^n = 1$ 이다.

$n = 2, 3, \dots$ 에 대해 $\frac{1}{2^n} < y_n \le \frac{1}{2^{n-1}}$ 을 증명하면 된다. $n = 2, 3, \dots$ 에 대해

$y_n = \frac{1}{(2 - y_n)^n} > \frac{1}{2^n}$ 이 성립한다. 베르눌리 부등식에 의해 다음이 성립한다.

$$1 = y_n(2 - y_n)^n = y_n(1 + (1 - y_n))^n \ge y_n(1 + n(1 - y_n))$$

결국 $y_n \le \frac{1}{n}$ 이며, $n = 2, 3, \dots$ 에 대해

$$y_n = \frac{1}{2^n\left(1 - \frac{y_n}{2}\right)^n} \le \frac{1}{2^n\left(1 - \frac{ny_n}{2}\right)} \le \frac{1}{2^{n-1}}$$ 이다.

12.11. 귀류법으로 증명하자. 부등식 $1 + a_n > \sqrt[n]{2.7}a_{n-1}$ 이 유한한 수 n 에 대해

성립한다고 가정하자. 그러면 모든 $n \ge n_0$ 에 대해 $1+a_n \le \sqrt[n]{2.7}a_{n-1}$ 이 성립하는 그러한 자연수 n_0 가 존재한다.

$\lim_{n\to\infty}\left(1+\frac{1}{n}\right)^n = e$ 이므로, $n \ge n_1$ 에 대해 $\left(1+\frac{1}{n}\right)^n > 2.7a_{n-1}$ 이 성립하는 자연수 n_1 이 존재한다. 결국 $n \ge \max(n_0, n_1)$ 에 대해

$1+a_n \le a_{n-1}\cdot\sqrt[n]{2.7} < \frac{n+1}{n}a_{n-1}$ 이며, $\frac{1}{n+1}+\frac{a_n}{n+1} < \frac{a_{n-1}}{n}$ 이다. 이와 같이 다음이 성립한다.

$$\frac{1}{m+1} < \frac{a_{m-1}}{m} - \frac{a_m}{m+1},\ \frac{1}{m+2} < \frac{a_m}{m+1} - \frac{a_{m+1}}{m+2}, \ldots, \frac{1}{m+k} < \frac{a_{m+k-2}}{m+k-1} - \frac{a_{m+k-1}}{m+k}$$

이 부등식들을 더하면, $\frac{1}{m+1}+\frac{1}{m+2}+\ldots+\frac{1}{m+k} < \frac{a_{m-1}}{m} - \frac{a_{m+k-1}}{m+k} < \frac{a_{m-1}}{m}$ 이 얻어진다. 그리고 $\frac{1}{m+1}\left(1+\frac{1}{2}+\ldots+\frac{1}{k}\right) < \frac{a_{m-1}}{m}$ 이다. 즉 수열 $x_k = 1+\frac{1}{2}+\ldots+\frac{1}{k}$ 는 유계가 된다. 그러나 $n \in N$ 에 대해 $x_{2n} - x_n > \frac{1}{2}$ 이므로, 이 주장은 성립하지 않는다. 실제로 다음이 성립한다.

$$x_{2n} = x_n + \frac{1}{n+1} + \ldots + \frac{1}{2n} > x_n + n\cdot\frac{1}{2n} = x_n + \frac{1}{2}$$

12.12. 수학적 귀납법으로 증명하자.

$a_1 = \frac{1}{2}$, $a_2 = \frac{1}{4}$ 이므로, $a_2 \ge \frac{1}{2}a_1$ 이다. 이제 $m \in N$ 에 대해 $a_{m+1} \ge \frac{1}{2}a_m$ 이라 하자. $a_{m+2} \ge \frac{1}{2}a_{m+1}$ 을 증명하자.

$x_0 \in [0;1]$이 $a_{m+1} = x_0^{m+1}(1-x_0)+(1-x_0)^{m+1}x_0$을 만족한다고 하자. 그러면 다음을 알 수 있다.

$$a_{m+2} \ge x_0^{m+2}(1-x_0)+(1-x_0)^{m+2}x_0$$

$$=(x_0^{m+1}(1-x_0)+(1-x_0)^{m+1}x_0)(x_0+(1-x_0))$$

$$-x_0(1-x_0)(x_0^m(1-x_0)+(1-x_0)^m x_0) \ge a_{m+1}-x_0(1-x_0)a_m$$

$$=\frac{a_{m+1}}{2}+\frac{a_{m+1}}{2}-x_0(1-x_0)a_m \ge \frac{a_{m+1}}{2}+\frac{a_m}{4}-x_0(1-x_0)a_m$$

$$=\frac{a_{m+1}}{2}+a_m\left(\frac{1}{2}-x_0\right)^2 \ge \frac{a_{m+1}}{2}$$

결국 $a_{m+2} \ge \frac{1}{2}a_{m+1}$이다. 즉 $a_{n+1} \ge \frac{1}{2}a_n$, $n=1,2,\ldots$이다.

12.13. $a_{i+1}-a_i=b_i$, $i=0,1,\ldots,n$와 $b_{i+1}-b_i=c_i$, $i=0,1,\ldots,n-1$로 나타내자.

그러면 $|c_i| \le 1$, $i=0,1,\ldots,n-1$이다.

$b_{i+1}=c_0+\ldots+c_i+b_0$, $i=0,1,\ldots,n-1$이 성립하며, 다음이 성립한다.

$$a_{i+1}=b_0+\ldots+b_i=(i+1)b_0+ic_0+(i-1)c_1+\ldots+c_{i-1}$$

그러므로 $0=a_{n+1}=(n+1)b_0+nc_0+\ldots+c_{n-1}$이다. 즉 다음이 성립한다.

$$b_0=-\frac{n}{n+1}c_0-\ldots-\frac{1}{n+1}c_{n-1},$$

$$a_{i+1}=\left(i-\frac{(i+1)n}{n+1}\right)c_0+\ldots+\left(1-\frac{(i+1)(n-i+1)}{n+1}\right)c_{i-1}-\frac{n-i}{n+1}c_i-\ldots-\frac{1}{n+1}c_{n-1}$$

$k=0,\ldots,i-1$ 에 대해 $i-k-\dfrac{(i+1)(n-k)}{n+1}\le 0$ 을 생각하면,

$c_0=\ldots=c_{n-1}=-1$ 인 경우에 a_{i+1} 는 최댓값을 가진다. 그러면 다음이 성립한다.

$$a_{i+1}=(i+1)b_0-i-(i-1)-\ldots-1=(i+1)\cdot\frac{1+\ldots+n}{n+1}-\frac{i(i+1)}{2}=\frac{(i+1)(n-i)}{2}$$

즉 $a_k\le\dfrac{k(n+1-k)}{2}$, $k=1,\ldots,n$ 이다.

12.14. 양수들의 수열 (a_n) 이 다음을 만족한다고 하자.

$$a_1+\ldots+a_{m+1}\le Ca_m,\quad m=1,2,\ldots \tag{12.4}$$

이제 $C\ge 4$ 를 증명하자. $m=2,3,\ldots$ 에 대해 $S_{m+1}\le C\left(S_m-S_{m-1}\right)$ 이다. 이때 $S_n=a_1+\ldots+a_n\quad(n\in N)$ 이다.

$CS_m\ge S_{m+1}+CS_{m-1}\ge 2\sqrt{S_{m+1}\cdot CS_{m-1}}$ 이며 $\sqrt{C}\ge\dfrac{2\sqrt{S_{m+1}\cdot S_{m-1}}}{S_m}$ 이다. 이와 같이 다음이 성립한다.

$$\left(\sqrt{C}\right)^n\ge\frac{2\sqrt{S_{n+2}\cdot S_n}}{S_{n+1}}\cdot\ldots\cdot\frac{2\sqrt{S_3\cdot S_1}}{S_2}=2^n\cdot\sqrt{\frac{S_{n+2}\cdot S_1}{S_{n+1}\cdot S_2}}>2^n\cdot\sqrt{\frac{S_1}{S_2}}$$

그러므로 $q=\sqrt{\dfrac{S_1}{S_2}}$ 에 대해 $\sqrt{C}\ge 2\cdot\sqrt[n]{q}$ 이며, $n\to+\infty$ 일 때에 $\sqrt{C}\ge 2$,

즉 $C\ge 4$ 를 얻을 수 있다.

만약 $C=4$ 일 때에 부등식 (12.4)을 만족시키는 양수들의 수열 (a_n) 이 존재한다는 것을 증명하면, 수 C 의 최솟값은 4가 된다.

수열 $a_n = 2^{n-1}$에 대해

$a_1 + \ldots + a_{m+1} = 1 + \ldots + 2^m = 2^{m+1} - 1 < 4 \cdot 2^{m-1} = 4a_m$ 이며,

$a_1 + \ldots + a_{m+1} < 4a_m$ 이다.

내 힘으로 해결하기

1. 수열 (u_n) 에 대해 $u_1 = 10^9$, $u_{n+1} = \dfrac{u_n^2 + 2}{2u_n}$, $n = 1, 2, \ldots$ 이다. 이때

$0 < u_{36} - \sqrt{2} < 10^{-13}$ 을 증명하여라.

2. 다음을 만족시키는 실수들 $a_1, a_2, \ldots, a_n$ 이 주어졌다.

$a_1 = 0$, $|a_2| = |a_1 + 1|$, $|a_3| = |a_2 + 1|$, $\cdots$, $|a_n| = |a_{n-1} + 1|$

이때 $\dfrac{a_1 + a_2 + \ldots + a_n}{n} \geq -\dfrac{1}{2}$ 을 증명하여라.

3. $a_1 = 1$, $a_{n+1} = a_n + \dfrac{1}{a_n^2}$, $n = 1, 2, \ldots$ 에 의해 수열 $a_1, a_2, \ldots, a_n, \ldots$ 이 주어졌다.

이 수열은 유계인가?

4. 수열 (a_n) 은 감소하지 않으며 $a_0 = 0$ 이다. 그리고 수열 $b_n = a_n - a_{n-1}$,

$n = 1, 2, \ldots$ 은 증가하지 않는다. 이때 수열 $c_n = \dfrac{a_n}{n}$, $n = 1, 2, \ldots$ 은 증가하지

않는다는 것을 증명하여라.

5. 수열 (x_n)이 점화식 $x_1 = 2$, $x_{n+1} = \dfrac{x_n^4 + 9}{10x_n}$, $n = 1, 2, \ldots$에 의해 주어졌다. 이때 모든 $n > 1$에 대해 $\dfrac{4}{5} < x_n \le \dfrac{5}{4}$를 증명하여라.

6. 수열 $a_1 = 1$, $a_{n+1} = \dfrac{a_n}{2} + \sqrt{\dfrac{a_n^2}{4} + \dfrac{1}{a_n}}$, $n = 1, 2, \ldots$이 주어졌다. 이때 $a_{250} < 10$을 증명하여라.

7. 수열 $x_1 = 2$, $x_{n+1} = x_n^2 - x_n + 1$, $n = 1, 2, \ldots$이 주어졌다. 이때 $\dfrac{1}{x_1} + \dfrac{1}{x_2} + \ldots + \dfrac{1}{x_n} < 1$을 증명하여라.

8. 수열 (a_n), (b_n)이 $a_1 = 1$, $a_{n+1} = a_n + \sqrt{a_n^2 + 1}$, $b_n = \dfrac{a_n}{2^n}$, $n = 1, 2, \ldots$과 같이 주어졌다. 이때 수열 (b_n)은 유계라는 것을 증명하여라.

9. $R_1 = 1$, $R_{n+1} = 1 + \dfrac{n}{R_n}$, $n = 1, 2, \ldots$이다. 이때 $\sqrt{n} \le R_n \le \sqrt{n} + 1$을 증명하여라.

10. $a_{n+1} = a_n + \dfrac{a_n^2}{n}$이다. 이때 $0 < n(A - a_n) < A^3$인 수 A가 존재한다는 것을 증명하여라.

11. 수열 $a_0 = 2$, $a_{n+1} = a_n + \frac{1}{a_n}$, $n = 0,1,\ldots$ 이 주어졌다. 이때 $12 < a_{70} < 12.25$ 를 증명하여라.

12. 수열 (a_n) $(a_n > 0; n = 1,2,\ldots)$ 과 $x_1 = 1$, $x_2 = 2$, $x_{n+2} + a_n x_{n+1} + x_n = 0$, $n = 1,2,\ldots$ 이 주어졌다. 이때 수열 (x_n) 은 무한히 많은 양수인 항과 음수인 항을 포함한다는 것을 증명하여라.

13. 수열 $a_1 = 1$, $a_n = a_{n-1} + \frac{1}{a_{n-1}}$, $n = 2,3,\ldots$ 이 주어졌다. 이때 다음을 증명하여라.

$$\sqrt{2n-1} \le a_n \le \sqrt{3n-2}$$

14. 수열 $x_1 = 2$, $x_{n+1} = \frac{x_n^4 + 9}{10x_n}$, $n = 1,2,\ldots$ 이 주어졌다. 이때 $1 - 10^{-10} < x_{100} \le 1 + 10^{-10}$ 을 증명하여라.

15. (a) 수열 $a_1 \ge 2$, $a_{n+1} = a_n^2 - 2$, $n = 1,2,\ldots$ 이 주어졌다. 이때 다음을 증명하여라.

$$\frac{1}{a_1} + \frac{1}{a_1 a_2} + \frac{1}{a_1 a_2 a_3} + \ldots + \frac{1}{a_1 a_2 \ldots a_n} < \frac{a_1}{2} - \sqrt{\frac{a_1^2}{4} - 1}$$

(b) $a > 2$ 이며 $a_0 = 1$, $a_1 = a$, $a_{n+1} = \left(\dfrac{a_n^2}{a_{n-1}^2} - 2\right)a_n$, $n = 1, 2, \ldots$ 이다. 이때 다음을 증명하여라.

$$\frac{1}{a_0} + \frac{1}{a_1} + \ldots + \frac{1}{a_k} < \frac{1}{2}\left(2 + a - \sqrt{a^2 - 4}\right)$$

16. 수열 $x_{n+1} = 2x_n^2 - 1$, $n = 1, 2, \ldots$ 의 모든 항들이 음수가 되도록 하는 x_1 의 값을 구하여라.

17. 수열 $x_n = \sum_{i=2}^{n+1} \frac{1}{i}$ 이 주어졌다. 이때 $n, k \in N$, $n > 1$, $k > 1$ 에 대해 $x_{n^k - 1} > kx_{n-1}$ 을 증명하여라.

18. 수열 $a_1 = 1$, $a_{n+1} = \sqrt{(a_1 + \ldots + a_n)^2 + 1}$, $n = 1, 2, \ldots$ 이 주어졌다. 이때 $\frac{1}{a_1} + \frac{1}{a_2} + \ldots + \frac{1}{a_n} < 2.5$ 를 증명하여라.

19. 수열 $u_1 = 1$, $u_n = n! + \frac{n-1}{n} u_{n-1}$, $n = 2, 3, \ldots$ 이 주어졌다. 이때 $\frac{1}{u_1} + \frac{1}{u_2} + \ldots + \frac{1}{u_n} < 1$ 을 증명하여라.

20. 양수들의 단조수열 (x_n) 이 주어졌다. $n \ge 2$ 에 대해 다음을 증명하여라.

$$\frac{x_1}{x_2}+\ldots+\frac{x_{n-1}}{x_n}+\frac{x_n}{x_1} \ge n+\frac{(x_2-x_1)^2}{x_1x_2}+\ldots+\frac{(x_n-x_{n-1})^2}{x_{n-1}x_n}$$

참고. $\frac{x_2}{x_1}=1+\alpha_1$, … , $\frac{x_n}{x_{n-1}}=1+\alpha_{n-1}$ 라 놓으면, $\frac{x_n}{x_1}=(1+\alpha_1)\ldots(1+\alpha_{n-1})$ 이다.

21. 임의의 $i<j$ 에 대해 $0 \le a_i \le a$, $i=1,2,\ldots$, $\left|a_i-a_j\right| \ge \frac{1}{i+j}$ 라 하자. 이때 $a \ge 1$ 을 증명하여라.

참고. $\{i_1,\ldots,i_n\}=\{1,\ldots,n\}$ 에 대해 $a_{i_1} \le \ldots \le a_{i_n}$ 라 하면, Σ8의 부등식 (8.4)와 문제의 조건에 의해 다음이 성립한다.

$$a \ge a_{i_n}-a_{i_1}=\left|a_{i_n}-a_{i_{n-1}}\right|+\ldots+\left|a_{i_2}-a_{i_1}\right| \ge \frac{(n-1)^2}{n(n+1)}$$

22. 임의의 $m>n$, $m,n \in N$ 에 대해 수열 (u_n) 은 $\left|u_{m+n}-u_m-u_n\right| \le \frac{m}{n}$ 이다. 이때 $u_n=nu_1$, $n=1,2,\ldots$ 을 증명하여라.

참고. $\lim\limits_{n\to\infty}(u_{m+n}-u_n)=u_m$ 을 증명하면,

$u_{m+1}=\lim\limits_{n\to\infty}(u_{m+1+n}-u_n)=\lim\limits_{n\to\infty}(u_{m+1+n}-u_{n+1})+\lim\limits_{n\to\infty}(u_{n+1}-u_n)=u_m+u_1$ 이 된다.

13
정수론의 부등식들

다음 부등식을 증명하여라(13.1-13.2).

13.1. $\frac{m}{n} < \sqrt{2}$, $m, n \in N$에 대해 $\frac{m}{n} < \sqrt{2}\left(1 - \frac{1}{4n^2}\right)$

13.2. $n, d \in N$, $\sqrt{d} \notin N$에 대해 $\left(n\sqrt{d} + 1\right)\left|\sin\left(\pi\sqrt{d}n\right)\right| \geq 1$

13.3. $S, p, q \in N$이며 S는 q로 나누어 떨어지며 p로 나누면 나머지가 1이다. 그리고 $q > p$, $S < pq$이다. 이때 $S \leq pq - \frac{q(p-1)}{q-p}$을 증명하여라.

13.4. $m, k \in N$이며, 수 m의 모든 소인수는 n을 넘지 않으며, $m \leq n^{\frac{k+1}{2}}$이다. 수 m을 n을 넘지 않는 k개의 자연수의 곱으로 나타낼 수 있다는 것을 증명하여라.

13.5. $n \in N$이며 $\sigma(n)$은 수 n의 모든 약수의 합이다(예를 들어, $\sigma(3) = 4$, $\sigma(6) = 12$, $\sigma(12) = 28$이다). 만약 $\sigma(a) > 2a$, $b \in N$이면 $\sigma(ab) > 2ab$를 증명하여라.

13.6. 임의의 자연수 n에 대해 $\left|\alpha-\frac{m}{n}\right|<\frac{1}{3n}$인 정수 m이 존재하도록 하는 그러한 수 α를 모두 구하여라.

13.7. 만약 어떤 수가 두 소수의 곱이면, 그 수를 흥미롭다고 말하자. 연속하는 수들이 흥미로운 수가 되는 경우를 찾으려 한다. 그러한 연속하는 수들의 최대 개수를 구하여라.

13.8. $S(a)$는 자연수 a의 숫자들의 합이다. $S(2^n)>\mathrm{S}(2^{n+1})$을 만족시키는 자연수 n은 무한히 많이 존재한다는 것을 증명하여라.

13.9. 자연수 n이 자연수들의 합으로 표현하자. 그러한 모든 표현들의 개수를 $P(n)$이라 하자. 예를 들어, 다음과 같이 나타낼 수 있다.

$4=4,\ \ 4=3+1,\ \ 4=2+2,\ 4=2+1+1,\ \ 4=1+1+1+1$이므로 $P(4)=5$

이때 $P(n+1)+P(n-1)\ge 2P(n)$, $n=2,\ 3,\ \ldots$을 증명하여라.

13.10. 자연수 a를 자연수 b로 나누어서 $c_0.c_1c_2c_3\ldots$을 얻었다. 어떤 $n\in\{0,1,\cdots\}$, $k\in N$에 대해 $c_{n+1}=c_{n+2}=\cdots=c_{n+k}=9$가 된다. 이때 다음을 증명하여라.

(a) $k\le\left[\frac{b}{10}\right]$

(b) $k\le[\log b]$

13.11. 각 자연수 n에 대해, $1, 2, ..., n$ 중에서 $f(n)$개의 수를 뽑자. 이때 뽑힌 어떤 두 수의 비도 2가 되어서는 안 된다. 이때 이러한 $f(n)$의 최대 개수를 구하여라.

13.12. $3[\log_4 n]+5 \le m \le n-14$에 대해, 자연수 n을 m개의 자연수의 제곱의 합으로 표현할 수 있다는 것을 증명하여라.

증명

13.1. $2n^2-m^2$는 양의 정수이므로, 다음이 성립한다.

$$\sqrt{2}-\frac{m}{n}=\frac{\sqrt{2}n-m}{n}=\frac{2n^2-m^2}{n(\sqrt{2}n+m)}\ge\frac{1}{n(\sqrt{2}n+m)}$$

한편 $m<\sqrt{2}n$이므로

$\sqrt{2}-\dfrac{m}{n}\ge\dfrac{1}{n\left(\sqrt{2}n+m\right)}>\dfrac{1}{n\left(\sqrt{2}n+\sqrt{2}n\right)}=\dfrac{1}{2\sqrt{2}n^2}$이다. 이와 같이 다음 부등식을 얻을 수 있다.

$$\sqrt{2}-\frac{m}{n}>\frac{1}{2\sqrt{2}n^2} \quad \text{또는} \quad \frac{m}{n}<\sqrt{2}\left(1-\frac{1}{4n^2}\right)$$

13.2. $\left[\sqrt{d}n\right]=k$라 하면, $k<\sqrt{d}n<k+1$이다. 두 가지 경우를 살펴보자.

(a) 만약 $k<\sqrt{d}n<k+\dfrac{1}{2}$이면, 다음이 성립한다.

$$\left(n\sqrt{d}+1\right)\left|\sin(\pi\sqrt{d}n)\right|=\left(n\sqrt{d}+1\right)\left|\sin\pi\left(\sqrt{d}n-k\right)\right|$$

$$\geq \left(n\sqrt{d}+1\right)2\left(\sqrt{d}n-k\right)=\left(2n\sqrt{d}+2\right)\frac{dn^2-k^2}{\sqrt{d}n+k}\geq\frac{2n\sqrt{d}+2}{\sqrt{d}n+k}>1$$

이때 $0<x<\frac{\pi}{2}$ 에 대해 $\sin x \geq \frac{2}{\pi}x$ 를 이용했다(도함수를 이용하여 이 부등식을 증명할 수 있다).

(b) 만약 $k+\frac{1}{2}<\sqrt{d}n<k+1$ 이면, 다음이 성립한다.

$$(n\sqrt{d}+1)\left|\sin\pi\left(k+1-\sqrt{d}n\right)\right|\geq\frac{2n\sqrt{d}+2}{k+1+\sqrt{d}n}>1$$

13.3. 문제의 조건에 의해, S 를 다음과 같이 나타낼 수 있다.

$S=p(q-i)+1=pq-(pi-1)=pq-qj$

이때 $i,\ j\in N$ 이다. $pi-1=qj$, $q>p$ 이므로, $i\geq j+1$ 에 대해 $i\geq j$, $qj\geq p(j+1)-1$ 또는 $(q-p)j\geq p-1$ 이다. 이로부터

$S=pq-qj\geq pq-\frac{q(p-1)}{q-p}$ 를 얻을 수 있다.

13.4. 수의 모든 가능한 표현 $m=a_1\cdot\ldots\cdot a_k$ 을 생각하자. 이때 $a_1\leq a_2\leq\cdots\leq a_k$, $a_1,a_2,\cdots,a_k\in N$ 이다. 이들의 개수는 유한하다. $m=a_1a_2\cdots a_k$ 는 a_k 가 최소인 표현이라고 하자.

만약 $a_k\leq n$ 이면, 문제가 해결된다. $a_k>n$ 이라 가정하면, $m\vdots a_k$ 이므로 a_k 는 소수가 아니다. p 를 a_k 의 가장 작은 소인수라 하면, $p\leq\sqrt{a_k}$ 이다.

$m=\left(pa_1\right)a_2\cdots a_{k-1}\cdot\frac{a_k}{p}$ 이므로, $a_1\geq\sqrt{a_k}>\sqrt{n}$ 에 대해 $pa_1\geq a_k$ 이다. 이와 같이, $m=a_1a_2\cdot\ldots\cdot a_{k-1}a_k>\left(\sqrt{n}\right)^{k-1}\cdot n=n^{\frac{k+1}{2}}$ 이며, 이것은 불가능하다.

13.5. 수들 $1 = a_1 < \ldots < a_k = a$ 를 a 의 모든 약수라 하자. 그러면 $ba_1 < \ldots < ba_k$ 은 ab 의 약수가 될 것이다. 결국 $\sigma(ab) \geq ba_1 + \ldots + ba_k = b\sigma(a) > 2ab$ 이다.

13.6. 일반성을 잃지 않고, $\sigma \in [0;1]$ 라 할 수 있다. 왜냐 하면, 다음이 성립한다.

$$\left|\alpha - \frac{m}{n}\right| = \left|\{\alpha\} - \frac{m-[n]}{n}\right|$$

$\alpha = 0$ 은 문제의 조건을 만족시키며, $m = 0$ 을 잡으면 된다는 것을 생각하자. 만약 $0 < \alpha < 1$ 이면, 임의의 정수 m 에 대해 $\left|\alpha - \frac{m}{n}\right| \geq \frac{1}{3n}$ 인 자연수 n 이 존재한다는 것을 증명하자.

만약 $\alpha \in Q$ 이면, $0 < p < q$, $p, q \in Z$ 에 대해 $\alpha = \frac{p}{q}$ 이다. α 가 문제의 조건을 만족시킨다고 가정하자. 만약 $n = q, q+1, \cdots, 2q$ 이면, 이 경우에 수 $q\alpha = p, (q+1)\alpha, \cdots, 2q\alpha = 2p$ 는 다음 영역들의 합집합에 속해야 한다.

$$\left(p - \frac{1}{3}; p + \frac{1}{3}\right), \left(p + 1 - \frac{1}{3}; p + 1 + \frac{1}{3}\right), \cdots, \left(2p - \frac{1}{3}; 2p + \frac{1}{3}\right)$$

이 수들의 개수가 $q+1$ 이고 영역의 개수는 $p+1$ 이므로, 비둘기 집의 원리에 의해 수 α_i, α_j 가 같은 영역에 속하는 그러한 $i, j \in \{q, q+1, \cdots, 2q\}$, $i \neq j$ 가 존재한다. 이로부터 $\alpha < \frac{2}{3}$ 가 얻어진다. 한편 αl 과 $\alpha(l+1)$ 이 다른 영역에 속하는 그러한 $l \in \{q, q+1, \cdots, 2q\}$ 가 존재하므로, $\alpha > \frac{1}{3}$ 이다. 이와 같이, 만약 $\frac{1}{3} < \alpha < \frac{2}{3}$ 이면, 이러한 경우에 $n = 1$ 에 대해 $|\alpha - m| < \frac{1}{3}$ 인 정수 m 이 존재하지 않는다. 이것은 가정에 모순된다.

만약 α 가 무리수이면, $l \in Z$ 에 대해 $l+\frac{2}{5}<\alpha n_0<l+\frac{3}{5}$ 인 $n_0 \in N$ 가 존재한다(연습문제 14.25를 참고할 것).

$m_0 \in Z$, $\left|\alpha-\frac{m_0}{n_0}\right|<\frac{1}{3}$ 라고 가정하자. 만약 $l \neq m_0$ 이면, 다음이 성립한다.

$$|\alpha n_0-m_0|=|\alpha n_0-l+l-m_0| \geq |l-m_0|-|\alpha n_0-l|>1-\frac{3}{5}=\frac{2}{5}>\frac{1}{3}$$

만약 $l=m_0$ 이면, $|\alpha n_0-m_0|=|\alpha n_0-l|>\frac{2}{5}>\frac{1}{3}$ 이다. 이와 같이, 오직 정수만이 문제의 조건을 만족시킨다.

두 번째 증명.

$n \in N$, $k,\ m \in Z$, $\left|\alpha-\frac{m}{n}\right|<\frac{1}{3n}$, $\left|\alpha-\frac{k}{2n}\right|<\frac{1}{6n}$ 이라 하자. 만약 $k \neq 2m$ 이면, $|k-2m| \geq 1$ 이며,

$$\frac{1}{2n} \leq \left|\frac{m}{n}-\frac{k}{2n}\right| \leq \left|\alpha-\frac{k}{2n}\right|+\left|\frac{m}{n}-\alpha\right|<\frac{1}{3n}+\frac{1}{6n}=\frac{1}{2n}$$ 이다.

그런데 이것은 불가능하다.

$k=0,\ 1,\ 2,\ \ldots$, $\left|\alpha-\frac{m_k}{2^k}\right|<\frac{1}{3 \cdot 2^k}$, $m_k \in Z$ 이라 하면,

$m_0=\frac{m_1}{2}=\ldots=\frac{m_k}{2^k}=\ldots$ 이며, 결국 $|\alpha-m_0|<\frac{1}{3 \cdot 2^k}$ 이다. 이것은 $\alpha=m_0 \in Z$ 를 의미한다.

만약 $\alpha \in Z$ 이면, $m=\alpha n$ 에 대해 $m \in Z$, $\left|\alpha-\frac{m}{n}\right|=0<\frac{1}{3n}$ 이다.

13.7. 흥미로운 연속하는 세 수의 예는 다음과 같다.

$33 = 3 \cdot 11$, $34 = 2 \cdot 17$, $35 = 5 \cdot 7$

흥미로운 연속하는 네 수가 존재하지 않는다는 것을 증명하자. 만약 그러한 수들이 존재하면, 이 수들 중에서 하나는 4로 나누어 떨어진다. 그러므로 이 수는 4와 같게 된다. 그러한 경우에 수들 중의 하나는 5 또는 3이 되며, 이들은 흥미로운 수가 아니다.

13.8. $S\left(2^n\right) > S\left(2^{n+1}\right)$을 만족시키는 자연수 n이 유한 개 존재한다고 가정하자.

결국 모든 $n \geq n_0$, $n \in N$에 대해 다음을 만족시키는 자연수 n_0가 존재한다.

$$S\left(2^n\right) \leq S\left(2^{n+1}\right) \tag{13.1}$$

$S\left(2^n\right) = S\left(2^{n+1}\right)$은 불가능하다. 왜냐 하면, 그렇지 않은 경우에는

$2^n = 2^{n+1} - 2^n \vdots 9$ 이 되는데, 이것은 불가능하다.

이제 다음 보조정리를 증명하자.

보조정리 1.

만약 $n \geq n_0$이면, $S(2^{n+6}) \geq S(2^n) + 27$이다.

실제로 수 $2^n, 2^{n+1}, 2^{n+2}, \cdots, 2^{n+6}$을 9로 나누면 나머지들이 얻어지는데, 이 나머지들은 다음과 같이 순환하는 수열을 이룬다: 1, 2, 4, 8, 7, 5, 1, 2, 4, 8, 7, 5, 1, 2, $\cdots$. 이것과 (13.1)에 의해 다음을 알 수 있다.

$$S\left(2^{n+6}\right) - S\left(2^n\right) = \left(S\left(2^{n+6}\right) - S\left(2^{n+5}\right)\right) + \left(S\left(2^{n+5}\right) - S\left(2^{n+4}\right)\right)$$

$$+ \ldots + \left(S\left(2^{n+1}\right) - S\left(2^n\right)\right)$$

$$\geq 1 + 2 + 4 + 8 + 7 + 5 = 27$$

보조정리 1과 수학적 귀납법을 이용하면, 다음 보조정리 2를 증명할 수 있다.

보조정리 2.

$k \in N$ 에 대해 $S\left(2^{n_0+6k}\right) \geq S\left(2^{n_0}\right) + 27k$

보조정리 3.

$k \in N$ 이며 m 은 수 2^{n_0} 의 숫자의 개수이다. 이때

$S\left(2^{n_0+6k}\right) < 9m + 18k$ 이다.

실제로 $2^{n_0+6k} < 10^{m+2k}$ 에 대해 $2^{n_0} < 10^m$ 이 성립하므로, 수 2^{n_0+6k} 의 숫자의 개수는 $(m+2k)$ 를 넘지 않으며, $S\left(2^{n_0+6k}\right) < 9(m+2k)$ 이다.

이제 보조정리 2와 보조정리 3이 서로 모순된다는 것을 생각하면 된다. 결국 가정이 잘못되었다.

13.9. $x_1, x_2, \cdots, x_k \in N$, $x_1 \geq x_2 \geq \cdots \geq x_k$, $n = x_1 + x_2 + \cdots + x_k$ 라 하면, $n+1 = x_1 + x_2 + \cdots + x_k + 1$ 이다. 이와 같이, 수 n 의 분할과 가수 1을 포함하는 수 $n+1$ 의 분할 사이에 일대일대응을 만들 수 있다. 실제로 다음이 성립한다.

$$\left(x_1, x_2, \cdots, x_k\right) \longleftrightarrow \left(x_1, x_2, \cdots, x_k, 1\right)$$

이로부터 수 $p(n+1) - p(n)$ 은 수 $n+1$ 의 분할(가수 1을 포함하지 않는)의 개수와 같게 된다는 것을 알 수 있다.

만약 $y_1 \geq y_2 \geq \cdots \geq y_l \geq 2$ 에 대해 $n = y_1 + y_2 + \cdots + y_l$ 이면, $n+1 = \left(y_1+1\right) + y_2 + \cdots + y_i$ 이다. 즉 수 $n+1$ 의 분할(가수 1을 포함하지 않는)의 개수는 수 n 의 그러한 분할의 개수보다 작지 않다. 이와 같이, 다음이 성립한다.

$p(n+1)-p(n)\geq p(n)-p(n-1)$ 또는 $p(n+1)-p(n-1)\geq 2p(n)$,

$n=2, 3, \ldots$

13.10. 자연수 a를 자연수 b로 나누어서 $c_0.c_1c_2c_3\ldots$을 얻었다. 그러므로

$0<a_{n+i}<b$, $i=1, 2, \cdots, k$, $a_{n+k+i}\geq 0$에 대해 다음이 성립한다.

$$10a_{n+1}-9b=a_{n+2}, 10a_{n+2}-9b=a_{n+3}, \cdots, 10a_{n+k}-9b=a_{n+k+1}$$

이로부터 $\dfrac{9b}{10}\leq a_{n+1}, a_{n+2}, \cdots, a_{n+k}<b$ 이다.

(a) $k>\left[\dfrac{b}{10}\right]$라 가정하자. 이 경우에 수 $a_{n+1}, a_{n+2}, \cdots, a_{n+k}$ 중에 어떤 두 수가 같게 된다. 실제로 다음이 성립한다.

$$\mathrm{A}=\max_{1\leq i\leq k}a_{n+1}-\min_{1\leq i\leq k}a_{n+1}\leq b-1-\frac{9b}{10}=\frac{b}{10}-1$$

이로부터 $\mathrm{A}\leq\left[\dfrac{b}{10}\right]-1<k-1$ 이며, $a_{n+p}=a_{n+q}$ 인 $p<q$ 개의 수들이 존재한다.

결국 다음이 성립한다.

$$10a_{n+p}-9b=a_{n+p+1}, 10a_{n+p+1}-9b=a_{n+p+2}, \cdots, 10a_{n+q-1}-9b$$
$$=a_{n+q}=a_{n+p}$$

얻어진 등식들을 더하면, $a_{n+p}+\ldots+a_{n+q-1}=(q-p)b$ 이며, 이것은 불가능하다. 이로부터 $k\leq\left[\dfrac{b}{10}\right]$이다.

(b) $a_{n+i}=b-b_{n+i}$, $i=1, 2, \cdots, k+1$로 나타내자. 이 경우에 다음이 성립한다.

$1 \le b_{n+1}, b_{n+2}, \cdots, b_{n+k} < b$, $1 \le b_{n+k+1} \le b$

$b_{n+2} = 10b_{n+1}, b_{n+3} = 10b_{n+2}, \cdots, b_{n+k+1} = 10b_{n+k}$ 을 생각하자. 그러면 $10^k \le 10^k b_{n+1} \le b$ 에 대해 $b_{n+k+1} = 10^k b_{n+1}$ 또는 $k \le [\log b]$ 이다.

참고. 만약 $b = 10^k$, $a = \underbrace{99\cdots9}_{k}$ 이면, $\frac{a}{b} = 0.\underbrace{99\cdots9}_{\log b}$ 이다.

13.11. 집합 $X = \left\{4^\alpha q \mid 4^\alpha q \le n, \alpha \in Z_0, q - \text{홀수}\right\}$ 를 생각하자. 집합 X 의 어떤 두 원소의 비도 2가 안 된다. 그러므로 집합 X 의 원소의 개수를 $|X|$ 로 나타내면, $f(n) \ge |X|$ 이다. $\mathrm{Y} \subset \{1, 2, \cdots, n\}$, $|\mathrm{Y}| > |X|$ 라 놓고, X 의 임의의 수 a 에 $(a;2a)$ 를 대응시키자. $2a \notin X$, $\left|\left\{(a, 2a)\right\}\right| = |X|$ 이다. 그러므로 어떤 a 에 대해 $a \in \mathrm{Y}$, $2a \in \mathrm{Y}$ 이다. 이로부터 $f(n) \le |X|$ 이고 $f(n) = |X|$ 이다.

$k_1 > k_2 > \cdots > k_m \ge 0$ 에 대해 $n = 2^{k_1} + 2^{k_2} + \cdots + 2^{k_m}$ 이라 하자. 다음 집합을 생각하자.

$X_0 = \{2^{k_1} + 2^{k_2} + \cdots + 2^{k_i} \mid i \in \{1, 2, \cdots, m\}, k_i\text{는 짝수}\}$

$X_i = \{2^{r_1} + 2^{r_2} + \cdots + 2^{r_i} \mid r_1 > r_2 > \cdots > r_i \ge 0, r_t\text{는 짝수},$

$r_1 = k_1, r_2 = k_2, \cdots, r_{i-1}, r_i < k_i\}$

집합들 $X_0, X_1, \cdots, X_m$ 은 서로 소이며, $X = X_0 \cup X_1 \cup \ldots \cup X_m$ 이다. 결국 다음이 성립한다.

$|X| = |X_0| + |X_1| + \cdots + |X_m|$

수 $k_1, k_2, \cdots, k_m$ 에서 짝수의 개수를 λ 라 하고 홀수의 개수를 μ 라 하자.

$|X_0| = \lambda$ 이다. 이제 다음을 증명하자.

$$|X_i| = \begin{cases} \dfrac{2^{k_i+1}-1}{3}, & k_i\text{는 홀수} \\ \dfrac{2^{k_i+1}-2}{3}, & k_i\text{는 짝수} \end{cases}$$

실제로 k_i 를 짝수라 하자. $|X_i|$는 $\left(2^{r_i}+\cdots+2^{r_t} \le 2^{k_i}-1\right)$ $1, 2, \cdots, 2^{k_i}$ 인 수들의 개수보다 하나가 작다. 이때 이 수들의 표준적 분할은 2의 짝수 거듭제곱을 포함한다. 즉 다음과 같다.

$$2^{k_i} - 2^{k_i-1} + 2^{k_i-2} - 2^{k_i-3} + \cdots + 2^2 - 2 + 1 - 1 = \frac{(-2)^{k_i+1}-1}{-2-1} - 1 = \frac{2^{k_i+1}-2}{3}$$

k_i 가 홀수인 경우의 증명도 유사하다. 이와 같이 다음이 성립한다.

$$f(n) = \lambda + \frac{2}{3}n - \frac{2}{3}\lambda - \frac{\mu}{3} = \frac{2}{3}n + \frac{\lambda-\mu}{3} = \frac{2}{3}n + \frac{(-1)^{k_1}+\cdots+(-1)^{k_m}}{3}$$

13.12. $n = \underbrace{1^2+\cdots+1^2}_{n}$, $n = 3^2+3^2+\underbrace{1^2+\cdots+1^2}_{n\text{-}18}$, $n = 2^2+2^2+3^2+\underbrace{1^2+\cdots+1^2}_{n\text{-}17}$ 이다.

결국 $m \in \{n-16, n-14, n\}$ 에 대해 수 n을 m개의 자연수 제곱의 합으로 나타낼 수 있다.

한편, $k = 0, 1, \cdots$ 에 대해 $n = 4^k + 4^k + 4^k + 4^k + x_1^2 + \cdots + x_{m-4}^2$ 이면 $n = 4^{k+1}x_1^2 + \cdots + x_{m-4}^2$ 이다. 결국 n을 $m-3$개의 자연수 제곱의 합으로 나타낼 수 있다.

$n = \underbrace{1^2+\cdots+1^2}_{n}$ 인 것과 위에서 이야기한 것을 생각하면, 수 n을 m개의 자연수 제곱의 합으로 나타낼 수 있는 것을 알 수 있다. 이때

$m \in \{n, n-3, n-6, \cdots\}$, $m \geq c_0 + c_1 + \cdots + c_k$ 이며 $\overline{c_k c_{k-1} \cdots c_0}$ 는 n 의 4진법 표기이다.

결국 $c_0 + c_1 + \cdots + c_k \leq 3(k+1)$, $4^k \leq n \leq 4^{k+1}$ 이며, $k = [\log_4 n]$ 이다. 증명을 마무리하기 위해, 다음을 생각하면 된다.

$$\{n, n-3, n-6, \cdots\} \cup \{n-14, n-17, n-20, \cdots\} \cup \{n-16, n-19, n-22, \cdots\}$$

$$\supset \{n-14, n-15, n-16, \cdots, 3[\log_4 n]+5\}$$

○ 내 힘으로 해결하기

다음 부등식을 증명하여라(1-4).

1. $a,\ p,\ q \in N,\ \sqrt{a} \notin N$, $\left|\sqrt{a} - \dfrac{p}{q}\right| \leq 1$ 에 대해 $\left|\sqrt{a} - \dfrac{p+aq}{p+q}\right| \leq \dfrac{p}{q}$

2. (a) $n,\ m \in N$ 에 대해 $S(mn) \leq S(m)S(n)$

(b) $n,\ m \in N$ 에 대해 $S(m+n) \leq S(m) + S(n)$ (연습문제 13.8을 참고할 것)

3. $n \in N$ 에 대해 $S\left(1981^n\right) \geq 19$

4. 어떤 수로부터 시작하여 모든 자연수 n 에 대해 $S\left(1998^n\right) \geq 10^6$

5. 임의의 수 M 에 대해 $\dfrac{S(n)}{S\left(n^2\right)} > M$ 인 자연수 n 이 존재한다는 것을 증명하여라.

6. $l \in N$, $1 \le m \le 2^l$ 에 대해 수 5^{2l} 을 m 의 거듭제곱들의 합으로 표현할 수 있다는 것을 증명하여라.

7. 자연수 $1, 2, \cdots, n$ 을 두 부분으로 나누어, 이들 중 한 부분에 등비수열을 이루는 세 수가 존재하는 그러한 분할을 생각하자. 이러한 분할이 가능한 자연수 n 의 최솟값을 구하여라.

8. $1 < a_1 < a_2 < \cdots < a_k \le n$ 인 정수 $a_1, a_2, \cdots, a_k$ 가 주어졌다. 그리고 $a_1 \cdot a_2 \cdot \ldots \cdot a_k$ 는 a_i^2 으로 나누어 떨어지지 않는다(이때 $i = 1, 2, \cdots, k$ 이다). $\pi(n)$는 n 을 넘지 않는 소수의 개수이다. 이때 $k \le \pi(n)$을 증명하여라.

9. 자연수 k 가 주어졌다. 수열 $\dfrac{S(\text{n})}{S(kn)}$ 가 유계일 필요충분조건은 $\alpha, \beta \in \{0, 1, \cdots\}$ 에 대해 $k = 2^\alpha \cdot 5^\beta$ 임을 증명하여라.

10. $x \ge 1$ 이며, $A(x)$는 수 $1, 2, \cdots, [x]$ 의 최소공배수이다. 이때 다음을 증명하여라.

(a) $x \ge 2$ 에 대해 $A\left(\dfrac{x}{2}\right) \cdot \dfrac{[x]!}{\left(\left[\dfrac{x}{2}\right]!\right)^2} \ge A(x)$

(b) $A(x) < 5^x$

(c) $n \ge 2,\ n \in N$ 에 대해 $A(2n) \cdot A(\dfrac{2n}{3}) \ge A(n) \cdot \dfrac{(2n)!}{(n!)^2}$

(d) $n \in N,\ n \ge 100$ 에 대해 $A(2n) > A(n)A\left(\sqrt{2n}\right)$

(e) 영역 $(n, 2n)$ 에 소수가 있다. 이때 $n \in N$, $n > 1$ 이다.

참고. (e)에서 영역 $(n, 2n)$ 에 소수가 없다고 가정하고 $A(n)A\left(\sqrt{2n}\right) \vdots A(2n)$ 을 증명하여라.

11. $d(k)$ 는 수 k 의 약수의 개수이다. 이때 $\frac{d(1)}{1^2} + \frac{d(2)}{2^2} + \ldots + \frac{d(n)}{n^2} < 2.78$ 을 증명하여라.

참고. $\left(\sum_{k=1}^{\infty} \frac{1}{k^2}\right)^2 = \left(\sum_{i=1}^{\infty} \frac{1}{i^2}\right)\left(\sum_{j=1}^{\infty} \frac{1}{j^2}\right) = \left(\sum_{k=1}^{\infty} \frac{d(k)}{k^2}\right)$

12. 임의의 자연수 n 에 대해 $\left|\alpha - \frac{m}{n}\right| \le \frac{1}{3n}$ 인 정수 m 이 존재하는 경우를 생각하자. 이러한 모든 수 α 를 구하여라.

13. 자연수 $a_1 \le a_2 \le \ldots \le a_n$ 에서 이들 중 몇 개의 어떤 합도 다른 몇 개의 합과 같지 않다. 이때 다음을 증명하여라.

(a) $a_1 + a_2 + \ldots + a_k \ge 2^k - 1,\ k = 1, 2, \ldots, n$

(b) $\frac{1}{a_1} + \frac{1}{a_2} + \ldots + \frac{1}{a_n} \le 1 + \frac{1}{2} + \ldots + \frac{1}{2^{n-1}}$

14. $a_1, \ldots, a_n$ 은 서로 다른 자연수이다. 이때 다음을 증명하여라.

$a_1^3 + \ldots + a_n^3 \ge (a_1 + \ldots + a_n)^2$

참고. $a_1 < \ldots < a_n$, $a_i = i + b_i$ 라 하면, $b_1 \le \ldots \le b_n$ 이다.

14
다양한 부등식

여기서는 수학의 다양한 영역에 관련된 부등식들과 앞에서 다루지 않은 증명 방법들을 살펴보자.

○ 연습문제

다음 부등식을 증명하여라(14.1 - 14.5).

14.1. $\sqrt{a_1^2+b_1^2}+\cdots+\sqrt{a_n^2+b_n^2} \ge \sqrt{\left(a_1+\cdots+a_n\right)^2+\left(b_1+\cdots+b_n\right)^2}$

14.2. $a,b>0$ 에 대해 $\dfrac{(a-b)^2}{2(a+b)} \le \sqrt{\dfrac{a^2+b^2}{2}}-\sqrt{ab} \le \dfrac{(a-b)^2}{\sqrt{2}(a+b)}$

14.3. $0 \le \alpha \le x_1 \le x_2$, $n \in N$ 에 대해 $x_2^{\frac{1}{n}}-x_1^{\frac{1}{n}} \le (x_2-\alpha)^{\frac{1}{n}}-(x_1-\alpha)^{\frac{1}{n}}$

14.4. $n \ge 2$, $n \in N$, $a_1>0, \cdots, a_k>0, b_1>0, \cdots, b_k>0$ 에 대해

$$\left|\sqrt[n]{a_1^n+\cdots+a_k^n}-\sqrt[n]{b_1^n+\cdots+b_k^n}\right| \le |a_1-b_1|+\cdots+|a_k-b_k|$$

14.5. $\frac{1}{1+\sqrt{3}}+\frac{1}{\sqrt{5}+\sqrt{7}}+\cdots+\frac{1}{\sqrt{9997}+\sqrt{9999}}>24$

14.6. $a^2-4a+b^2-2b+2\le 0,\ c^2-4c+d^2-2d+2\le 0$,
$e^2-4e+f^2-2f+2\le 0$ 이다. 식 $(a-c)(f-d)+(c-e)(b-d)$ 의 최댓값을 구하여라.

14.7. 양수들의 수열 $a_1, a_2, \cdots, a_n, \cdots$ 은 유계가 아니며 증가한다. 이때 충분히 큰 k 에 대해 다음 부등식을 증명하여라.

(a) $\frac{a_1}{a_2}+\frac{a_2}{a_3}+\cdots+\frac{a_k}{a_{k+1}}<k-\frac{1}{2}$

(b) $\frac{a_1}{a_2}+\frac{a_2}{a_3}+\cdots+\frac{a_k}{a_{k+1}}<k-1985$

14.8. $a_i\ge 0,\ b_i\ge 0,\ \ i=1,\ldots,n$ 에 대해 다음 민코프스키 부등식을 증명하여라.

$$\left(\sum_{i=1}^{n}(a_i+b_i)^r\right)^{\frac{1}{r}}\le\left(\sum_{i=1}^{n}a_i^r\right)^{\frac{1}{r}}+\left(\sum_{i=1}^{n}b_i^r\right)^{\frac{1}{r}}$$

14.9. 영역 $[0;+\infty)$ 에서 함수 $f(x)$ 가 증가하고 연속이며 $f(0)=0$ 이다.
$f^{-1}(x)$ 는 함수 $f(x)$ 의 역함수이고 $a>0,\ b>0$ 이다. 다음 부등식을 증명하여라.

$$\int_0^a f(x)dx+\int_0^b f^{-1}(y)dy\ge ab$$

14.10. (a) 다음 부등식을 증명하여라.

$$x_1y_1+\cdots+x_ny_n=x_1\left(y_1-y_2\right)+\left(x_1+x_2\right)\left(y_2-y_3\right)+\cdots+$$
$$+\left(x_1+\cdots+x_{n-1}\right)\left(y_{n-1}-y_n\right)+\left(x_1+\cdots+x_n\right)y_n$$

(b) $x_1 \geq x_2 \geq\cdots\geq x_n$, $y_1 \geq y_2 \geq\cdots\geq y_n$ 이고, 수 $i_1,i_2,\cdots,i_n$ 는 수 $1,2,\cdots,n$ 의 재배열이다. 이때 다음을 증명하여라.

$$x_1y_n+x_2y_{n-1}+\cdots+x_ny_1 \leq x_1y_{i_1}+x_2y_{i_2}+\cdots+x_ny_{i_n} \leq x_1y_1+\cdots+x_ny_n$$

14.11. 다음 부등식을 증명하여라.

(a) $n\geq 2,\ x_1>0,\cdots,x_n>0$, $x_1\cdot\ldots\cdot x_n=1$ 에 대해 $x_1+\cdots+x_n\geq n$

(b) $n\geq 2,\ (n-3)(a_i-1)\geq 0,\ a_i>0,\ \ i=1,\ldots,n$ 에 대해

$$\frac{1}{a_1(a_2+1)}+\ldots+\frac{1}{a_{n-1}(a_n+1)}+\frac{1}{a_n(a_1+1)}\geq\frac{n}{1+a_1\cdot\cdots\cdot a_n}$$

(c) $A>0,\ M>0,\ S>0$ 에 대해

$$3+(A+M+S)+\left(\frac{1}{A}+\frac{1}{M}+\frac{1}{S}\right)+\left(\frac{A}{M}+\frac{M}{S}+\frac{S}{A}\right)$$
$$\geq\frac{3(A+1)(M+1)(S+1)}{AMS+1}$$

(d) $a>0,\ b>0,\ c>0$ 에 대해 $\left(\frac{1}{a}+\frac{1}{b}+\frac{1}{c}\right)\left(\frac{1}{1+a}+\frac{1}{1+b}+\frac{1}{1+c}\right)\geq\frac{9}{1+abc}$

14.12. $y_1\geq y_2\geq\cdots\geq y_n$, $x_1+\cdots+x_k\geq y_1+\cdots+y_k$, $k=1,\ldots,n-1$, $x_1+\cdots+x_n=y_1+\cdots+y_n$ 이다. 그리고 영역 I 의 임의의 x 에 대해 $\varphi''(x)>0$ 이며 $\left(x_1,\cdots,x_n,y_1,\cdots,y_n\in I\right)$ 이다. 이때 부등식

$\varphi(x_1)+\cdots+\varphi(x_n) \ge \varphi(y_1)+\cdots+\varphi(y_n)$ 을 증명하여라.

14.13. $a_1 \ge \cdots \ge a_n > 0,\ b_1 \ge a_1,\ b_1b_2 \ge a_1a_2, \ldots,\ b_1 \cdot \ldots \cdot b_n \ge a_1 \cdot \ldots \cdot a_n$ 에 대해 $b_1+\cdots+b_n \ge a_1+\cdots+a_n$ 을 증명하여라.

14.14. 예각삼각형의 각 α, β, γ 에 대해 다음 부등식을 증명하여라.

$$\sqrt{2} < \sin\frac{\alpha}{2} + \sin\frac{\beta}{2} + \sin\frac{\gamma}{2} \le \frac{3}{2}$$

14.15. 둔각삼각형의 각 α, β, γ 에 대해 다음 부등식을 증명하여라.

$$0 < \sqrt{\sin\alpha} + \sqrt{\sin\beta} + \sqrt{\sin\gamma} < 1 + \sqrt[4]{8}$$

14.16. $n \in N$ 에 대해 $1 + \frac{1}{\sqrt{2}} + \frac{1}{\sqrt{3}} + \cdots + \frac{1}{\sqrt{n}} > 2\sqrt{n} - 2$ 을 증명하여라.

14.17. $S_1 = a+b+c+d > 0$,

$S_2 = ab+bc+cd+ad+ac+bd > 0,\ S_3 = abc+bcd+cda+abd > 0,$

$S_4 = abcd > 0$ 에 대해 $a > 0,\ b > 0,\ c > 0,\ d > 0$ 을 증명하여라.

14.18. $n \ge 8$, $n \in N$ 에 대해 부등식 $n! < n\left(\frac{n}{e}\right)^n$ 을 증명하여라.

14.19. $n \in N$ 에 대해 부등식 $\left(1+\frac{1}{2^1}\right) \cdot \ldots \cdot \left(1+\frac{1}{2^n}\right) < 3$ 을 증명하여라.

14.20. 영역 $[0;a_1]$ 에서 g 가 볼록함수이며 $a_1 \ge a_2 \ge \cdots \ge a_{2m} \ge a_{2m+1} \ge 0$ 일 때 다음 부등식을 증명하여라.

$$g(a_1) - g(a_2) + g(a_3) - \cdots + g(a_{2m+1}) \ge g(a_1 - a_2 + a_3 - \cdots + a_{2m+1})$$

14.21. $[-1;1]$ 에서 다항식 $p(x)$ 의 절댓값이 1을 넘지 않는다. 다음을 증명하여라.

(a) $p(x) = ax^2 + bx + c$ 에 대해 $|a| + |b| + |c| \le 3$

(b) $p(x) = ax^2 + bx + c$ 에 대해 $a^2 + b^2 + c^2 \le 5$

(c) $p(x) = ax^3 + bx^2 + cx + d$ 에 대해 $|a| \le 4$

14.22. 다항식 $p(x) = x^n + a_{n-1}x^{n-1} + \cdots + a_0$ $(n > 1)$ 은 n 개의 음수인 근을 가진다. 이때 $a_1 p(1) \ge 2n^2 a_0$ 을 증명하여라.

14.23. 완전 그래프가 n 개의 꼭짓점을 가지며, 각 모서리는 주어진 두 색 중에서 한 가지 색으로 칠해져 있다. 변들이 같은 색으로 칠해진 삼각형의 개수를 $t(n)$ 이라 할 때, 다음을 증명하여라.

$$t(n) \ge \begin{cases} \dfrac{k(k-1)(k-2)}{3}, n = 2k \\ \dfrac{2}{3}k(k-1)(4k+1), n = 4k+1 \\ \dfrac{2}{3}k(k+1)(4k-1), n = 4k+3 \end{cases}$$

14.24. 그래프가 n $(n \ge 3)$ 개의 꼭짓점을 가진다. 이 그래프의 모서리의 개수는 $\dfrac{n^2}{4}$ 보다 많다. 이 모서리들에 의해 만들어진 삼각형의 수는 $\left[\dfrac{n}{2}\right]$ 보다 작지 않다는 것을 증명하여라.

14.25. α $(\alpha > 0)$ 가 무리수이고 $0 < a < b < 1$ 이면, $a < \{n\alpha\} < b$ 인 자연수 n 이 존재한다는 것을 증명하여라.

14.26. $x_1 + \cdots + x_n = 0$, $x_i \in [m, M]$, $i = 1, \cdots, n$ 이라 하자. 다음을 증명하여라.

(a) $\displaystyle\sum_{i=1}^{n} x_i^2 \le -mMn$

(b) $\displaystyle\sum_{i=1}^{n} x_i^4 \le -mMn \cdot \left(m^2 + M^2 + mM\right)$

14.27. $m \in N$ 에 대해 $\left(x^2 + y^2\right)^m \ge 2^m x^m y^m + \left(x^m - y^m\right)^2$ 을 증명하여라.

14.28. α, β, γ 는 어떤 삼각형의 각들이다. 이때 다음 부등식을 증명하여라.

$$\cos(\alpha - \beta)\cos(\beta - \gamma)\cos(\gamma - \alpha) \ge 8\cos\alpha\cos\beta\cos\gamma$$

14.29. 부등식 $\left|\sin x + \dfrac{\sin 2x}{2} + \ldots + \dfrac{\sin nx}{n}\right| < 3$ 을 증명하여라.

14.30. $0 < a_1 \le a_2 \le \ldots \le a_n$, $n \ge 3$ 에 대해 다음을 증명하여라.

$$\frac{a_1+a_2}{2}\cdot\frac{a_2+a_3}{2}\cdot\ldots\cdot\frac{a_{n-1}+a_n}{2}\cdot\frac{a_n+a_1}{2}$$
$$\le\frac{a_1+a_2+a_3}{3}\cdot\frac{a_2+a_3+a_4}{3}\cdot\ldots\cdot\frac{a_n+a_1+a_2}{3}$$

14.31. $x,y,z\ge 0$, $x^2+y^2+z^2=1$ 에 대해 다음을 증명하여라.

(a) $1\le\frac{x}{1-yz}+\frac{y}{1-zx}+\frac{z}{1-xy}\le\frac{3\sqrt{3}}{2}$

(b) $1\le\frac{x}{1+yz}+\frac{y}{1+zx}+\frac{z}{1+xy}\le\sqrt{2}$

14.32. a,b,c 는 임의의 양수이다. 다음 부등식을 만족시키는 λ 값을 구하여라.

$$\frac{a}{\sqrt{a^2+\lambda bc}}+\frac{b}{\sqrt{b^2+\lambda ca}}+\frac{c}{\sqrt{c^2+\lambda ab}}\ge\frac{3}{\sqrt{1+\lambda}} \qquad (14.1)$$

14.33. 변의 길이가 a, b, c 인 임의의 삼각형에 대해, 다음 부등식을 증명하여라.

$$\sqrt{a^2+ab+b^2}+\sqrt{b^2+bc+c^2}+\sqrt{c^2+ca+a^2}$$
$$\le\sqrt{5a^2+5b^2+5c^2+4ab+4bc+4ca}$$

14.34. 다음 부등식을 증명하여라.

(a) $n\ge 3,\ \ 0\le x_i\le\frac{1}{2},\ \ i=1,\ldots,n$ 에 대해

$$\frac{x_1^3+\ldots+x_n^3}{x_1\cdot\ldots\cdot x_n}\ge\frac{(1-x_1)^3+\ldots+(1-x_n)^3}{(1-x_1)\cdot\ldots\cdot(1-x_n)}$$

(b) $n \ge 4,\ \ 0 \le x_i \le \frac{1}{2},\ \ i = 1, \dots, n$ 에 대해

$$\frac{x_1^4 + \dots + x_n^4}{x_1 \cdot \dots \cdot x_n} \ge \frac{(1-x_1)^4 + \dots + (1-x_n)^4}{(1-x_1) \cdot \dots \cdot (1-x_n)}$$

14.35. $n \ge 2$ 이며, $a_1, \dots, a_n$ 은 서로 다른 자연수라 하자. 이때 다음을 증명하여라.

$$\frac{a_1^{2015} + \dots + a_n^{2015}}{a_1^{2000} + \dots + a_n^{2000}} \ge \frac{1^{2015} + \dots + n^{2015}}{1^{2000} + \dots + n^{2000}}$$

14.36. $0 \le x \le 1,\ 0 \le y \le 1$ 에 대해 다음 부등식을 증명하여라.

$$\sqrt{1+x^2} + \sqrt{1+y^2} + \sqrt{(1-x)^2 + (1-y)^2} \ge \left(1+\sqrt{5}\right)(1-xy)$$

14.37. $x_i > 0,\ \ i = 1, \dots, n,\ \ x_1 \cdot \dots \cdot x_n = 1$ 이다. 다음을 증명하여라.

(a) $n = 2, 3$ 일 때 $\frac{1}{\sqrt{1+x_1}} + \dots + \frac{1}{\sqrt{1+x_n}} \le \frac{\sqrt{2}}{2} \cdot n$

(b) $n \ge 4$ 일 때 $\frac{1}{\sqrt{1+x_1}} + \dots + \frac{1}{\sqrt{1+x_n}} < n-1$

14.38. $n \ge 2,\ \ x_i > 0,\ i = 1, \dots, n,\ \ x_1 \cdot \dots \cdot x_n \ge 1,\ \ \alpha \ge 1$ 에 대해 다음을 증명하여라.

$$\sum_{i=1}^{n} \frac{x_i^\alpha - x_i}{x_1 + \dots + x_n + x_i^\alpha - x_i} \ge 0$$

증명

14.1. 다음 점들을 생각하자.

$A_1(0,0)$, $A_2(a_1,b_1)$, $A_3(a_1+a_2,b_1+b_2)$, $\cdots$, $A_{n+1}(a_1+\cdots+a_n,b_1+\cdots+b_n)$

$A_1A_2 + A_2A_3+\cdots+A_nA_{n+1} \ge A_1A_{n+1}$ 이므로, 다음이 성립한다.

$$\sqrt{a_1^2+b_1^2}+\sqrt{a_2^2+b_2^2}+\cdots+\sqrt{a_n^2+b_n^2} \ge \sqrt{(a_1+\cdots+a_n)^2+(b_1+\cdots+b_n)^2}$$

14.2. 식 $\sqrt{\frac{a^2+b^2}{2}}-\sqrt{ab}$ 을 다음과 같이 변형시키자.

$$\sqrt{\frac{a^2+b^2}{2}}-\sqrt{ab}=\frac{\left(\sqrt{\frac{a^2+b^2}{2}}-\sqrt{ab}\right)\left(\sqrt{\frac{a^2+b^2}{2}}+\sqrt{ab}\right)}{\sqrt{\frac{a^2+b^2}{2}}+\sqrt{ab}}$$

$$=\frac{(a-b)^2}{2\left(\sqrt{\frac{a^2+b^2}{2}}+\sqrt{ab}\right)}$$

이제 다음 부등식을 증명하면 된다.

$$\frac{a+b}{\sqrt{2}} \le \sqrt{\frac{a^2+b^2}{2}}+\sqrt{ab} \le a+b$$

이때 $\left(\sqrt{\frac{a^2+b^2}{2}}+\sqrt{ab}\right)^2 > \frac{a^2+b^2}{2}+ab=\frac{(a+b)^2}{2}$ 이므로, 왼쪽 부등식은 자명하다.

오른쪽 부등식을 증명하기 위해, 다음을 증명하자.

$$\sqrt{\frac{a^2+b^2}{2}}-\frac{a+b}{2}\le\frac{a+b}{2}-\sqrt{ab}$$

또는 $$\frac{(a-b)^2}{4\left(\sqrt{\frac{a^2+b^2}{2}}+\frac{a+b}{2}\right)}\le\frac{(a-b)^2}{4\left(\frac{a+b}{2}+\sqrt{ab}\right)}$$

이 부등식은 $\sqrt{\frac{a^2+b^2}{2}}\ge\sqrt{ab}$ 이므로 자명하다.

14.3. 다음이 성립한다.

$$x_2^{\frac{1}{n}}-x_1^{\frac{1}{n}}=\frac{x_2-x_1}{\left(x_2^{\frac{1}{n}}\right)^{n-1}+\left(x_2^{\frac{1}{n}}\right)^{n-2}\cdot x_1^{\frac{1}{n}}+\cdots+\left(x_1^{\frac{1}{n}}\right)^{n-1}}$$

$$\le\frac{x_2-x_1}{\left((x_2-\alpha)^{\frac{1}{n}}\right)^{n-1}+\left((x_2-\alpha)^{\frac{1}{n}}\right)^{n-2}\cdot(x_1-\alpha)^{\frac{1}{n}}+\cdots+\left((x_1-\alpha)^{\frac{1}{n}}\right)^{n-1}}$$

$$=(x_2-\alpha)^{\frac{1}{n}}-(x_1-\alpha)^{\frac{1}{n}}$$

14.4. 식 $\sqrt[n]{a_1^n+\cdots+a_k^n}-\sqrt[n]{b_1^n+\cdots+b_k^n}$ 을 다음과 같이 변형하자.

$$\left|\sqrt[n]{a_1^n+\cdots+a_k^n}-\sqrt[n]{b_1^n+\cdots+b_k^n}\right|=\frac{\left|a_1^n+\cdots+a_k^n-b_1^n-\cdots-b_k^n\right|}{A^{n-1}+A^{n-2}B+\cdots+B^{n-1}}$$

이때 $A=\sqrt[n]{a_1^n+\cdots+a_k^n}$, $B=\sqrt[n]{b_1^n+\cdots+b_k^n}$ 이다.

그러므로 다음이 성립한다.

$$|A-B|=\frac{\left|(a_1-b_1)\left(a_1^{n-1}+\cdots+b_1^{n-1}\right)+\cdots+(a_k-b_k)\left(a_k^{n-1}+a_k^{n-2}b_k+\cdots+b_k^{n-1}\right)\right|}{A^{n-1}+A^{n-2}B+\cdots+B^{n-1}}$$

$$\le|a_1-b_1|\cdot\left|\frac{a_1^{n-1}+\cdots+b_1^{n-1}}{A^{n-1}+\cdots+B^{n-1}}\right|+\cdots+|a_k-b_k|\cdot\left|\frac{a_k^{n-1}+\cdots+b_k^{n-1}}{A^{n-1}+\cdots+B^{n-1}}\right|$$

$$\le|a_1-b_1|+\cdots+|a_k-b_k|$$

왜냐 하면 $A>a_i>0, B>b_i>0\ (i=1,\cdots,n)$ 이다.

14.5. 다음이 성립한다.

$$2\cdot\left(\frac{1}{1+\sqrt{3}}+\frac{1}{\sqrt{5}+\sqrt{7}}+\cdots+\frac{1}{\sqrt{9997}+\sqrt{9999}}\right)$$

$$=\frac{1}{1+\sqrt{3}}+\frac{1}{1+\sqrt{3}}+\frac{1}{\sqrt{5}+\sqrt{7}}+\frac{1}{\sqrt{5}+\sqrt{7}}+\cdots$$

$$+\frac{1}{\sqrt{9997}+\sqrt{9999}}+\frac{1}{\sqrt{9997}+\sqrt{9999}}$$

$$>\frac{1}{1+\sqrt{3}}++\frac{1}{\sqrt{3}+\sqrt{5}}+\frac{1}{\sqrt{5}+\sqrt{7}}+\frac{1}{\sqrt{7}+\sqrt{9}}+\cdots$$

$$+\frac{1}{\sqrt{9997}+\sqrt{9999}}+\frac{1}{\sqrt{9999}+\sqrt{10001}}$$

$$=\frac{\sqrt{3}-1}{2}+\frac{\sqrt{5}-\sqrt{3}}{2}+\frac{\sqrt{7}-\sqrt{5}}{2}+\cdots+\frac{\sqrt{10001}-\sqrt{9999}}{2}$$

$$=\frac{\sqrt{10001}-1}{2}>\frac{100-1}{2}>48$$

이로부터 $\frac{1}{1+\sqrt{3}}+\frac{1}{\sqrt{5}+\sqrt{7}}+\cdots+\frac{1}{\sqrt{9997}+\sqrt{9999}}>24$ 이 성립한다.

14.6. 점 $A(a,b)$, $B(c,d)$, $C(e,f)$은 중심이 $O(2,1)$이며 반지름이 $\sqrt{3}$인 원의 내부에 속한다. 벡터 $\vec{BA}=\{a-c,b-d\}$, $\vec{BC}=\{e-c,f-d\}$, $\vec{BD}=\{f-d,c-e\}$를 생각하자. $\vec{BC}\cdot\vec{BD}=0$이 성립하므로,

$\left(\widehat{\vec{BA},\vec{BD}}\right)=|90^o-\beta|$ 또는 $\left(\widehat{\vec{BA},\vec{BD}}\right)=|90^o+\beta|$이다(이때

$\left(\widehat{\vec{BA},\vec{BC}}\right)=\beta$ 이다). 즉 다음이 성립한다.

$$\left|\vec{BA}\cdot\vec{BD}\right|=BA\cdot BD\cdot\left|\cos\left(90^o\pm\beta\right)\right|=BA\cdot BD\sin\beta=BA\cdot BC\sin\beta=2S_{\Delta ABC}$$

반지름이 $\sqrt{3}$인 원에 내접하는 삼각형들 중에서 최대의 넓이를 가지는 것은 정삼각형이므로(연습문제 2.7의 풀이를 참고할 것), 다음이 성립한다.

$$\left|(a-c)(f-d)+(c-e)(b-d)\right|=2S_{\Delta ABC}\le 2\cdot\frac{9\sqrt{3}}{4}=\frac{9\sqrt{3}}{2}$$

이제 식 $(a-c)(f-d)+(c-e)(b-d)$이 $\frac{9\sqrt{3}}{2}$의 값을 가질 수 있다는 것을 생각하면 된다. 즉 주어진 식의 최댓값은 $\frac{9\sqrt{3}}{2}$이다.

14.7. (a) $\frac{a_1}{a_2}=1+\alpha_1$, $\frac{a_2}{a_3}=1+\alpha_2$, ... , $\frac{a_k}{a_{k+1}}=1+\alpha_k$라 하자. 이때

$-1<\alpha_1<0,\ \dots,\ -1<\alpha_k<0$ 이다.

$(1+\alpha_1)\cdot\ldots\cdot(1+\alpha_k)=\frac{a_1}{a_{k+1}}$이 성립한다.

수열 (a_k)는 유계가 아니므로, $k \ge k_0$, $\frac{a_1}{a_{k+1}} < \frac{1}{2}$인 수 k_0가 존재하며,

$\frac{1}{2} > (1+\alpha_1)\cdot\ldots\cdot(1+\alpha_k) \ge 1+\alpha_1+\cdots+\alpha_k$ 이다(연습문제 10.6). 이로부터 다음이 유도된다.

$$\frac{a_1}{a_2}+\frac{a_2}{a_3}+\cdots+\frac{a_k}{a_{k+1}} < k-\frac{1}{2}$$

(b) 수 $k_1, k_2, \cdots k_{2\cdot 1985}$가 다음을 만족시킨다고 하자.

$$\frac{a_1}{a_2}+\cdots+\frac{a_{k_1}}{a_{k_1+1}} < k_1-\frac{1}{2},\ \frac{a_{k_1+1}}{a_{k_1+2}}+\cdots+\frac{a_{k_2}}{a_{k_2+1}} < (k_2-k_1)-\frac{1}{2},$$

$$\ldots,\ \frac{a_{k_{s-1}+1}}{a_{k_{s-1}+2}}+\cdots+\frac{a_{k_s}}{a_{k_s+1}} < (k_s-k_{s-1})-\frac{1}{2} \qquad (S=2\cdot 1985)$$

이 부등식들을 서로 더하면,

$\frac{a_1}{a_2}+\frac{a_2}{a_3}+\cdots+\frac{a_{k_s}}{a_{k_s+1}} < k_s - S\cdot\frac{1}{2} = k_s - 1985$ 이고, $k \ge k_S$ 일 때

$\frac{a_1}{a_2}+\frac{a_2}{a_3}+\cdots+\frac{a_k}{a_{k+1}} < k-1985$ 이다. 왜냐 하면 $\frac{a_m}{a_{m+1}} < 1$ 이다.

14.8. $\sum_{i=1}^{n}(a_i+b_i)^r = \sum_{i=1}^{n} a_i(a_i+b_i)^{r-1} + \sum_{i=1}^{n} b_i(a_i+b_i)^{r-1}$ 이다. 연습문제 11.12의 부등식에 의해, 다음이 성립한다.

$$\sum_{i=1}^{n} a_i(a_i+b_i)^{r-1} \le \left(\sum_{i=1}^{n} a_i^r\right)^{1/r}\cdot\left(\sum_{i=1}^{n}\left((a_i+b_i)^{r-1}\right)^{r/(r-1)}\right)^{(r-1)/r}$$

$$\sum_{i=1}^{n} b_i(a_i+b_i)^{r-1} \le \left(\sum_{i=1}^{n} b_i^r\right)^{1/r}\cdot\left(\sum_{i=1}^{n}\left((a_i+b_i)^{r-1}\right)^{r/(r-1)}\right)^{(r-1)/r}$$

결국, 다음을 알 수 있다.

$$\sum_{i=1}^{n}(a_i+b_i)^r \le \left(\sum_{i=1}^{n}(a_i+b_i)^r\right)^{(r-1)/r}\left(\left(\sum_{i=1}^{n}a_i^r\right)^{1/r}+\left(\sum_{i=1}^{n}b_i^r\right)^{1/r}\right)$$

또는 $\left(\sum_{i=1}^{n}(a_i+b_i)^r\right)^{1/r} \le \left(\sum_{i=1}^{n}a_i^r\right)^{1/r}+\left(\sum_{i=1}^{n}b_i^r\right)^{1/r}$

14.9. $b<f(a)$ 일 때에 $\int_0^a f(x)dx = S_1+S_2$, $\int_0^b f^{-1}(y)dy = S_3$ 이 성립한다(이때 $ab=S_1+S_3$ 이다). 결국 $ab \le \int_0^a f(x)dx + \int_0^b f^{-1}(x)dx$ 이다. $b \ge f(a)$ 인 경우에도 유사하게 증명된다.

14.10. (a) 다음이 성립한다.

$$x_1(y_1-y_2)+(x_1+x_2)(y_2-y_3)+\cdots+(x_1+\cdots+x_{n-1})(y_{n-1}-y_n)$$
$$+(x_1+\cdots+x_n)y_n$$
$$=x_1y_1+(x_1+x_2-x_1)y_2+\cdots+((x_1+\cdots+x_n)-(x_1+\cdots+x_{n-1}))y_n$$
$$=x_1y_1+x_2y_2+\cdots+x_ny_n$$

(b) 다음이 성립한다.

$$x_1y_{i_1}+\ldots+x_ny_{i_n}$$
$$=y_{i_1}(x_1-x_2)+(y_{i_1}+y_{i_2})(x_2-x_3)+\ldots+(y_{i_1}+\ldots+y_{i_{n-1}})(x_{n-1}-x_n)$$
$$+(y_{i_1}+\ldots+y_{i_n})x_n \le y_1(x_1-x_2)+(y_1+y_2)(x_2-x_3)+\ldots$$

$$+\left(y_1+\ldots+y_{n-1}\right)\left(x_{n-1}-x_n\right)+\left(y_1+\ldots+y_n\right)x_n=x_1y_1+\cdots+x_ny_n$$

두 번째 부등식도 유사하게 증명된다.

14.11. (a) $a_1>0,\cdots,a_n>0$ 일 때 $x_1=\frac{a_1}{a_2},\quad x_2=\frac{a_2}{a_3},\quad \cdots,\quad x_{n-1}=\frac{a_{n-1}}{a_n}$ 이라 하자. 이 경우에 $x_n=\frac{a_n}{a_1}$ 이다. 수 $a_1,a_2,\cdots,a_n$ 와 $\frac{1}{a_1},\frac{1}{a_2},\cdots,\frac{1}{a_n}$ 에 대해 연습문제 14.10(b)를 이용하면, 다음이 얻어진다.

$a_1\cdot\frac{1}{a_1}+a_2\cdot\frac{1}{a_2}+\cdots+a_n\cdot\frac{1}{a_n}\le a_1\cdot\frac{1}{a_2}+a_2\cdot\frac{1}{a_3}+\cdots+a_n\cdot\frac{1}{a_1}$ 또는

$n\le x_1+x_2+\cdots+x_n$

(b) 다음을 생각하자.

$$(1+a_1\cdot\ldots\cdot a_n)\left(\frac{1}{a_1(a_2+1)}+\ldots+\frac{1}{a_n(a_1+1)}\right)$$

$$=\frac{1}{a_1(a_2+1)}+\ldots+\frac{1}{a_n(a_1+1)}+\frac{a_2\cdot\ldots\cdot a_n}{a_2+1}+\ldots+\frac{a_1a_2\cdot\ldots\cdot a_{n-1}}{a_1+1}=A$$

$n\ge 3$ 일 때

$A\ge\frac{1}{a_1(a_2+1)}+\ldots+\frac{1}{a_n(a_1+1)}+\frac{a_1a_2}{a_1+1}+\frac{a_2a_3}{a_2+1}+\ldots+\frac{a_1a_n}{a_n+1}=B$ 가 얻어진다.

어렵지 않게 수 $\frac{1}{a}$, b 와 $\frac{1}{b+1}$, $\frac{a}{a+1}$ $(a,b>0)$ 는 같은 순서를 가진다는 것을 알 수 있고, 다음을 알 수 있다(연습문제 14.10(b)를 참고할 것).

$$\frac{1}{a(b+1)}+\frac{ab}{a+1}\ge\frac{1}{a}\cdot\frac{a}{a+1}+\frac{1}{b+1}\cdot b \tag{14.2}$$

(14.2)에 의해 다음이 얻어진다.

$$B \ge \left(\frac{1}{a_1+1}+\frac{a_2}{a_2+1}\right)+\left(\frac{1}{a_2+1}+\frac{a_3}{a_3+1}\right)+\ldots+\left(\frac{1}{a_n+1}+\frac{a_1}{a_1+1}\right)$$

$$=\left(\frac{1}{a_1+1}+\frac{a_1}{a_1+1}\right)+\ldots+\left(\frac{1}{a_n+1}+\frac{a_n}{a_n+1}\right)=n$$

그러므로 $(1+a_1\cdots\cdots a_n)\left(\frac{1}{a_1(a_2+1)}+\ldots+\frac{1}{a_n(a_1+1)}\right)\ge n$ 이다.

$n=2$ 일 때 $a_1, a_2 \le 1$ 이며, 결국 다음이 성립한다.

$$(1+a_1a_2)\left(\frac{1}{a_1(a_2+1)}+\frac{1}{a_2(a_1+1)}\right)$$

$$=\frac{a_1}{a_1+1}+\frac{a_2}{a_2+1}+\frac{1}{a_1\left(a_2+1\right)}+\frac{1}{a_2\left(a_1+1\right)}$$

$$\ge\frac{a_1}{a_1+1}+\frac{a_2}{a_2+1}+\frac{1}{a_1+1}+\frac{1}{a_2+1}=2$$

(c) 다음을 생각하면 된다.

$$\frac{3+A+M+S+\frac{1}{A}+\frac{1}{M}+\frac{1}{S}+\frac{A}{M}+\frac{M}{S}+\frac{S}{A}}{(A+1)(M+1)(S+1)}$$

$$=\frac{1}{A(M+1)}+\frac{1}{M(S+1)}+\frac{1}{S(A+1)}$$

이제 $n=3$ 일 때 연습문제 14.11(b)를 이용하면 된다.

(d) $\frac{1}{a(1+b)}+\frac{1}{b(1+c)}+\frac{1}{c(1+a)}\le\frac{1}{a(1+c)}+\frac{1}{b(1+a)}+\frac{1}{c(1+b)}$ 이라 하자.

그러면

$$\frac{1}{a(1+b)}+\frac{1}{b(1+c)}+\frac{1}{c(1+a)}\le\frac{1}{a(1+a)}+\frac{1}{b(1+b)}+\frac{1}{c(1+c)}$$

(연습문제 14.10(b)를 참고할 것)

이므로, 다음이 성립한다.

$$\left(\frac{1}{a}+\frac{1}{b}+\frac{1}{c}\right)\left(\frac{1}{1+a}+\frac{1}{1+b}+\frac{1}{1+c}\right)\ge 3\left(\frac{1}{a(1+b)}+\frac{1}{b(1+c)}+\frac{1}{c(1+a)}\right)$$

$$\ge\frac{9}{1+abc}$$

14.12. 우선 $\varphi(u)\ge\varphi(x)+(u-x)\varphi'(x)$ 을 증명하자. 함수 $f(x)=\varphi(u)-\varphi(x)+(x-u)\varphi'(x)$ 를 생각하면, $f'(x)=(x-u)\varphi''(x)$ 이다. $x>u$ 인 경우에 함수 $f(x)$ 는 증가하며, $x<u$ 인 경우에 함수 $f(x)$ 는 감소한다. 즉 $f(x)\ge f(u)=0$ 또는 $\varphi(u)\ge\varphi(x)+(u-x)\varphi'(x)$ 이므로, 다음이 성립한다.

$$\varphi(x_1)\ge\varphi(y_1)+(x_1-y_1)\varphi'(y_1),\ \dots,\ \varphi(x_n)\ge\varphi(y_n)+(x_n-y_n)\varphi'(y_n)$$

$\varphi(x_1)+\cdots+\varphi(x_n)\ge\varphi(y_1)+\cdots+\varphi(y_n)+(x_1-y_1)\varphi'(y_1)+\cdots+(x_n-y_n)\varphi'(y_n)$ 이 얻어진다.

이제 $(x_1-y_1)\varphi'(y_1)+\cdots+(x_n-y_n)\varphi'(y_n)\ge 0$ 을 증명하자.

연습문제 14.10(a)에 의해, 다음이 얻어진다.

$$(x_1-y_1)\varphi'(y_1)+\dots+(x_n-y_n)\varphi'(y_n)=(x_1-y_1)\left(\varphi'(y_1)-\varphi'(y_2)\right)$$

$$+(x_1-y_1+x_2-y_2)\left(\varphi'(y_2)-\varphi'(y_3)\right)+\dots$$

$$+(x_1-y_1+x_2-y_2+\dots+x_n-y_n)\varphi'(y_n)\ge 0$$

왜냐 하면 $x_1+x_2+\cdots+x_k \ge y_1+y_2+\cdots+y_k$, $\varphi'(y_{k-1})-\varphi'(y_k)\ge 0$ $(k=1,\cdots,n-1)$ 이다($\varphi'(x)$ 는 증가한다). 이와 같이,

$\varphi(x_1)+\cdots+\varphi(x_n)\ge\varphi(y_1)+\cdots+\varphi(y_n)$ 이다.

14.13. $b_n'=\dfrac{a_1\cdot\ldots\cdot a_n}{b_1\cdot\ldots\cdot b_{n-1}}$ 일 때에 수 $\ln a_1,\ldots,\ln a_n$ 와 $\ln b_1,\ldots,\ln b_{n-1},\ln b_n'$ 를 생각하고, 함수 $\varphi(x)=e^x$ 를 생각하자. 이 경우에 연습문제 14.12의 조건들이 만족되므로, 다음이 성립한다.

$\varphi(\ln b_1)+\ldots+\varphi(\ln b_n')\ge\varphi(\ln a_1)+\ldots+\varphi(\ln a_n)$ 또는

$b_1+\ldots+b_{n-1}+b_n'\ge a_1+\ldots+a_n$

한편 $b_n'=\dfrac{a_1\cdot\ldots\cdot a_n}{b_1\cdot\ldots\cdot b_{n-1}}\le b_n$ 이므로, $b_1+\ldots+b_n\ge a_1+\ldots+a_n$ 이다.

14.14. 영역 $(0;\frac{\pi}{2})$ 에서 함수 $f(x)=-\sin\frac{x}{2}$ 를 생각하자. $x\in(0;\frac{\pi}{2})$ 일 때에 $f''(x)=\frac{1}{4}\sin\frac{x}{2}>0$ 이 성립한다.

$\alpha\ge\beta\ge\gamma$ 라 하자. 이 경우에 $\alpha\ge\frac{\pi}{3}$, $\alpha+\beta\ge\frac{\pi}{3}+\frac{\pi}{3}$,

$\alpha+\beta+\gamma=\frac{\pi}{3}+\frac{\pi}{3}+\frac{\pi}{3}$ 가 성립한다. 연습문제 14.12에 의해, 다음이 성립한다.

$f(\alpha)+f(\beta)+f(\gamma)\ge f\left(\frac{\pi}{3}\right)+f\left(\frac{\pi}{3}\right)+f\left(\frac{\pi}{3}\right)$ 또는

$$\sin\frac{\alpha}{2}+\sin\frac{\beta}{2}+\sin\frac{\gamma}{2}\le\frac{3}{2}$$

한편 $\frac{\pi}{2}>\alpha,\ \frac{\pi}{2}+\frac{\pi}{2}>\alpha+\beta,\ \frac{\pi}{2}+\frac{\pi}{2}+0=\alpha+\beta+\gamma$ 이므로, 다음이 성립한다.

$$f\left(\frac{\pi}{2}\right)+f\left(\frac{\pi}{2}\right)+f(0)>f(\alpha)+f(\beta)+f(\gamma)$$ 또는

$$\sqrt{2}<\sin\frac{\alpha}{2}+\sin\frac{\beta}{2}+\sin\frac{\gamma}{2}$$

14.15. 부등식 $\sqrt{\sin\alpha}+\sqrt{\sin\beta}+\sqrt{\sin\gamma}>0$ 의 증명은 자명하다. 두 번째 부등식을 증명하자. 영역 $(0;\pi)$ 에서 함수 $f(x)=-\sqrt{\sin x}$ 를 생각하자. 이 경우에 $x\in(0;\pi)$ 일 때에 $f''(x)=\frac{2\sin^2 x+\cos^2 x}{4\sin x\sqrt{\sin x}}>0$ 이다.

$\alpha\ge\beta\ge\gamma$ 일 때에

$\alpha>\frac{\pi}{2},\ \alpha+\beta>\frac{\pi}{2}+\frac{\pi}{4},\ \alpha+\beta+\gamma=\frac{\pi}{2}+\frac{\pi}{4}+\frac{\pi}{4}$ 이므로, 연습문제 14.12에 의해 다음이 성립한다.

$$f(\alpha)+f(\beta)+f(\gamma)>f\left(\frac{\pi}{2}\right)+f\left(\frac{\pi}{4}\right)+f\left(\frac{\pi}{4}\right)$$ 또는

$$\sqrt{\sin\alpha}+\sqrt{\sin\beta}+\sqrt{\sin\gamma}<1+\sqrt[4]{8}$$

두 번째 증명 방법.

$x+y\le\sqrt{2(x^2+y^2)}$ 를 생각하자. 결국 $\alpha>\frac{\pi}{2}$ 일 때에 다음이 성립한다.

$$\sqrt{\sin\alpha}+\sqrt{\sin\beta}+\sqrt{\sin\gamma}<1+\sqrt{\sin\beta}+\sqrt{\sin\gamma}\le 1+\sqrt{2(\sin\beta+\sin\gamma)}$$

$$\le 1+\sqrt{4\sin\frac{\beta+\gamma}{2}}<1+\sqrt{2\sqrt{2}}=1+\sqrt[4]{8}$$

14.16. 다음이 성립한다.

$$1+\frac{1}{\sqrt{2}}+\frac{1}{\sqrt{3}}+\cdots+\frac{1}{\sqrt{n}}>\frac{2}{1+\sqrt{2}}+\frac{2}{\sqrt{2}+\sqrt{3}}+\cdots+\frac{2}{\sqrt{n}+\sqrt{n+1}}=$$

$$=2\left(\sqrt{2}-1\right)+2\left(\sqrt{3}-\sqrt{2}\right)+\cdots+2\left(\sqrt{n+1}-\sqrt{n}\right)=2\sqrt{n+1}-2>2\sqrt{n}-2$$

14.17. 다항식 $P(x)=(x-a)(x-b)(x-c)(x-d)$ 를 생각하자.

$P(x)=x^4-S_1x^3+S_2x^2-S_3x+S_4$, $P(a)=0$ 이므로,

$a^4=S_1a^3-S_2a^2+S_3a-S_4$ 이다. $a\le 0$ 이면,

$S_1a^3-S_2a^2+S_3a-S_4<0$ 이며 $a^4\ge 0$ 이다. 얻어진 부등식들은 모순되므로, $a>0$ 이다. 유사한 방법으로 $b>0, c>0, d>0$ 이 증명된다.

14.18. 수열 $a_n=\dfrac{n!}{n\left(\dfrac{n}{e}\right)^n}$ 을 생각하자. 이 경우에

$\dfrac{a_{n+1}}{a_n}=\dfrac{e}{\left(1+\dfrac{1}{n}\right)^{n+1}}<\dfrac{1}{\sqrt{1+\dfrac{1}{n}}}$ (연습문제 9.32(d))이며, $a_{n+1}<\dfrac{\sqrt{n}}{\sqrt{n+1}}\cdot a_n$ 이다.

이제 다음이 성립한다.

$$a_n<\frac{\sqrt{n-1}}{\sqrt{n}}\cdot a_{n-1}<\frac{\sqrt{n-1}}{\sqrt{n}}\cdot\frac{\sqrt{n-2}}{\sqrt{n-1}}\cdot a_{n-2}<\ldots<\frac{\sqrt{n-1}}{\sqrt{n}}\cdot\frac{\sqrt{n-2}}{\sqrt{n-1}}\cdot\ldots\cdot\frac{\sqrt{1}}{\sqrt{2}}\cdot a_1$$

$$=\frac{a_1}{\sqrt{n}}=\frac{e}{\sqrt{n}}$$

이와 같이, $a_n<\frac{e}{\sqrt{n}}$ 이며, $n\geq 8$ 인 경우에 $a_n<\frac{e}{\sqrt{8}}<1$ 이다.

14.19. 수학적 귀납법을 이용하여, 어렵지 않게 $2^n\geq n^2-1$, $n\in N$ 을 증명할 수 있다. 결국 다음이 성립한다.

$$\left(1+\frac{1}{2^1}\right)\cdot\ldots\cdot\left(1+\frac{1}{2^n}\right)\leq\left(1+\frac{1}{2}\right)\cdot\left(1+\frac{1}{2^2-1}\right)\cdot\ldots\cdot\left(1+\frac{1}{n^2-1}\right)$$

$$=\frac{3}{2}\cdot\frac{2^2}{1\cdot 3}\cdot\ldots\cdot\frac{n^2}{(n-1)\cdot(n+1)}=\frac{3n}{n+1}<3$$

14.20. $a,b,c\in\left[0;a_1\right]$ 이고 $a\geq b\geq c$ 라 하자. $b\leq\frac{a+c}{2}$ 이면, 이 경우에 조건 $a\geq a-b+c$, $a+c=(a-b+c)+b$, $a-b+c\geq b$ 가 성립한다. 연습문제 2.8에 의해, $g(a)+g(c)\geq g(a-b+c)+g(b)$ 또는 $g(a)-g(b)+g(c)\geq g(a-b+c)$ 가 된다.

만약 $b\geq\frac{a+c}{2}$ 이면, 이 경우에 조건 $a\geq b$, $a+c=b+(a-b+c)$, $b\geq a-b+c$ 가 성립하며, $g(a)+g(c)\geq g(a-b+c)+g(b)$ 이다. 이 경우에 $g(a)-g(b)+g(c)\geq g(a-b+c)$ 이다.

방금 전의 것과 연습문제 7.5에 의해, 부등식이 증명된다($f(x)=g(x)-g(0)$ 으로 잡는다).

14.21. (a), (b) $p(1)=a+b+c=m$, $p(-1)=a-b+c=n$ 으로 잡으면,

$|m|\le 1$, $|n|\le 1$ 이고 $|c|=|p(0)|\le 1$ 이다. $b=\dfrac{m-n}{2}$, $a=\dfrac{m+n}{2}-c$ 를

생각하면, 다음이 얻어진다.

$$|a|+|b|+|c|$$

$$=\left|\frac{m+n}{2}-c\right|+\left|\frac{m-n}{2}\right|+|c|\le\left|\frac{m+n}{2}\right|+\left|\frac{m-n}{2}\right|+2|c|\le \max(|m|,|n|)+2|c|\le 3$$

다음이 성립한다.

$$a^2+b^2+c^2=\frac{m^2+n^2}{2}+2c^2-mc-nc$$

$$\le\frac{m^2+n^2}{2}+2c^2+\frac{m^2+c^2}{2}+\frac{n^2+c^2}{2}=m^2+n^2+3c^2\le 5$$

(c) 다항식 $F(x)=a+bx+cx^2+dx^3$ 를 생각하자. 이 경우에 라그랑쥬 공식*에 의해, 다음이 성립한다.

$$F(x)=F(-2)\cdot\frac{(x+1)(x-1)(x-2)}{-12}+F(-1)\cdot\frac{(x+2)(x-1)(x-2)}{6}$$

$$+F(1)\cdot\frac{(x+2)(x+1)(x-2)}{-6}+F(2)\cdot\frac{(x+2)(x+1)(x-1)}{12}$$

결국 $a=F(0)=\dfrac{F(-2)}{-6}+\dfrac{2}{3}F(-1)+\dfrac{2}{3}F(1)-\dfrac{1}{6}F(2)$ 이다.

---

* 만약 $P(x)$ 가 n 차 다항식이고 $x_1,x_2,\cdots,x_n,x_{n+1}$ 이 서로 다른 실수라면,

$$P(x)=P(x_1)\cdot\frac{(x-x_2)\cdot\ldots\cdot(x-x_{n+1})}{(x_1-x_2)\cdot\ldots\cdot(x_1-x_{n+1})}+P(x_2)\cdot\frac{(x-x_1)(x-x_3)\cdot\ldots\cdot(x-x_{n+1})}{(x_2-x_1)(x_2-x_3)\cdot\ldots\cdot(x_2-x_{n+1})}+$$

$$+\ldots+P(x_{n+1})\cdot\frac{(x-x_1)\cdot\ldots\cdot(x-x_n)}{(x_{n+1}-x_1)\cdot\ldots\cdot(x_{n+1}-x_n)}.$$

한편 $F(x)=x^3 p\left(\frac{1}{x}\right)$, $x\neq 0$ 이며, 이로부터 다음이 얻어진다.

$$F(2)=8p\left(\frac{1}{2}\right),\quad F(-2)=-8p\left(-\frac{1}{2}\right),\quad F(1)=p(1),\quad F(-1)=-p(-1)$$

이와 같이, $a=\frac{4}{3}p\left(-\frac{1}{2}\right)-\frac{2}{3}p(-1)+\frac{2}{3}p(1)-\frac{4}{3}p\left(\frac{1}{2}\right)$ 이며, 다음이 성립한다.

$$|a|\leq \frac{4}{3}\left|p\left(-\frac{1}{2}\right)\right|+\frac{2}{3}|p(-1)|+\frac{2}{3}|p(1)|+\frac{4}{3}\left|p\left(\frac{1}{2}\right)\right|\leq \frac{4}{3}+\frac{2}{3}+\frac{2}{3}+\frac{4}{3}=4$$

이제 다항식 $F(x)=4x^3-3x$ 가 문제의 조건을 만족시킨다는 것을 생각하자(만약 $x=\cos\alpha$ 라 놓으면, $F(x)=\cos 3\alpha$ 이다).

14.22. 다항식 $P(x)$ 의 근을 $-b_1,-b_2,\cdots,-b_n$ 라 놓자(이때 $b_i>0$, $i=1,2,\cdots,n$).

$P(x)=(x+b_1)\cdot\ldots\cdot(x+b_n)$ 이며, 이로부터 $a_0=b_1\cdot\ldots\cdot b_n$ 이고

$a_1=a_0\left(\frac{1}{b_1}+\cdots+\frac{1}{b_n}\right)$ 이다. 이제 다음을 증명하면 된다.

$$\left(\frac{1}{b_1}+\cdots+\frac{1}{b_n}\right)(1+b_1)(1+b_2)\times\cdots\times(1+b_n)\geq 2n^2,\quad n=2,3,\cdots$$

코시 부등식을 이용하면, $\frac{1}{b_1}+\cdots+\frac{1}{b_n}\geq \frac{n}{\sqrt[n]{b_1b_2\cdots b_n}}$ 이고,

$1+b_i=\underbrace{\frac{1}{n-1}+\ldots+\frac{1}{n-1}}_{n-1}+b_i\geq n\cdot\sqrt[n]{\frac{b_i}{(n-1)^{n-1}}}$, $i=1,\ldots,n$ 이다. 결국 다음이 성립한다.

$$\left(\frac{1}{b_1}+\ldots+\frac{1}{b_n}\right)(1+b_1)\cdot\ldots\cdot(1+b_n)\geq n^2\left(1+\frac{1}{n-1}\right)^{n-1}\geq n^2\left(1+(n-1)\cdot\frac{1}{n-1}\right)$$

$$=2n^2$$

증명을 완성하기 위해 베르눌리 부등식을 사용하면 된다.

14.23. 공통의 꼭짓점을 새라 하고, 공통의 꼭짓점을 가진 선분들을 날개라 하자. 같은 색인 삼각형의 개수는 $C_n^3 - t(n)$ 이다. 한 가지 색이 아닌 각각의 삼각형은 다른 색의 날개를 가진 새들을 포함한다. 결국 다른 색의 날개를 가진 새들의 수는 $2(C_n^3 - t(n))$ 이다.

한편, 만약 어떤 꼭짓점으로부터 첫 번째 색의 k 개의 선분이 나가고 두 번째 색의 $n-1-k$ 개의 선분이 나간다면, 이 꼭짓점(양쪽 날개가 이 꼭짓점을 포함하는)을 포함하는 다른 색의 날개를 가진 새의 수는 $k(n-1-k)$ 이다.

다음을 생각하자.

$$k(n-1-k)\leq\begin{cases}\left(\dfrac{n-1}{2}\right)^2, & n\text{은 홀수}\\[2mm] \dfrac{n}{2}\left(\dfrac{n}{2}-1\right), & n\text{은 짝수}\end{cases}$$

이로부터 다음을 얻을 수 있다.

$$2\left(C_n^3-t(n)\right)\leq\begin{cases}\dfrac{(n-1)^2 n}{4}, & n\text{은 홀수}\\[2mm] \dfrac{n^2}{2}\left(\dfrac{n}{2}-1\right), & n\text{은 짝수}\end{cases}$$

결국 다음이 얻어진다.

$n=2k$ 이면, $t(n)\ge\dfrac{n(n-1)(n-2)}{6}-\dfrac{n^2(n-2)}{8}=\dfrac{k(k-1)(k-2)}{3}$,

$n=4k+1$ 이면, $t(n)\ge\dfrac{n(n-1)(n-2)}{6}-\dfrac{n(n-1)^2}{8}=\dfrac{2}{3}k(k-1)(4k+1)$,

$n=4k+3$ 이면, $t(n)\ge\dfrac{n(n-1)(n-2)}{6}-\dfrac{n(n-1)^2}{8}=\dfrac{2}{3}k(k+1)(4k-1)$.

14.24. 수학적 귀납법으로 증명하자. $n=3,4$ 인 경우에 명제가 성립한다.

명제가 $n\le k-1$ 개의 점에 대해 성립한다고 가정하자. 이 명제가 $n=k$ 개의 점에 대해 성립한다는 것을 증명하자$(k\ge 5)$.

두 가지 경우가 가능하다.

(a) 임의의 모서리가 삼각형을 만든다.

이 경우에 만들어진 삼각형의 수는 $\dfrac{k^2}{12}$ 보다 크고, 결국 $\left[\dfrac{k}{2}\right]$ 보다 작지 않다($k=5,6,\cdots$).

(b) 삼각형을 만들지 않는 모서리 AB 가 존재한다. 그래프의 나머지 꼭짓점들을 $A_1,A_2,\cdots,A_{k-2}$ 라 하자. 이 경우에 꼭짓점 A_i 는 A 와 연결되지 않거나 또는 B 와 연결되지 않는다$(i=1,2,\cdots,k-2)$. 결국, 꼭짓점으로 $A_1,A_2,\cdots,A_{k-2}$ 을 가지는 모서리의 개수는

$\dfrac{k^2}{4}-(k-1)=\dfrac{(k-2)^2}{4}$ 보다 크므로, 주어진 꼭짓점으로 만들어지는

삼각형의 개수는 $\left[\dfrac{k-2}{2}\right]=\left[\dfrac{k}{2}\right]-1$ 보다 작지 않다.

이 삼각형들을 중의 하나를 $A_1A_2A_3$ 라 하자. 만약 꼭짓점 A_i 중의 어느 것도 A 와도, B 와도 연결되지 않는다면, 선분 A_1A_2 을 생각하지 않을 것이다. 이 경우에 점 $A_1, A_2, \cdots, A_{k-2}$ 은 다시 $\frac{(k-2)^2}{4}$ 개의 선분에 의해 연결된다. 즉 적어도 $\left[\frac{k}{2}\right]-1$ 개의 삼각형들이 존재하고, $A_1A_2A_3$ 와 함께 $\left[\frac{k}{2}\right]$ 개의 삼각형이 될 것이다.

이제 A 가 꼭짓점 $A_1, A_2, \ldots, A_m$ 와 연결되고, B 가 나머지 꼭짓점들과 연결되는 경우를 생각하자. 만약 선분 A_iA_j 가 어떤 $(i;j)$, $i<j\le m$ 또는 $m<i<j$ 에 대해 모서리라면, 문제가 해결된다. 반대의 경우에 꼭짓점이 $A_1, A_2, \cdots, A_{k-2}$ 인 모서리의 개수는 $m(k-2-m)$ 보다 많지 않은데, 이것은 불가능하다. 왜냐 하면, $m(k-2-m) \le \frac{(k-2)^2}{4}$ 이기 때문이다.

14.25. 수 $\{n\alpha\}$ 이 서로 다르다는 것을 생각하자. 실제로 $\{i\alpha\}=\{j\alpha\}$, $i \ne j$ 라고 하면, 이 경우에 $i\alpha = j\alpha + k$, $k \in Z$ 이며, $\alpha = \frac{k}{i-j} \in Q$ 이다. 이것은 불가능하다.

$m \in N$, $\frac{1}{m} < \min(a;b-a;1-b)$ 라고 하자. $\left|\{i\alpha\}-\{j\alpha\}\right| < \frac{1}{m}$ 인 자연수 $i>j$ 가 존재한다는 것은 자명하다(선분 $[0;1]$을 $m+1$ 개로 등분하고 비둘기 집의 원리를 이용하면 된다).

결국 $\left|(i-j)\alpha-[i\alpha]+[j\alpha]\right|<\frac{1}{m}$ 이며, $\{(i-j)\alpha\}<\frac{1}{m}$ 또는

$\{(i-j)\alpha\}>1-\frac{1}{m}$ 이다.

$\{(i-j)\alpha\}<\frac{1}{m}$, $(i-j)\alpha=x+k$, $k\in Z$, $x=\{(i-j)\alpha\}$ 라 하자.

수 $x, 2x, 3x, \ldots$. 을 생각하자. 이 수들 중 하나는 영역 $(a;b)$ 에 속하며, $a<lx<b$, $l\in N$ 이라 하자.

$l(i-j)\alpha=lx+kl$ 이며, 이로부터 $\{l(i-j)\alpha\}=lx\in(a;b)$ 이다.

$\{(i-j)\alpha\}>1-\frac{1}{m}$, $(i-j)\alpha=x+k$, $k\in Z$, $x=\{(i-j)\alpha\}$ 라 하자.

$1-x<\frac{1}{m}$ 이다.

수 $1-x, 2(1-x), \ldots$ 을 생각하자. 이 수들 중 하나는 영역 $(1-b;1-a)$ 에 속하며, $1-b<l(1-x)<1-a$, $l(i-j)\alpha=lx+lk=-l(1-x)+l+lk$ 라고 하자. 그러면, 다음이 성립한다.

$l(k+1)+a-1<l(i-j)\alpha<l(k+1)+b-1$ 또는 $a<\{l(i-j)\}<b$

14.26. (a) $\sum_{i=1}^{n}(x_i-m)(M-x_i)\ge 0$ 이며, $\sum_{i=1}^{n}x_i^2\le -nmM$ 이다.

(b) $M\ge 0\ge m$ 을 생각하자. 그러면 다음이 성립한다.

$$\sum_{i=1}^{n}\left(M(x_i-m)(M^3-x_i^3)-m(x_i^3-m^3)(M-x_i)\right)\ge 0$$

이로부터 $(M-m)\sum_{i=1}^{n} x_i^4 \le -n\left(M^4 m - m^4 M\right)$ 이다. 결국 $M \ne m$ 일 때,

$\sum_{i=1}^{n} x_i^4 \le -mMn\left(m^2 + M^2 + mM\right)$ 이다.

$m = M = 0$ 일 때, $\sum_{i=1}^{n} x_i^4 = 0 = -mMn\left(m^2 + M^2 + mM\right)$ 이다.

14.27. 다음이 성립한다.

$$\left(x^2+y^2\right)^m - x^{2m} - y^{2m}$$

$$= \frac{C_m^1\left(x^{2m-2}y^2 + x^2y^{2m-2}\right) + \ldots + C_m^{m-1}\left(x^2y^{2m-2} + y^2x^{2m-2}\right)}{2}$$

$$\ge C_m^1 x^m y^m + C_m^2 x^m y^m + \cdots + C_m^{m-1} x^m y^m = (2^m - 2)x^m y^m$$

여기서 다음 부등식을 사용했다.

$$\left(x^2\right)^k \cdot \left(y^2\right)^{m-k} + \left(x^2\right)^{m-k} \cdot \left(y^2\right)^k \ge 2\sqrt{x^{2m} \cdot y^{2m}} \ge 2x^m \cdot y^m,$$

$$k = 1, \cdots, m-1$$

이와 같이, $\left(x^2+y^2\right)^m - x^{2m} - y^{2m} \ge \left(2^m - 2\right)x^m y^m$ 또는

$\left(x^2+y^2\right)^m \ge \left(x^m - y^m\right)^2 + 2^m x^m y^m$ 이 성립한다.

14.28. $\alpha \le \frac{\pi}{2}$, $\beta \le \frac{\pi}{2}$, $\gamma \le \frac{\pi}{2}$ 인 경우에 다음이 성립한다.

$$\sin\alpha\cos(\beta-\gamma) = \frac{1}{2}\left(\sin 2\gamma + \sin 2\beta\right) \ge \sqrt{\sin 2\gamma \sin 2\beta}$$

이로부터 $\cos(\beta-\gamma) \ge \dfrac{\sqrt{\sin 2\gamma \sin 2\beta}}{\sin\alpha}$ 을 알 수 있다. 결국 다음이 성립한다.

$$\cos(\alpha-\beta)\cos(\beta-\gamma)\cos(\gamma-\alpha)$$
$$\ge \frac{\sqrt{\sin 2\alpha \sin 2\beta}}{\sin\gamma}\cdot\frac{\sqrt{\sin 2\gamma \sin 2\beta}}{\sin\alpha}\cdot\frac{\sqrt{\sin 2\alpha \sin 2\gamma}}{\sin\beta} = 8\cos\alpha\cos\beta\cos\gamma$$

이제 $\alpha \le \beta < \dfrac{\pi}{2} < \gamma$ 라 하자. 만약 $\gamma \le \dfrac{\pi}{2}+\alpha$ 또는 $\gamma \ge \dfrac{\pi}{2}+\beta$ 이면, 다음이 성립한다. $\cos(\alpha-\beta)\cos(\beta-\gamma)\cos(\gamma-\alpha) \ge 0 > 8\cos\alpha\cos\beta\cos\gamma$

만약 $\dfrac{\pi}{2}+\alpha < \gamma < \dfrac{\pi}{2}+\beta$ 이면, $0 < -\cos(\gamma-\alpha) < -\cos\gamma$ 이고, 다음이 성립한다.

$$0 < \cos(\alpha-\beta)\cos(\gamma-\beta) < \cos(\beta-\alpha) < 4\cos(\beta-\alpha)+4\cos(\alpha+\beta)$$
$$= 8\cos\alpha\cos\beta$$

결국 $\cos(\alpha-\beta)\cos(\beta-\gamma)\cos(\gamma-\alpha) > 8\cos\alpha\cos\beta\cos\gamma$ 이다.

14.29. 두 가지 경우를 생각하자.

(a) $\sin\dfrac{x}{2}=0$ 일 때, $x = 2\pi n, n \in Z$,

$$\left|\sin x + \frac{\sin 2x}{2} + \ldots + \frac{\sin nx}{n}\right| = 0 < 3 \text{ 이다.}$$

(b) $\sin\dfrac{x}{2} \ne 0$ 일 때, $\dfrac{1}{m+1} < \left|\sin\dfrac{x}{2}\right| \le \dfrac{1}{m}$ 인 자연수 m 이 존재한다.

$n \le m$ 이면, 다음이 성립한다(연습문제 1.13과 7.4(a)를 참고할 것).

$$\left|\sin x+\frac{\sin 2x}{2}+\ldots+\frac{\sin nx}{n}\right|\le|\sin x|+\frac{|\sin 2x|}{2}+\ldots+\frac{|\sin nx|}{n}$$

$$\le\underbrace{|\sin x|+|\sin x|+\ldots+|\sin x|}_{n}\le m|\sin x|\le 2m\left|\sin\frac{x}{2}\right|\le 2 \tag{14.3}$$

이제 $n>m$ 일 때 식 $\left|\frac{\sin(m+1)x}{m+1}+\ldots+\frac{\sin nx}{n}\right|$ 을 살펴보자.

연습문제 14.10에 의해, 다음이 성립한다.

$$\frac{\sin(m+1)x}{m+1}+\ldots+\frac{\sin nx}{n}$$

$$=\sin(m+1)x\left(\frac{1}{m+1}-\frac{1}{m+2}\right)+\left(\sin(m+1)x+\sin(m+2)x\right)\left(\frac{1}{m+2}-\frac{1}{m+3}\right)+\ldots$$

$$+\left(\sin(m+1)x+\ldots+\sin(n-1)x\right)\left(\frac{1}{n-1}-\frac{1}{n}\right)+\left(\sin(m+1)x+\ldots+\sin nx\right)\frac{1}{n}$$

결국, 다음을 알 수 있다.

$$\left|\frac{\sin(m+1)x}{m+1}+\ldots+\frac{\sin nx}{n}\right|$$

$$\le|\sin(m+1)x|\left(\frac{1}{m+1}-\frac{1}{m+2}\right)+|\sin(m+1)x+\sin(m+2)x|\left(\frac{1}{m+2}-\frac{1}{m+3}\right)+\ldots$$

$$+|\sin(m+1)x+\ldots+\sin(n-1)x|\left(\frac{1}{n-1}-\frac{1}{n}\right)+|\sin(m+1)x+\ldots+\sin nx|\frac{1}{n}$$

$$\le\frac{1}{\left|\sin\frac{x}{2}\right|}\left(\frac{1}{m+1}-\frac{1}{m+2}+\ldots+\frac{1}{n-1}-\frac{1}{n}+\frac{1}{n}\right)=\frac{1}{(m+1)\left|\sin\frac{x}{2}\right|}<1$$

즉 다음이 성립한다.

$$\left|\frac{\sin(m+1)x}{m+1}+\ldots+\frac{\sin nx}{n}\right|<1 \tag{14.4}$$

여기서 부등식 $|\sin kx + \sin(k+1)x + \ldots + \sin px| \le \dfrac{1}{\left|\sin\dfrac{x}{2}\right|}$ 을 사용했다.

이 부등식을 증명하자. 실제로 다음이 성립한다.

$$|\sin kx + \sin(k+1)x + \ldots + \sin px| = \frac{|2\sin\frac{x}{2}\sin kx + \ldots + 2\sin\frac{x}{2}\sin px|}{2\left|\sin\frac{x}{2}\right|}$$

$$= \frac{\left|\cos\left(k-\frac{1}{2}\right)x - \cos\left(k+\frac{1}{2}\right)x + \cos\left(k+\frac{1}{2}\right)x - \cos\left(k+1+\frac{1}{2}\right)x + \ldots + \cos\left(p-\frac{1}{2}\right)x - \cos\left(p+\frac{1}{2}\right)x\right|}{2\left|\sin\frac{x}{2}\right|}$$

$$= \frac{\left|\cos\left(k-\frac{1}{2}\right)x - \cos\left(p+\frac{1}{2}\right)x\right|}{2\left|\sin\frac{x}{2}\right|} \le \frac{2}{2\left|\sin\frac{x}{2}\right|} = \frac{1}{\left|\sin\frac{x}{2}\right|}$$

이제 부등식 (14.3), (14.4)를 사용하면 어렵지 않게 다음을 증명할 수 있다.

$$\left|\sin x + \frac{\sin 2x}{2} + \ldots + \frac{\sin nx}{n}\right| < 3$$

14.30. 다음을 증명해야 한다.

$$A = \frac{(a_1+a_2+a_3)(a_2+a_3+a_4)\cdot\ldots\cdot(a_n+a_1+a_2)}{(a_1+a_2)(a_2+a_3)\cdot\ldots\cdot(a_n+a_1)} \ge \left(\frac{3}{2}\right)^n \tag{14.5}$$

(14.5)를 수학적 귀납법으로 증명하자.

(a) $n=3$ 인 경우

$$a_1+a_2+a_3 = \frac{a_1+a_2}{2} + \frac{a_2+a_3}{2} + \frac{a_3+a_1}{2} \ge 3\sqrt[3]{\frac{a_1+a_2}{2}\cdot\frac{a_2+a_3}{2}\cdot\frac{a_3+a_1}{2}}$$

결국 다음이 성립한다.

$$\frac{(a_1+a_2+a_3)(a_2+a_3+a_1)(a_3+a_1+a_2)}{(a_1+a_2)(a_2+a_3)(a_3+a_1)}$$

$$\geq \frac{3^3 \cdot \frac{(a_1+a_2)}{2}\frac{(a_2+a_3)}{2}\frac{(a_3+a_1)}{2}}{(a_1+a_2)(a_2+a_3)(a_3+a_1)} = \left(\frac{3}{2}\right)^3$$

(b) $n \geq 4$ 라 하고, 부등식 (14.5)가 $n-1$ 개의 수에 대해 성립한다고 하자. 우선 $a_1 = a_2$ 또는 $a_{n-1} = a_n$ 인 경우에 부등식 (14.5)를 증명하자.

$a_1 = a_2$ 일 때에 다음이 성립한다.

$$A = \frac{(2a_2+a_3)(a_2+a_3+a_4)\cdot\ldots\cdot(a_{n-1}+a_n+a_2)(a_n+2a_2)}{2a_2(a_2+a_3)\cdot\ldots\cdot(a_{n-1}+a_n)(a_n+a_2)}$$

$$= \frac{(2a_2+a_3)(a_n+2a_2)}{2a_2(a_n+a_2+a_3)} \cdot \frac{(a_2+a_3+a_4)\cdot\ldots\cdot(a_{n-1}+a_n+a_2)(a_n+a_2+a_3)}{(a_2+a_3)\cdot\ldots\cdot(a_{n-1}+a_n)(a_n+a_2)}$$

$$\geq \frac{(2a_2+a_3)(a_n+2a_2)}{2a_2(a_n+a_2+a_3)} \cdot \left(\frac{3}{2}\right)^{n-1} \geq \frac{3}{2} \cdot \left(\frac{3}{2}\right)^{n-1} \geq \left(\frac{3}{2}\right)^n$$

왜냐 하면, 부등식 $(2a_2+a_3)(a_n+2a_2) \geq 3a_2(a_n+a_2+a_3)$ 은 부등식 $(a_2-a_3)(a_2-a_n) \geq 0$ 과 동치이다.

$a_{n-1} = a_n$ 인 경우도 유사하게 증명된다.

이제 만약 $a_1 < a_2$, $a_{n-1} < a_n$ 이면, 만약 수들의 열 $a_1, a_2, \ldots, a_{n-1}, a_n$ 을 $a_1' = a_1 + x, a_2, \ldots, a_{n-1}, a_n - x = a_n'$ (이때 $0 \leq x \leq \min(a_2 - a_1, a_n - a_{n-1})$)으로 바꾸면, A 의 값은 증가되지 않는다는 것을 증명하자. 즉 다음을 증명하자.

$$A \geq \frac{(a_1+a_2+a_3+x)(a_2+a_3+a_4)\cdot\ldots\cdot(a_{n-2}+a_{n-1}+a_n-x)(a_{n-1}+a_n+a_1)(a_n+a_1+a_2)}{(a_1+x+a_2)(a_2+a_3)\cdot\ldots\cdot(a_{n-1}+a_n-x)(a_n+a_1)}$$

또는

$$\frac{(a_1+a_2+a_3)(a_{n-2}+a_{n-1}+a_n)}{(a_1+a_2)(a_{n-1}+a_n)} \ge \frac{(a_1+a_2+a_3+x)(a_{n-2}+a_{n-1}+a_n-x)}{(a_1+x+a_2)(a_{n-1}+a_n-x)} \quad (14.6)$$

마지막 부등식을 $ax^2+bx+c \le 0$ 인 형태로 쓸 수 있다는 것을 생각하자.

이때 $a=\dfrac{(a_1+a_2+a_3)(a_{n-2}+a_{n-1}+a_n)}{(a_1+a_2)(a_{n-1}+a_n)}-1>0$, $c=0$ 이다. 결국

부등식 (14.6)의 증명을 위해, $x=0$, $n=4$ 일 때 $x=a_4-a_1$, $n=5$ 일 때 $x=a_5+a_4-a_2-a_1$, $n \ge 6$ 일 때 $x=a_2-a_1$ 인 값들에 대해 부등식 (14.6)을 증명하면 된다(왜냐 하면,
$\min(a_2-a_1, a_n-a_{n-1}) \le a_2-a_1 \le a_4-a_1 \le a_4-a_1+a_5-a_2$ 이므로).

$x=0$ 인 경우에 부등식 (14.6)은 자명하다.

$n=4$, $x=a_4-a_1$ 인 경우에 다음을 증명하면 된다.

$$\frac{(a_1+a_2+a_3)(a_2+a_3+a_4)}{(a_1+a_2)(a_3+a_4)} \ge \frac{(a_2+a_3+a_4)(a_2+a_3+a_1)}{(a_2+a_4)(a_1+a_3)}$$ 또는

$$(a_4-a_1)(a_3-a_2) \ge 0$$

$n=5$, $x=a_5+a_4-a_2-a_1$ 인 경우에 부등식 (14.6)의 증명은 자명하다.

$n \ge 6$, $x=a_2-a_1$ 인 경우에 $ax+b \le 0$, 즉 다음을 증명하면 된다.

$$\left(\frac{(a_1+a_2+a_3)(a_{n-2}+a_{n-1}+a_n)}{(a_1+a_2)(a_{n-1}+a_n)}-1\right)(a_2-a_1)$$

$$+\left(a_n+a_{n-1}+a_{n-2}-a_1-a_2-a_3-\frac{(a_1+a_2+a_3)(a_{n-2}+a_{n-1}+a_n)}{a_1+a_2}\right.$$

$$\left.+\frac{(a_1+a_2+a_3)(a_{n-2}+a_{n-1}+a_n)}{a_{n-1}+a_n}\right) \le 0$$ 또는

$$\frac{(a_3a_{n-2}+a_3(a_{n-1}+a_n)+a_{n-2}(a_1+a_2))(a_2-a_1)}{(a_1+a_2)(a_{n-1}+a_n)}+$$

$$\left(a_{n-2}-a_3-\frac{(a_{n-1}+a_n-a_1-a_2)(a_3a_{n-2}+a_3(a_{n-1}+a_n)+a_{n-2}(a_1+a_2))}{(a_1+a_2)(a_{n-1}+a_n)}\right)\le 0,$$

$$(a_3a_{n-2}+a_3(a_{n-1}+a_n)+a_{n-2}(a_1+a_2))(2a_2-a_n-a_{n-1})$$

$$+(a_{n-2}-a_3)(a_1+a_2)(a_{n-1}+a_n)\le 0,$$

$$2a_2a_{n-2}(a_1+a_2+a_3)+(a_{n-1}+a_n)(a_2a_3-a_3a_{n-2}-a_3a_{n-1}-a_3a_n-a_3a_1)\le 0,$$

$$2a_2a_{n-2}(a_1+a_2+a_3)\le(a_3a_{n-1}+a_3a_n)(a_{n-2}+a_{n-1}+a_n+a_1-a_2)$$

마지막 부등식은 $2a_2a_{n-2}\le a_3a_{n-2}+a_3a_{n-2}\le a_3a_{n-1}+a_3a_n$,

$a_1+a_2+a_3\le a_{n-2}+a_{n-1}+a_n+a_1-a_2$ 이므로 성립한다.

$x=\min(a_2-a_1,a_n-a_{n-1})$ 로 잡고, 수 $a_1',a_2,\ldots,a_{n-1},a_n'$ 에 대해

$a_1'=a_2$ 인 경우 또는 $a_{n-1}=a_n'$ 인 경우를 얻을 수 있으며,

$a_1'\le a_2\le\ldots\le a_{n-1}\le a_n'$ 이다. 결국 다음이 성립한다.

$$A\ge\frac{(a_1'+a_2+a_3)(a_2+a_3+a_4)\cdot\ldots\cdot(a_n'+a_1+a_2)}{(a_1'+a_2)(a_2+a_3)\cdot\ldots\cdot(a_n'+a_1)}\ge\left(\frac{3}{2}\right)^n$$

이와 같이 주어진 부등식 증명된다.

14.31. (a) $yz<1, xz<1, xy<1$ 을 생각하면, 다음을 알 수 있다.

$$\frac{x}{1-yz}+\frac{y}{1-zx}+\frac{z}{1-xy}\ge x+y+z\ge x^2+y^2+z^2=1$$

이것은 $\frac{x}{1-yz}+\frac{y}{1-zx}+\frac{z}{1-xy}\ge 1$ 을 의미한다. 그리고 $yz\le\frac{y^2+z^2}{2}$,

$xz \le \dfrac{z^2+x^2}{2}$, $xy \le \dfrac{x^2+y^2}{2}$을 생각하면, 다음을 알 수 있다.

$$\frac{x}{1-yz}+\frac{y}{1-zx}+\frac{z}{1-xy} \le \frac{x}{1-\dfrac{y^2+z^2}{2}}+\frac{y}{1-\dfrac{z^2+x^2}{2}}+\frac{z}{1-\dfrac{x^2+y^2}{2}}$$

$$=\frac{2x}{1+x^2}+\frac{2y}{1+y^2}+\frac{2z}{1+z^2}$$

그리고 다음을 생각하자.

$$\left(\frac{2}{1+x^2}-\frac{2}{1+y^2}\right)\left(\frac{x}{1+x^2}-\frac{y}{1+y^2}\right)=-\frac{2(x-y)^2(x+y)(1-xy)}{(1+x^2)^2(1+y^2)^2}\le 0$$

그러면 부등식 (8.5.1)에 의해, 다음을 얻을 수 있다.

$$\frac{2x}{1+x^2}+\frac{2y}{1+y^2}+\frac{2z}{1+z^2}\le\frac{6(x+y+z)}{3+x^2+y^2+z^2}\le\frac{3}{2}\sqrt{3(x^2+y^2+z^2)}=\frac{3\sqrt{3}}{2}$$

이와 같이 $\dfrac{x}{1-yz}+\dfrac{y}{1-zx}+\dfrac{z}{1-xy}\le\dfrac{3\sqrt{3}}{2}$ 이다(연습문제 5.17을 참고할 것).

(b) 다음을 알 수 있다.

$$\frac{x}{1+yz}+\frac{y}{1+zx}+\frac{z}{1+xy}=\frac{x^2}{x+xyz}+\frac{y^2}{y+xyz}+\frac{z^2}{z+xyz},\quad xyz\ne 0$$

부등식 (8.4)에 다음이 얻어진다.

$$\frac{x}{1+yz}+\frac{y}{1+zx}+\frac{z}{1+xy}\ge\frac{(x+y+z)^2}{x+y+z+3xyz}$$

$$=\frac{(1+xy+yz+zx)+xy+yz+zx}{x+y+z+3xyz}=$$

$$\frac{x+y+z+(1-x)(1-y)(1-z)+xyz+xy+yz+zx}{x+y+z+3xyz}$$

$$\geq \frac{x+y+z+xyz+xy+yz+zx}{x+y+z+3xyz} > 1$$

결국 $\frac{x}{1+yz}+\frac{y}{1+zx}+\frac{z}{1+xy} > 1$ 이다.

만약 $xyz=0$, 예를 들어 $x=0$ 이면, 다음을 알 수 있다.

$$y^2+z^2=1,\ \frac{x}{1+yz}+\frac{y}{1+zx}+\frac{z}{1+xy}=y+z \geq y^2+z^2=1$$

만약 $x,y,z \geq 0$ 이고 $x^2+y^2+z^2=1$ 이면,

$\frac{x}{1+yz}+\frac{y}{1+zx}+\frac{z}{1+xy} \leq \sqrt{2}$ 라는 것을 증명하자. 이제 $a \geq 0$ 이면,

$\frac{1}{1+a} \leq 1-a+a^2$ 이라는 것을 생각하면, 다음을 알 수 있다.

$$\frac{x}{1+yz}+\frac{y}{1+zx}+\frac{z}{1+xy}$$

$$\leq x(1-yz+y^2z^2)+y(1-xz+x^2z^2)+x(1-xy+x^2y^2)$$

$$=x+y+z-3xyz+xyz(yz+xz+xy)$$

그리고 $xy+yz+zx \leq x^2+y^2+z^2$ 이므로,

$\frac{x}{1+yz}+\frac{y}{1+zx}+\frac{z}{1+xy} \leq x+y+z-2xyz$ 이다.

$x,y,z \geq 0$, $x^2+y^2+z^2=1$ 에 대해 $x+y+z-2xyz \leq \sqrt{2}$ 를 증명하자.

$\max(x,y,z)=z$ 라 놓으면, $3z^2 \geq x^2+y^2+z^2=1$ 이고

$2z^2 + 2\sqrt{2}z - 1 \ge 2z^2 + 2\sqrt{2}z^2 - 1 > 3z^2 - 1 \ge 0$ 이다. 그러므로 부등식 $4z^4 - 8z^2 + 4\sqrt{2}z - 1 = (\sqrt{2}z - 1)^2(2z^2 + 2\sqrt{2}z - 1) \ge 0$ 으로부터 다음이 얻어진다.

$$\left(\sqrt{z}(x+y) - \frac{1}{2\sqrt{z}}\right)^2 + \frac{4z^4 - 8z^2 + 4\sqrt{2}z - 1}{4z} \ge 0 \text{ 또는}$$

$$z(x+y)^2 - (x+y) + z^3 - 2z + \sqrt{2} \ge 0,$$

$$x + y + z - \left((x+y)^2 + z^2 - 1\right)z \le \sqrt{2}, \quad x + y + z - 2xyz \le \sqrt{2}$$

14.32. 부등식 (14.1)이 모든 양수 a, b, c 에 대해 성립하면, $\lambda \ge 8$ 또는 $\lambda = 0$ 을 증명하자.

실제로 $\lambda \ne 0$ 이면 $a = 1,\ b = c = \frac{1}{n}$ 에 대해 (14.1)로부터 다음이 얻어진다.

$$\frac{1}{\sqrt{1 + \lambda/n^2}} + \frac{1}{\sqrt{1 + n\lambda}} + \frac{1}{\sqrt{1 + n\lambda}} \ge \frac{3}{\sqrt{1 + \lambda}}$$

이제 $n \to +\infty$ 일 때에 $1 \ge \frac{3}{\sqrt{1+\lambda}}$ 을 얻을 수 있으며, $\lambda \ge 8$ 이다(만약 $\lambda < 0$ 이면 식 $\sqrt{1 + n\lambda}$ 은 $n > -\frac{1}{\lambda}$ 에 대해 정의되지 않는다).

$\lambda \ge 8$, $a > 0, b > 0, c > 0$ 에 대해 부등식 (14.1)이 성립한다는 것을 증명하자.

보조정리 1.

$x > 0,\ y > 0$, $xy \le 9$ 이면, $\frac{1}{\sqrt{1+x}} + \frac{1}{\sqrt{1+y}} \ge 1$ 이다.

실제로, 다음을 알 수 있다.

$$\left(\sqrt{1+x}+\sqrt{1+y}\right)^2$$

$$=2+x+y+2\sqrt{(1+x)(1+y)}\geq 2+x+y+2+2\sqrt{xy}\geq (1+x)(1+y)$$

이와 같이 $\sqrt{1+x}+\sqrt{1+y}\geq\sqrt{1+x}\sqrt{1+y}$ 이다.

보조정리 2.

$x>0,\ y>0$, $xy>9$ 이면, $\dfrac{1}{\sqrt{1+x}}+\dfrac{1}{\sqrt{1+y}}\geq\dfrac{2}{\sqrt{1+\sqrt{xy}}}$ 이다.

$\left(\sqrt{1+x}+\sqrt{1+y}\right)^2\left(1+\sqrt{xy}\right)\geq 4(1+x)(1+y)$ 을 증명하면 된다.

$\left(\sqrt{1+x}+\sqrt{1+y}\right)^2\left(1+\sqrt{xy}\right)\geq\left(4+x+y+2\sqrt{xy}\right)\left(1+\sqrt{xy}\right)$을 알 수 있다(보조정리 1의 증명을 참고할 것). 이제 다음 부등식을 증명하자.

$$\left(4+x+y+2\sqrt{xy}\right)\left(1+\sqrt{xy}\right)\geq 4(1+x)(1+y)$$

이 부등식은 $\left(\sqrt{xy}-3\right)\left(\sqrt{x}-\sqrt{y}\right)^2\geq 0$ 이므로, 자명하다.

표기 $x=\dfrac{\lambda bc}{a^2}$, $y=\dfrac{\lambda ca}{b^2}$, $z=\dfrac{\lambda ab}{c^2}$ 를 도입하면, $x>0,\ y>0,\ z>0$, $xyz=\lambda^3$ 이다. $\lambda\geq 8$ 에 대해 다음 부등식이 성립한다는 것을 증명하자.

$$\frac{1}{\sqrt{1+x}}+\frac{1}{\sqrt{1+y}}+\frac{1}{\sqrt{1+z}}\geq\frac{3}{\sqrt{1+\lambda}}$$

$\max(x,y,z)=z$ 라 놓으면, $z\geq\lambda$ 이다.

만약 $xy\leq 9$ 이면, 보조정리 1에 의해 다음을 알 수 있다.

$$\frac{1}{\sqrt{1+x}}+\frac{1}{\sqrt{1+y}}+\frac{1}{\sqrt{1+z}}>\frac{1}{\sqrt{1+x}}+\frac{1}{\sqrt{1+y}}\geq 1\geq \frac{3}{\sqrt{1+\lambda}}$$

만약 $xy>9$ 이면, $z\lambda \geq \lambda^2 \geq 64>9$ 이므로 보조정리 2에 의해 다음을 알 수 있다.

$$\frac{1}{\sqrt{1+x}}+\frac{1}{\sqrt{1+y}}\geq \frac{2}{\sqrt{1+\sqrt{xy}}},\quad \frac{1}{\sqrt{1+z}}+\frac{1}{\sqrt{1+\lambda}}\geq \frac{2}{\sqrt{1+\sqrt{z\lambda}}}$$

얻어진 부등식들을 더하면, 다음을 얻을 수 있다.

$$\frac{1}{\sqrt{1+x}}+\frac{1}{\sqrt{1+y}}+\frac{1}{\sqrt{1+z}}+\frac{1}{\sqrt{1+\lambda}}\geq \frac{2}{\sqrt{1+\sqrt{xy}}}+\frac{2}{\sqrt{1+\sqrt{z\lambda}}}$$

이제 $\sqrt{xy}\geq 3$, $\sqrt{z\lambda}\geq \lambda$ 이므로, $\sqrt{xy}\cdot\sqrt{z\lambda}\geq 3\lambda \geq 24>9$ 이 되며, 다시 보조정리 2에 의해 다음을 알 수 있다.

$$\frac{2}{\sqrt{1+\sqrt{xy}}}+\frac{2}{\sqrt{1+\sqrt{z\lambda}}}>\frac{4}{\sqrt{1+\sqrt[4]{xyz\lambda}}}=\frac{4}{\sqrt{1+\lambda}}$$

이와 같이, $\frac{1}{\sqrt{1+x}}+\frac{1}{\sqrt{1+y}}+\frac{1}{\sqrt{1+z}}+\frac{1}{\sqrt{1+\lambda}}>\frac{4}{\sqrt{1+\lambda}}$ 이며, 부등식 (14.1)이 증명된다.

참고. 유사한 방법으로, $n\geq 2$, $a_1>0, \ldots, a_n>0$ 에 대해, 다음 부등식을 증명할 수 있다.

$$\sqrt{\frac{a_1^{n-1}}{a_1^{n-1}+(n^2-1)a_2\cdot\ldots\cdot a_n}}+\ldots+\sqrt{\frac{a_n^{n-1}}{a_n^{n-1}+(n^2-1)a_1\cdot\ldots\cdot a_{n-1}}}\geq 1$$

14.33. 우선 다음 보조정리를 증명하자.

보조정리.

x, y, z 가 어떤 삼각형의 변들의 길이이면, 다음이 성립한다.

$$\sqrt{x^2+xy+y^2}\sqrt{x^2+xz+z^2} \le x^2 + x\frac{y+z}{2} + \left(\frac{y+z}{2}\right)^2$$

실제로, 다음을 증명하면 된다.

$$\left(x^2+xy+y^2\right)\left(x^2+xz+z^2\right) \le \left(x^2 + x\frac{y+z}{2} + \left(\frac{y+z}{2}\right)^2\right)^2$$

이 부등식은 $\left(\frac{y-z}{2}\right)^2\left(\left(\frac{y+z}{2}\right)^2 + yz + x\left(y+z-x\right)\right) \ge 0$ 이 되며, 자명하다.

이로부터 보조정리가 증명된다.

보조정리에 의해, 다음을 알 수 있다.

$$\left(\sqrt{a^2+ab+b^2} + \sqrt{b^2+bc+c^2} + \sqrt{c^2+ac+a^2}\right)^2$$

$$= 2a^2+2b^2+2c^2+ab+bc+ca + 2\sqrt{a^2+ab+b^2}\sqrt{b^2+bc+c^2}$$

$$+2\sqrt{a^2+ab+b^2}\sqrt{c^2+ac+a^2} + 2\sqrt{b^2+bc+c^2}\sqrt{c^2+ac+a^2}$$

$$\le 2a^2+2b^2+2c^2+ab+bc+ca+2b^2+b\left(a+c\right)+\frac{\left(a+c\right)^2}{2}$$

$$+2a^2+a\left(b+c\right)+\frac{\left(b+c\right)^2}{2}+2c^2+c\left(a+b\right)+\frac{\left(a+b\right)^2}{2}$$

$$= 5a^2+5b^2+5c^2+4ab+4bc+4ca$$

이와 같이, 다음이 성립한다.

$$\sqrt{a^2+ab+b^2} + \sqrt{b^2+bc+c^2} + \sqrt{c^2+ca+a^2}$$

$$\le \sqrt{5a^2+5b^2+5c^2+4ab+4bc+4ca}$$

참고 1. 만약 $a,b,c \geq 0$ 이면, 다음을 증명할 수 있다.

$$\sqrt{a^2+ab+b^2}+\sqrt{b^2+bc+c^2}+\sqrt{c^2+ca+a^2}$$
$$\leq \sqrt{5a^2+5b^2+5c^2+4ab+4bc+4ca}$$

2. $a=-1, b=c=1$ 이면, $1+\sqrt{3}+1>\sqrt{11}$ 이다.

14.34. (a) 우선 $n=3$ 에 대해 부등식이 성립하면, 모든 $n=4,5,\ldots$ 에 대해 이 부등식은 성립한다는 것을 증명하자. 실제로 다음을 알 수 있다.

$$\frac{x_1^3+\ldots+x_n^3}{x_1\cdot\ldots\cdot x_n}=\frac{1}{3}\left(\frac{x_1^3+x_2^3+x_3^3}{x_1x_2x_3}\cdot\frac{1}{x_4\cdot\ldots\cdot x_n}+\ldots+\frac{x_n^3+x_1^3+x_2^3}{x_nx_1x_2}\cdot\frac{1}{x_3\cdot\ldots\cdot x_{n-1}}\right)$$

$$\geq\frac{1}{3}\left(\frac{(1-x_1)^3+(1-x_2)^3+(1-x_3)^3}{(1-x_1)(1-x_2)(1-x_3)}\cdot\frac{1}{x_4\cdot\ldots\cdot x_n}+\ldots\right.$$

$$\left.+\frac{(1-x_n)^3+(1-x_1)^3+(1-x_2)^3}{(1-x_n)(1-x_1)(1-x_2)}\cdot\frac{1}{x_3\cdot\ldots\cdot x_{n-1}}\right)$$

$$\geq\frac{1}{3}\left(\frac{(1-x_1)^3+(1-x_2)^3+(1-x_3)^3}{(1-x_1)\cdot\ldots\cdot(1-x_n)}+\ldots+\frac{(1-x_n)^3+(1-x_1)^3+(1-x_2)^3}{(1-x_1)\cdot\ldots\cdot(1-x_n)}\right)$$

$$=\frac{(1-x_1)^3+\ldots+(1-x_n)^3}{(1-x_1)\cdot\ldots\cdot(1-x_n)}$$

결국 $\dfrac{x_1^3+\ldots+x_n^3}{x_1\cdot\ldots\cdot x_n}\geq\dfrac{(1-x_1)^3+\ldots+(1-x_n)^3}{(1-x_1)\cdot\ldots\cdot(1-x_n)}$ 이다.

$n=3$ 에 대해 부등식이 성립함을 증명하자.

$$\frac{x_1^3+\ldots+x_n^3}{x_1\cdot\ldots\cdot x_n}=\frac{1}{3}\left(\frac{x_1^3+x_2^3+x_3^3}{x_1x_2x_3}\cdot\frac{1}{x_4\cdot\ldots\cdot x_n}+\ldots+\frac{x_n^3+x_1^3+x_2^3}{x_nx_1x_2}\cdot\frac{1}{x_3\cdot\ldots\cdot x_{n-1}}\right)$$

$$\geq 3+\frac{1}{2}\left(\frac{1}{x_1'x_2'}+\frac{1}{x_2'x_3'}+\frac{1}{x_3'x_1'}\right)\left((x_1'-x_2')^2+(x_2'-x_3')^2+(x_3'-x_1')^2\right)$$

$$= \frac{(1-x_1)^3+(1-x_2)^3+(1-x_3)^3}{(1-x_1)(1-x_2)(1-x_3)}$$

이때 $x_i' = 1-x_i$, $i=1,2,3$ 이다. 결국 다음이 성립한다.

$$\frac{x_1^3+x_2^3+x_3^3}{x_1x_2x_3} \ge \frac{(1-x_1)^3+(1-x_2)^3+(1-x_3)^3}{(1-x_1)(1-x_2)(1-x_3)}$$

(b) $n=4$ 에 대해 부등식을 증명하면 된다(14.34(a)의 증명을 참고할 것).

$x_1 \ge x_2 \ge x_3 \ge x_4$ 이라 하면, $x_i' = 1-x_i$, $i=1,2,3,4$ 에 대해

$x_1x_1' \ge x_2x_2' \ge x_3x_3' \ge x_4x_4'$, $\dfrac{x_1}{x_1'} \ge \dfrac{x_2}{x_2'} \ge \dfrac{x_3}{x_3'} \ge \dfrac{x_4}{x_4'}$ 이다. 결국 다음이 성립한다.

$$\frac{x_1^4+x_2^4+x_3^4+x_4^4}{x_1x_2x_3x_4}$$

$$= \frac{(x_1-x_2)^4}{x_1x_2x_3x_4} + \frac{4(x_1-x_2)^2}{x_3x_4} + 2\left(\frac{x_1x_2}{x_3x_4} + \frac{x_3x_4}{x_1x_2}\right) + \frac{(x_3-x_4)^4}{x_1x_2x_3x_4} + \frac{4(x_3-x_4)^2}{x_1x_2}$$

$$\ge \frac{(x_1'-x_2')^4}{x_1'x_2'x_3'x_4'} + \frac{4(x_1'-x_2')^2}{x_3'x_4'} + 2\left(\frac{x_1'x_2'}{x_3'x_4'} + \frac{x_3'x_4'}{x_1'x_2'}\right) + \frac{(x_3'-x_4')^4}{x_1'x_2'x_3'x_4'} + \frac{4(x_3'-x_4')^2}{x_1'x_2'}$$

$$= \frac{(1-x_1)^4+(1-x_2)^4+(1-x_3)^4+(1-x_4)^4}{(1-x_1)(1-x_2)(1-x_3)(1-x_4)}$$

왜냐 하면,

$$\frac{x_1x_2}{x_3x_4} + \frac{x_3x_4}{x_1x_2} - \frac{x_1'x_2'}{x_3'x_4'} - \frac{x_3'x_4'}{x_1'x_2'}$$

$$= (x_1x_1' \cdot x_2x_2' - x_3x_3' \cdot x_4x_4')\left(\frac{1}{x_1'x_2'x_3x_4} - \frac{1}{x_1x_2x_3'x_4'}\right) \ge 0$$ 이다.

이 부등식의 다른 증명을 다음 항등식을 이용해서도 얻을 수 있다.

$$\frac{x_1^4+x_2^4+x_3^4+x_4^4}{x_1x_2x_3x_4}=\frac{1}{2}\left(\frac{(x_1-x_2)^4+(x_2-x_3)^4+(x_3-x_4)^4+(x_4-x_1)^4}{x_1x_2x_3x_4}\right)$$

$$+\frac{2(x_1-x_2)^2}{x_3x_4}+\frac{2(x_2-x_3)^2}{x_1x_4}+\frac{2(x_3-x_4)^2}{x_1x_2}+\frac{2(x_4-x_1)^2}{x_2x_3}$$

$$+\left(\frac{(x_1-x_3)^2}{x_1x_3}+2\right)\left(\frac{(x_2-x_4)^2}{x_2x_4}+2\right)$$

14.35. $A=\dfrac{1^{2015}+\ldots+n^{2015}}{1^{2000}+\ldots+n^{2000}}$ 에 대해,

$B=a_1^{2015}+\ldots+a_n^{2015}-A(a_1^{2000}+\ldots+a_n^{2000})\geq 0$ 을 증명하면 된다. 만약 $\{a_1,\ldots,a_n\}=\{1,\ldots,n\}$ 이면, $B=0$ 이다.

만약 $\{a_1,\ldots,a_n\}\neq\{1,\ldots,n\}$ 이면, $k=1,\ldots,n$ 에 대해 $a_i\geq n+1$, $a_k\neq j$ 인 수 i, j $(i,j\in\{1,\ldots,n\})$ 가 존재한다. 그러면 $a_i^{2000}>j^{2000}$, $a_i^{15}\geq(n+1)^{15}>A$ 이므로, $a_i^{2015}-Aa_i^{2000}>j^{2015}-Aj^{2000}$ 이다. 결국 수 a_i 를 j 로 바꾸면, 식 B 는 감소한다. 즉 몇 단계를 진행하면 $B\geq 0$을 얻을 수 있다.

14.36. $\sqrt{1+x^2}+\sqrt{1+y^2}+\sqrt{(1-x)^2+(1-y)^2}-(1-xy)\geq\sqrt{5}(1-xy)$ 을 증명하면 된다.

$a\geq 0$ 에 대해 $a\geq\sqrt{1+a^2}-1\geq 0$ 이므로, 다음을 생각하자.

$$\sqrt{1+x^2}+\sqrt{1+y^2}+\sqrt{(1-x)^2+(1-y)^2}-(1-xy)$$

$$=xy-\left(\sqrt{1+x^2}-1\right)\left(\sqrt{1+y^2}-1\right)+\sqrt{(1-x)^2+(1-y)^2}+\sqrt{1+x^2}\cdot\sqrt{1+y^2}$$

$$\geq \sqrt{(1-x)^2+(1-y)^2}+\sqrt{1+x^2}\cdot\sqrt{1+y^2}$$

$\sqrt{(1-x)^2+(1-y)^2}+\sqrt{1+x^2}\cdot\sqrt{1+y^2} \geq \sqrt{5}(1-xy)$ 을 증명하자.

만약 $xy \geq \frac{1}{2}$ 이면, 다음이 성립한다.

$$\sqrt{(1-x)^2+(1-y)^2}+\sqrt{1+x^2}\cdot\sqrt{1+y^2} \geq \sqrt{1+x^2}\cdot\sqrt{1+y^2}$$

$$\geq 1+xy \geq \frac{3}{2} > \frac{\sqrt{5}}{2} \geq \sqrt{5}(1-xy)$$

만약 $xy < \frac{1}{2}$ 이면, 연습문제 14.1의 부등식에 의해 다음을 알 수 있다.

$$\sqrt{(1-x)^2+(1-y)^2}+\sqrt{1+x^2}\cdot\sqrt{1+y^2}$$

$$=\sqrt{\left(\sqrt{1-2xy}\right)^2+(1-x-y)^2}+\sqrt{(1-xy)^2+(x+y)^2}$$

$$\geq \sqrt{\left(\sqrt{1-2xy}+1-xy\right)^2+1}=\sqrt{3-4xy+x^2y^2+2(1-xy)\sqrt{1-2xy}}$$

$$\geq \sqrt{3-4xy+x^2y^2+2(1-xy)(1-2xy)}=\sqrt{5}(1-xy)$$

그러므로 $\sqrt{(1-x)^2+(1-y)^2}+\sqrt{1+x^2}\cdot\sqrt{1+y^2} \geq \sqrt{5}(1-xy)$ 이다.

14.37. (a) $n=2$ 에 대해 $\frac{1}{\sqrt{1+x_1}}+\frac{1}{\sqrt{1+x_2}}=\frac{1+\sqrt{x_1}}{\sqrt{1+x_1}} \leq \sqrt{2}$ 이 성립한다. $n=3$ 에 대해 각이 α, β, γ 이며 다음을 만족시키는 예각삼각형이 존재한다는 것을 증명하자.

$$x_1 = \frac{\tan\alpha}{\tan\beta},\ x_2 = \frac{\tan\beta}{\tan\gamma},\ \ x_3 = \frac{\tan\gamma}{\tan\alpha}$$

이제 $\tan\alpha = \sqrt{(1+x_2+x_1x_2)x_1}$, $\tan\beta = \sqrt{\frac{1+x_2+x_1x_2}{x_1}}$,

$\tan\gamma = \sqrt{\frac{1+x_2+x_1x_2}{x_1}} \cdot \frac{1}{x_2}$ 로 잡자. 다음을 증명하면 된다.

$$\sqrt{\frac{\sin\beta\cos\alpha}{\sin\gamma}} + \sqrt{\frac{\sin\gamma\cos\beta}{\sin\alpha}} + \sqrt{\frac{\sin\alpha\cos\gamma}{\sin\beta}} \le \frac{3}{\sqrt{2}}$$

이것은 다음과 같이 쓸 수 있다.

$$\sin\beta\sqrt{\sin(2\alpha)} + \sin\gamma\sqrt{\sin(2\beta)} + \sin\alpha\sqrt{\sin(2\gamma)} \le 3\sqrt{\sin\alpha\sin\beta\sin\gamma}$$

코시-분야코프스키 부등식에 의해 다음을 알 수 있다.

$$\sin\beta\sqrt{\sin(2\alpha)} + \sin\gamma\sqrt{\sin(2\beta)} + \sin\alpha\sqrt{\sin(2\gamma)}$$

$$\le \sqrt{\left(\sin^2\beta + \sin^2\gamma + \sin^2\alpha\right)\left(\sin(2\alpha) + \sin(2\beta) + \sin(2\gamma)\right)}$$

$$= 2\sqrt{\left(\sin^2\beta + \sin^2\gamma + \sin^2\alpha\right)\sin\alpha\sin\beta\sin\gamma} \le 3\sqrt{\sin\alpha\sin\beta\sin\gamma}$$

결국

$$\sin\beta\sqrt{\sin(2\alpha)} + \sin\gamma\sqrt{\sin(2\beta)} + \sin\alpha\sqrt{\sin(2\gamma)} \le 3\sqrt{\sin\alpha\sin\beta\sin\gamma}$$

이다.

(b) 수학적 귀납법으로 증명하자. $n=4$ 일 때에 다음 부등식을 이용하자.

$$\frac{1}{\sqrt{1+a}} + \frac{1}{\sqrt{1+b}} < 1 + \frac{1}{1+ab}$$

이때 $a>0,\ b>0$ 이다. 그러면 다음을 알 수 있다.

$$\frac{1}{\sqrt{1+x_1}} + \frac{1}{\sqrt{1+x_2}} + \frac{1}{\sqrt{1+x_3}} + \frac{1}{\sqrt{1+x_4}} < 1 + \frac{1}{1+x_1x_2} + 1 + \frac{1}{1+x_3x_4} = 3$$

$n \geq 5$ 이며 $n-1$ 개의 수에 대해 부등식이 성립한다고 가정하고, n 개의 수에 대해 부등식을 증명하자. 다음이 성립한다.

$$\frac{1}{\sqrt{1+x_1}}+\ldots+\frac{1}{\sqrt{1+x_{n-1}}}+\frac{1}{\sqrt{1+x_n}}$$

$$<\frac{1}{\sqrt{1+x_1}}+\ldots+\frac{1}{\sqrt{1+x_{n-2}}}+1+\frac{1}{1+x_{n-1}x_n}$$

$$<\frac{1}{\sqrt{1+x_1}}+\ldots+\frac{1}{\sqrt{1+x_{n-2}}}+\frac{1}{\sqrt{1+x_{n-1}x_n}}+1<n-2+1=n-1$$

결국 $\frac{1}{\sqrt{1+x_1}}+\ldots+\frac{1}{\sqrt{1+x_n}}<n-1$ 이다.

이제 $a>0,\ b>0$ 에 대해 부등식 $\frac{1}{\sqrt{1+a}}+\frac{1}{\sqrt{1+b}}<1+\frac{1}{1+ab}$ 을 증명하자. $\sqrt{1+a}=1+x,\ \sqrt{1+b}=1+y$ 라 하고, $x>0,\ y>0$ 을 생각하자. 이제 다음을 증명하면 된다.

$$(2+x+y)(1+x^2y^2+2x^2y+2xy^2+4xy)$$

$$<(1+x+y+xy)(2+x^2y^2+2x^2y+2xy^2+4xy)$$

또는

$$2xy+2x^2y+2xy^2<x+y+x^3y^3+2x^2y^3+2x^3y^2+3x^2y^2 \tag{14.7}$$

다음을 생각하자.

$$\frac{x}{2}+2x^3y^2\geq 2x^2y,\quad \frac{y}{2}+2x^2y^3\geq 2xy^2,$$

$$\frac{x}{2}+\frac{y}{2}+3x^2y^2\geq 3\sqrt[3]{\frac{3}{4}}\cdot xy>2xy,\quad x^3y^3>0$$

결국 이 부등식들을 더하면, 부등식 (14.7)이 얻어진다.

14.38. 다음의 두 가지 경우를 생각하자.

(a) $1 \le \alpha \le 2 + \dfrac{1}{n-1}$ 인 경우. 다음을 생각하자.

$$\frac{x_i^\alpha - x_i}{x_1 + \ldots + x_n + x_i^\alpha - x_i} = \frac{x_i - x_i^{2-\alpha}}{x_i + \dfrac{x_1 + \ldots + x_n}{x_i^{\alpha-1}} - x_i^{2-\alpha}} \ge \frac{x_i - x_i^{2-\alpha}}{x_1 + \ldots + x_n}, \quad i = 1, \ldots, n$$

얻어진 부등식들을 더하면, 다음이 얻어진다.

$$\sum_{i=1}^{n} \frac{x_i^\alpha - x_i}{x_1 + \ldots + x_n + x_i^\alpha - x_i} \ge \sum_{i=1}^{n} \frac{x_i - x_i^{2-\alpha}}{x_1 + \ldots + x_n} \tag{14.8}$$

만약 $1 \le \alpha \le 2 - \dfrac{1}{n-1}$ 이면, 연습문제 3.42(a)의 부등식에 의해 다음이 얻어진다.

$$\sum_{i=1}^{n} \frac{x_i - x_i^{2-\alpha}}{x_1 + \ldots + x_n} \ge 0 \tag{14.9}$$

만약 $2 - \dfrac{1}{n-1} \le \alpha \le 2 + \dfrac{1}{n-1}$, 이면, 연습문제 3.42(b)에 의해 다음이 얻어진다.

$$\sum_{i=1}^{n} \frac{x_i - x_i^{2-\alpha}}{x_1 + \ldots + x_n} \ge 0 \tag{14.9}$$

이와 같이, (14.8)과 (14.9)로부터 $\displaystyle\sum_{i=1}^{n} \frac{x_i^\alpha - x_i}{x_1 + \ldots + x_n + x_i^\alpha - x_i} \ge 0$ 이 성립한다.

(b) $\alpha \ge 2 + \dfrac{1}{n-1}$ 인 경우.

만약 다음을 만족시키는 수 $\gamma \ge 1$ 가 존재한다는 것을 증명하면,

$$\frac{x_i^\alpha - x_i}{x_1 + \ldots + x_n + x_i^\alpha - x_i} \geq \frac{nx_i^\gamma - \sum_{i=1}^{n} x_i^\gamma}{(n-1)\sum_{i=1}^{n} x_i^\gamma}, \quad i = 1, \ldots, n \tag{14.10}$$

얻어진 부등식들을 더하여, $\sum_{i=1}^{n} \frac{x_i^\alpha - x_i}{x_1 + \ldots + x_n + x_i^\alpha - x_i} \geq 0$ 을 얻을 수 있다.

부등식 (14.10)을 증명하기 위해, 다음 부등식을 증명하자.

$$\frac{nx_i(x_i^{\alpha-1} - 1)}{x_1 + \ldots + x_n} \geq \frac{(n-1)x_i^\gamma}{\left(\sum_{i=1}^{n} x_i^\gamma\right) - x_i^\gamma} - 1$$

$x_1^{\frac{\alpha-1}{n}} \cdot \ldots \cdot x_n^{\frac{\alpha-1}{n}} \geq 1$ 이므로, 다음을 증명하면 된다.

$$\frac{nx_i}{x_1 + \ldots + x_n}\left(\frac{x_i^{\alpha-1}}{x_1^{\frac{\alpha-1}{n}} \cdot \ldots \cdot x_n^{\frac{\alpha-1}{n}}} - 1\right) \geq \frac{(n-1)x_i^\gamma}{\left(\sum_{i=1}^{n} x_i^\gamma\right) - x_i^\gamma} - 1$$

일반성을 잃지 않고, $x_i = 1$ 이라 할 수 있다. 이제

$A = \frac{\sum_{i=1}^{n} x_i^\gamma - 1}{n-1}$, $G = x_1^{\frac{\alpha-1}{n}} \cdot \ldots \cdot x_n^{\frac{\alpha-1}{n}}$ 에 대해 다음 부등식을 만족시키는

$\gamma \geq 1$ 가 존재한다는 것을 증명하자.

$$\frac{n}{x_1 + \ldots + x_n}\left(\frac{1}{G} - 1\right) \geq \frac{1}{A} - 1 \tag{14.11}$$

$\gamma = \frac{(n-1)(\alpha-1)}{n}$ 를 잡으면, $A \geq G$ 가 얻어진다.

만약 $G \geq 1$ 이면, $0 \geq \frac{1}{G} - 1 \geq \frac{1}{A} - 1$ 이고 $\frac{n}{x_1 + \ldots + x_n} \leq 1$ 이다. 결국

부등식 (14.11)이 증명된다.

만약 $G \le 1$ 이고 $A \le 1,$ 이면, $\dfrac{1}{G} - 1 \ge \dfrac{1}{A} - 1 \ge 0$ 이다. 그리고 얀센 부등식 $1 \ge A \ge \left(\dfrac{x_1 + \ldots + x_n - 1}{n-1}\right)^{\gamma}$ 에 의해 $\dfrac{n}{x_1 + \ldots + x_n} \ge 1$ 이다. 결국 부등식 (14.11)이 증명된다.

만약 $G \le 1$ 이고 $A > 1$ 이면, $\dfrac{n}{x_1 + \ldots + x_n}\left(\dfrac{1}{G} - 1\right) \ge 0 > \dfrac{1}{A} - 1$ 이다.

내 힘으로 해결하기

다음 부등식을 증명하여라(1-16).

1. $\sqrt{3x^2 + 2x + 1} + \sqrt{3x^2 - 4x + 2} \ge \dfrac{\sqrt{51}}{3}$

2. $(x + \sqrt{2}/2)^2 + (y + \sqrt{2}/2)^2 = 2 + \sqrt{2}$, $x \in [0,1]$ 에 대해

$$\left(\sqrt{2+\sqrt{2}} - 1\right)^2 \le x^2 + y^2 \le 1,$$

$$(2 - \sqrt{2+\sqrt{2}})^2 \le (x - \sqrt{2}/2)^2 + (y - \sqrt{2}/2)^2 \le 2 - \sqrt{2}$$

3. $n \ge 2$ 에 대해

$$\sqrt{a_1^2 + (1-a_2)^2} + \sqrt{a_2^2 + (1-a_3)^2} + \ldots + \sqrt{a_n^2 + (1-a_1)^2} \ge n\sqrt{2}/2$$

4. $n \in N$ 에 대해 $\sqrt{2} + \sqrt{4 - 2\sqrt{2}} + \ldots + \sqrt{2n - 2\sqrt{(n-1)n}} \ge \sqrt{n(n+1)}$

5. (a) $a \ge b > 0$에 대해 $\dfrac{(a-b)^2}{8a} \le \dfrac{a+b}{2} - \sqrt{ab} \le \dfrac{(a-b)^2}{8b}$

(b) $a > 0,\ b > 0,\ c > 0,\ d > 0$에 대해

$$\sqrt{(a+c)^2 + (b+d)^2} \le \sqrt{a^2 + b^2} + \sqrt{c^2 + d^2}$$

$$\le \sqrt{(a+c)^2 + (b+d)^2} + \frac{|ad - bc|}{\sqrt{(a+c)^2 + (b+d)^2}}$$

6. $n \in N$에 대해 $0 < \sqrt{4n+2} - \sqrt{n} - \sqrt{n+1} < 1/16\sqrt{n^3}$

7. (a) $\sqrt{x^2 + xy + y^2} + \sqrt{y^2 + yz + z^2} \ge \sqrt{x^2 + xz + z^2}$

(b) $a > 0,\ b > 0,\ c > 0$에 대해

$$c\sqrt{a^2 - ab + b^2} + a\sqrt{b^2 - bc + c^2} \ge b\sqrt{a^2 + ac + c^2}$$

8. $\sqrt{1 - \cos(x_3 - x_2)} + \sqrt{1 - \cos(x_2 - x_1)} \ge \sqrt{1 - \cos(x_3 - x_1)}$

9. $9 < \displaystyle\int_0^3 \sqrt[4]{x^4 + 1}\,dx + \int_0^3 \sqrt[4]{x^4 - 1}\,dx < 9.0001$

10. $n \ge 3,\ x_1 > 0,\ \dots,\ x_n > 0$에 대해

$$\frac{x_1^3}{x_1^2 + x_1x_2 + x_2^2} + \frac{x_2^3}{x_2^2 + x_2x_3 + x_3^2} + \dots + \frac{x_n^3}{x_n^2 + x_nx_1 + x_1^2} \ge \frac{1}{3}(x_1 + \dots + x_n)$$

11. $n \ge 3,\ x_1 > 0, \ldots, x_n > 0$ 에 대해

$$\frac{x_1^7}{x_1^4 + 2x_1^3 x_2 + 2x_1 x_2^3 + x_2^4} + \frac{x_2^7}{x_2^4 + 2x_2^3 x_3 + 2x_2 x_3^3 + x_3^4} + \ldots$$

$$+ \frac{x_n^7}{x_n^4 + 2x_n^3 x_1 + 2x_n x_1^3 + x_1^4} \ge \frac{1}{6}(x_1^3 + \ldots + x_n^3)$$

12. $n \ge 6$, $n \in N$ 에 대해 $3^n + 4^n + \ldots + (n+2)^n < (n+3)^n$

13. $\frac{1}{2015} < \ln\frac{2015}{2014} < \frac{1}{2014}$

14. $x \in \left(0; \frac{\pi}{2}\right)$ 에 대해 $\tan x \ge x^3$

15. $n \ge 3,\ 0 < \alpha_i < \frac{\pi}{2},\ i = 1, \ldots, n,\ \sum_{i=1}^{n} \cos^2 \alpha_i = 1$ 에 대해

$$\sum_{i=1}^{n} \tan \alpha_i \ge (n-1) \sum_{i=1}^{n} \cot \alpha_i$$

16. $a > 0,\ b > 0,\ c > 0$ 에 대해 $a^3 + b^3 + c^3 + 6abc > \frac{1}{4}(a+b+c)^3$

17. $\left(\frac{1}{3}\right)^{100} + \left(\frac{2}{3}\right)^{100}$ 와 $\left(\frac{1}{\sqrt{2}}\right)^{100} + \left(1 - \frac{1}{\sqrt{2}}\right)^{100}$ 을 비교하여라.

18. $a + b + c + d = 0$, $a^{2015} + b^{2015} + c^{2015} + d^{2015} = 0$ 에 대해

$a^3 + b^3 + c^3 + d^3 = 0$ 을 증명하여라.

19. 임의의 양수 a, b 에 대해 부등식 $\alpha\sqrt{\dfrac{a^2+b^2}{2}}+(1-\alpha)\sqrt{ab}\le\dfrac{a+b}{2}$ 이 성립하면, $\alpha\le\dfrac{1}{2}$ 이라는 것을 증명하여라.

20. $|a_1|+\ldots+|a_n|<\varepsilon<\dfrac{1}{2}$ 에 대해 $|1-(1+a_1)\cdot\ldots\cdot(1+a_n)|<2\varepsilon$ 을 증명하여라.

21. 함수 f 는 집합 Q 에서 정의되었고, $f(0)\cdot f(1)<0$ 이다.
$f(r_1)-f(r_2)>(r_1-r_2)^2$ 인 유리수 r_1, r_2 가 존재한다는 것을 증명하여라.

22. $a\ge 0, b\ge 0, c\ge 0$, $a+b+c\le 1$ 일 때 식 $|a-b|\cdot|b-c|\cdot|c-a|$ 의 최댓값을 구하여라.

23. a,b,c 는 삼각형의 변들이고 α,β,γ 는 각들이다. 이때 다음을 증명하여라.

(a) $0<\sin\alpha+\sin\beta+\sin\gamma\le\dfrac{3\sqrt{3}}{2}$

(b) $0<\sqrt{\sin\alpha}+\sqrt{\sin\beta}+\sqrt{\sin\gamma}\le 3\cdot\left(\dfrac{3}{4}\right)^{\frac{1}{4}}$

(c) $0<\sin\alpha\sin\beta\sin\gamma\le\dfrac{3\sqrt{3}}{8}$

(d) $2<\cos\dfrac{\alpha}{2}+\cos\dfrac{\beta}{2}+\cos\dfrac{\gamma}{2}\le\dfrac{3\sqrt{3}}{2}$

(e) $\cos\alpha\cos\beta\cos\gamma\le\dfrac{1}{8}$

(f) $0 < \cos\frac{\alpha}{2}\cos\frac{\beta}{2}\cos\frac{\gamma}{2} \le \frac{3\sqrt{3}}{8}$

(g) $\frac{1}{3} \le \frac{a^2+b^2+c^2}{(a+b+c)^2} < \frac{1}{2}$

(h) $\frac{1}{4} \le \frac{ab+bc+ca}{(a+b+c)^2} \le \frac{1}{3}$

(i) $\frac{1}{4} \le \frac{(a+b)(b+c)(c+a)}{(a+b+c)^2} \le \frac{8}{27}$

24. 예각삼각형의 각 α, β, γ 에 대해 다음 부등식을 증명하여라.

(a) $2 < \sin\alpha + \sin\beta + \sin\gamma \le \frac{3\sqrt{3}}{2}$

(b) $2 < \sqrt{\sin\alpha} + \sqrt{\sin\beta} + \sqrt{\sin\gamma} \le 3 \cdot \left(\frac{3}{4}\right)^{\frac{1}{4}}$

(c) $\frac{3}{4} \le \sin^2\frac{\alpha}{2} + \sin^2\frac{\beta}{2} + \sin^2\frac{\gamma}{2} < 1$

(d) $1 < \cos\alpha + \cos\beta + \cos\gamma \le \frac{3}{2}$

(e) $2 < \cos^2\frac{\alpha}{2} + \cos^2\frac{\beta}{2} + \cos^2\frac{\gamma}{2} \le \frac{9}{4}$

(f) $\frac{1}{2} < \cos\frac{\alpha}{2}\cos\frac{\beta}{2}\cos\frac{\gamma}{2} \le \frac{3\sqrt{3}}{8}$

(g) $m \ge 1$ 에 대해 $\tan^m\alpha + \tan^m\beta + \tan^m\gamma \ge 3^{\frac{m+2}{2}}$

25. 둔각삼각형의 각을 α, β, γ, 변을 a, b, c 라 하자. 다음 부등식을 증명하여라.

(a) $0 < \sin\alpha + \sin\beta + \sin\gamma \le 1 + \sqrt{2}$

(b) $0 < \sin\alpha \sin\beta \sin\gamma \le \dfrac{1}{2}$

(c) $0 < \cos\dfrac{\alpha}{2}\cos\dfrac{\beta}{2}\cos\dfrac{\gamma}{2} \le \dfrac{1+\sqrt{2}}{4}$

(d) $\dfrac{1+\cos\alpha\cos\beta\cos\gamma}{\sin\alpha\sin\beta\sin\gamma} \ge 2$

(e) $\dfrac{1}{3} \le \dfrac{a^2+b^2+c^2}{(a+b+c)^2} \le \dfrac{3}{8}$

(f) $\dfrac{5}{16} < \dfrac{ab+bc+ca}{(a+b+c)^2} \le \dfrac{1}{3}$

(g) $\dfrac{9}{32} < \dfrac{(a+b)(b+c)(c+a)}{(a+b+c)^2} \le \dfrac{8}{27}$

26. $0 < a_1 \le \ldots \le a_n$, $0 < b_1 \le \ldots \le b_n$ 일 때, 다음을 증명하여라.

$$(a_1+b_1)\cdot\ldots\cdot(a_n+b_n) \le (a_1+b_{i_1})\cdot\ldots\cdot(a_n+b_{i_n}) \le (a_1+b_n)\cdot\ldots\cdot(a_n+b_1)$$

이때 수 $i_1, \ldots, i_n$ 는 $1, \ldots, n$ 의 어떤 재배열이다.

27. 수 a_i, b_i $i=1,\ldots,n$ 에 대해 앞의 문제의 조건들이 만족되며, g 는 감소하지 않는 볼록함수이다. 다음을 증명하여라.

$$g\left(\frac{b_1}{a_1}\right)+\ldots+g\left(\frac{b_n}{a_n}\right) \le g\left(\frac{b_{i_1}}{a_1}\right)+\ldots+g\left(\frac{b_{i_n}}{a_1}\right) \le g\left(\frac{b_n}{a_1}\right)+\ldots+g\left(\frac{b_1}{a_n}\right)$$

28. g는 구간 $[0;a_1]$에서 볼록함수이고 $g(0)\le 0$이다. $0<a_n\le\ldots\le a_1$에 대해 다음을 증명하여라.

$$\sum_{i=1}^{n}(-1)^{i-1}g(a_i)\ge g\left(\sum_{i=1}^{n}(-1)^{i-1}a_i\right)$$

29. $n\ge 2$이고 $a_1>0,\ \ldots,\ a_n>0$이다. 다음을 증명하여라.

$$\left(\frac{a_1}{a_2}\right)^n+\ldots+\left(\frac{a_{n-1}}{a_n}\right)^n+\left(\frac{a_n}{a_1}\right)^n\ge\frac{a_1}{a_2}+\ldots+\frac{a_{n-1}}{a_n}+\frac{a_n}{a_1}$$

30. 다항식 $p(x)=ax^2+bx+c$에 대해

$0\le p(-1)\le 1,\ 0\le p(0)\le 1,\ 0\le p(1)\le 1$이다. 임의의 $x\in[0;1]$에 대해

부등식 $p(x)\le\dfrac{9}{8}$을 증명하여라.

31. 구간 $[0;1]$에서 삼항식 $p(x)=ax^2+bx+c$에 대해 부등식 $|p(x)|\le 1$가 성립한다. 이때 $|b|\le 8$을 증명하여라.

32. 구간 $[-1;1]$에서 삼항식 $p(x)=ax^2+bx+c$에 대해 부등식 $|p(x)|\le 1$이 성립한다. 이때 이 구간에서 부등식 $|p'(x)|\le 4$를 증명하여라.

참고. $x\in[a;b]$이며 $p(x)$는 n차 다항식이다. 이때 임의의 다항식 $p(x)$에 대해 부등식 $|p'(x)|\le\dfrac{2n^2}{b-a}\max\limits_{[a;b]}|p(x)|$가 성립한다.

33. 다항식 $p(x)$ 의 차수가 $2n$ 을 넘지 않는다. 그리고 임의의 정수 $k \in [-n;n]$ 에 대해 부등식 $|p(k)| \le 1$ 이 성립한다. 이때 임의의 수 $x \in [-n;n]$ 에 대해 부등식 $|p(x)| \le 2^{2n}$ 을 증명하여라.

34. $x_0 < x_1 < \dots < x_n$ 는 정수이다. $p(x) = x^n + a_1 x^{n-1} + \dots + a_n$ 에 대해 수 $|p(x_0)|, |p(x_1)|, \dots, |p(x_n)|$ 중의 적어도 하나는 $\dfrac{n!}{2^n}$ 보다 작지 않다는 것을 증명하여라.

35. 구간 $[-1;1]$ 에 수 $x_1 < \dots < x_k$, $k \ge 3$ 이 주어졌다. 다음을 증명하여라.

$$\frac{1}{|(x_1 - x_2)\cdot \dots \cdot (x_1 - x_k)|} + \dots + \frac{1}{|(x_k - x_1)\cdot \dots \cdot (x_k - x_{k-1})|} \ge 2^{k-2}$$

36. $a > 0,\ b > 0,\ c > 0$ 에 대해 다음을 증명하여라.

$$\frac{a}{a + \sqrt{(a+b)(a+c)}} + \frac{b}{b + \sqrt{(b+a)(b+c)}} + \frac{c}{c + \sqrt{(c+a)(c+b)}} \le 1$$

37. $p(x) = ax^3 + bx^2 + cx + d$ 이다. 구간 $[-1;1]$ 의 모든 x 에 대해 부등식 $|p(x)| \le 1$ 이 성립한다. 이때 $|a| + |b| + |c| + |d| \le 7$ 을 증명하여라.

38. 다음 부등식을 증명하여라.

(a) $x > 0,\ y > 0,\ z > 0$ 에 대해

$$x^{\lambda}(x-y)(x-z) + y^{\lambda}(y-x)(y-z) + z^{\lambda}(z-x)(z-y) \ge 0$$

(b) f 와 g 는 단조이며 $E(g) \subseteq [0;+\infty)$ 일 때,

$$g(x)(f(x)-f(y))(f(x)-f(z))+g(y)(f(y)-f(x))(f(y)-f(z))+$$
$$+g(z)(f(z)-f(x))(f(z)-f(y)) \geq 0$$

39. 완전 그래프가 n 개의 꼭짓점을 가지며, 모서리 각각은 세 가지 색 중의 하나로 칠해져 있다. 적어도 $\frac{n}{2}$ 개의 꼭짓점을 가지며 한 가지 색으로 연결된 부분그래프가 존재한다는 것을 증명하여라.

40. $n \geq 2,\ a_1 \geq 0, \dots, a_n \geq 0,\ C(n) = \dfrac{n-1}{n^{\frac{n-2}{n-1}}}$ 에 대해 다음 부등식을 증명하여라.

$$\sqrt{a_1}+\dots+\sqrt{a_n} \leq \sqrt{a_1+C(n)}\cdot\dots\cdot\sqrt{a_n+C(n)}$$

41. $0 \leq x \leq \frac{\pi}{2}$ 에 대해 부등식 $0 \leq \sin x + \dots + \dfrac{\sin(nx)}{n} < 2\sqrt{2}$ 을 증명하여라.

참고. 만약 $x \neq 0$ 이면, $\dfrac{\sqrt{2}}{2(m+1)} < \sin\dfrac{x}{2} \leq \dfrac{\sqrt{2}}{2m}$ 인 자연수 m 이 존재한다.

42. $f: R \to R$ 이라 하자. 다음에 대해 f 는 상수함수라는 것을 증명하여라.

(a) $C > 0,\ \alpha > 1$ 이며 임의의 실수 x, y 에 대해 부등식 $|f(x)-f(y)| \leq C|x-y|^{\alpha}$ 이 성립한다.

(b) $A > 3$ 이며 등차수열을 이루는 임의의 수 a, b, c, d 에 대해 부등식 $|f(a)-f(d)| \geq A|f(c)-f(b)|$ 이 성립한다.

15
기하부등식

연습문제

15.1. (a) 각의 내부에 점 M 이 주어졌다. 점 M 을 지나는 직선과 각의 변들에 의해 만들어지는 삼각형의 넓이가 최소가 되도록, 점 M 을 지나는 직선을 작도하여라.

(b) 변들이 8개의 점에서 만나는 두 평행사변형이 주어졌다. 이때 두 평행사변형의 공통부분의 넓이는 이 평행사변형들 중 하나의 절반보다 크다는 것을 증명하여라.

15.2. 삼각형 ABC 의 변 BC, AB, AC 에 각각 점 D, E, F 가 주어졌다. 그리고 사각형 $AFDE$ 에 원을 외접시킬 수 있다. 이때 $\frac{4S_{DEF}}{S_{ABC}} \le \frac{EF^2}{AD^2}$ 을 증명하여라.

15.3. 삼각형의 세 각의 이등분선의 길이에 대해 다음을 증명하여라.

(a) 만약 이들의 길이가 1보다 작으면, 삼각형의 넓이는 $\frac{\sqrt{3}}{3}$ 보다 작다.

(b) 만약 이들의 길이가 1보다 크면, 삼각형의 넓이는 $\frac{\sqrt{3}}{3}$ 보다 크다.

15.4. 변의 길이가 a,b,c 인 삼각형의 넓이를 S 라 하자. 이때 부등식 $ab+bc+ac \geq 4\sqrt{3}S$ 을 증명하여라.

15.5. a,b,c 는 어떤 삼각형의 변의 길이이다. 이때 $a^2b(a-b)+b^2c(b-c)+c^2a(c-a) \geq 0$ 을 증명하여라.

15.6. a,b,c 는 어떤 삼각형의 변의 길이이다. 이때 $a^2+b^2+c^2+4abc \leq \dfrac{1}{2}$ 을 증명하여라.

15.7. $n \geq 3$ 이며 $M, A_1, \ldots, A_n$ 은 서로 다른 점들이다. 다음 부등식을 증명하여라. 그리고 등호는 언제 성립하는가?

$$\frac{A_1A_2}{MA_1 \cdot MA_2}+\frac{A_2A_3}{MA_2 \cdot MA_3}+\ldots+\frac{A_{n-1}A_n}{MA_{n-1} \cdot MA_n} \geq \frac{A_1A_n}{MA_1 \cdot MA_n}$$

15.8. O, A, B, C 는 서로 다른 점이다. 다음 부등식을 증명하여라.

$$\sqrt{OA^2+OB^2-2 \cdot OA \cdot OB \cdot \cos 2\angle AOB}$$
$$+\sqrt{OB^2+OC^2-2 \cdot OB \cdot OC \cdot \cos 2\angle BOC}$$
$$\geq \sqrt{OA^2+OC^2-2 \cdot OA \cdot OC \cdot \cos 2\angle AOC}$$

15.9. 정사각형 $ABCD$ 의 변 AB, CD 에 각각 점 U, V 가 주어졌다. 직선 DU 와 AV 가 점 P 에서 만나며, 직선 CU 와 BV 는 점 Q 에서 만난다. 이때 다음을 증명하여라.

(a) $PQ \ge \frac{1}{2}AB$

(b) $S_{UPVQ} \le \frac{1}{4}S_{ABCD}$

15.10. (a) 볼록육각형 $ABCDEF$ 의 마주보는 변들이 평행하다($AB \parallel DE$, $BC \parallel EF$, $CD \parallel FA$). R_A, R_C, R_E 는 삼각형 FAB, BCD, DEF 의 외접원의 반지름이며, P 는 육각형 $ABCDEF$ 의 둘레의 절반이다. 이때 $R_A + R_C + R_E \ge P$ 를 증명하여라.

(b) 볼록육각형 $ABCDEF$ 가 주어졌고, $AB \parallel DE$, $BC \parallel EF$, $CD \parallel FA$ 이다. 직선 AB 와 DE 사이의 거리는 직선 BC 와 EF, CD 와 FA 사이의 거리와 각각 같다. 이때 합 $AD + BE + CF$ 는 육각형 $ABCDEF$ 의 둘레를 넘지 않는다는 것을 증명하여라.

(c) 볼록육각형 $ABCDEF$ 의 넓이를 S 라 할 때, 다음을 증명하여라.

$$AC(BD + BF - DF) + CE(BD + DF - BF) + AE(BF + DF - BD) \ge 2\sqrt{3}S$$

15.11. 한 변이 1인 정사각형 내부에 한 변이 각각 a, b 인 정사각형들이 주어졌으며, 이들은 공통점을 가지지 않는다. 이때 $a + b < 1$ 을 증명하여라.

15.12. 한 변이 b 인 정n각형이 한 변이 a 인 정n각형 내부에 놓여있지만, 한 변이 a 인 정n각형의 외심을 포함하지는 않는다. 이때 $b < \dfrac{a}{2\cos^2 \dfrac{\pi}{2n}}$ 을 증명하여라.

15.13. (a) 임의의 점 A,B,C,D,E,F 에 대해 다음 부등식을 증명하여라.

$$2\left(AB^2+BC^2+CD^2+DE^2+EF^2+FA^2\right)\ge AD^2+BE^2+CF^2$$

(b) 볼록$2n$각형 $A_1A_2...A_{2n}$ 에 대해 다음 부등식을 증명하여라.

$$4\sin^2\frac{\pi}{2n}\left(A_1A_{n+1}^2+A_2A_{n+2}^2+...+A_nA_{2n}^2\right)$$

$$\le\left(A_1A_2+A_{n+1}A_{n+2}\right)^2+\left(A_2A_3+A_{n+2}A_{n+3}\right)^2+...+\left(A_nA_{n+1}+A_{2n}A_1\right)^2$$

15.14. 양수 $m_1,m_2,\ldots,m_n$ 과 점 $A_1,A_2,\ldots,A_n$ 이 주어졌다.

$\vec{e}_i=\dfrac{\overrightarrow{M_0A_i}}{M_0A_i}$, $i=1,2,\ldots,n$ 에 대해 점 M_0 는 $\sum_{i=1}^{n}m_i\vec{e}_i=\vec{0}$ 을 만족한다.

임의의 점 M 에 대해 $\sum_{i=1}^{n}m_iMA_i\ge\sum_{i=1}^{n}m_iM_0A_i$ 를 증명하여라.

15.15. 양수 $m_1,m_2,\ldots,m_n$ 과 점 $A_1,A_2,\ldots,A_n$ 이 주어졌고, $\vec{e}_i=\dfrac{\overrightarrow{A_nA_i}}{A_nA_i}$,

$i=1,2,\ldots,n-1$ 에 대해 $\left|\sum_{i=1}^{n-1}m_i\vec{e}_i\right|\le m_n$ 이다. 임의의 점 M 에 대해

$\sum_{i=1}^{n}m_iMA_i\ge\sum_{i=1}^{n-1}m_iA_nA_i$ 를 증명하여라.

15.16. 양수 $m_1,m_2,\ldots,m_n$ 과 볼록 다각형 $A_1A_2\ldots A_n$, $B_1B_2\ldots B_n$ 이 주어졌고, 볼록다각형 $B_1B_2\ldots B_n$ 은 볼록다각형 $A_1A_2\ldots A_n$ 에 내접한다($B_1\in A_1A_2$, $B_2\in A_2A_3,\ldots,B_n\in A_nA_1$).

그리고 $\vec{e}_i = \dfrac{\overrightarrow{B_iB_{i+1}}}{B_iB_{i+1}}$, $i=1,2,\ldots,n$, $B_{n+1} \equiv B_1$ 에 대해

$\overrightarrow{A_1A_2}(m_n\vec{e}_n - m_1\vec{e}_1) = \overrightarrow{A_2A_3}(m_1\vec{e}_1 - m_2\vec{e}_2) = \ldots = \overrightarrow{A_nA_1}(m_{n-1}\vec{e}_{n-1} - m_n\vec{e}_n) = 0$

이다. $C_1 \in A_1A_2$, $C_2 \in A_2A_3, \ldots, C_n \in A_nA_1$, $C_{n+1} \equiv C_1$ 일 때에

$\sum_{i=1}^{n} m_iC_iC_{i+1} \geq \sum_{i=1}^{n} m_iB_iB_{i+1}$ 을 증명하여라.

15.17. 삼각형 ABC 의 내부에 점 M 이 주어졌고, 변 AB, BC, CA 에 점 P, Q, R 이 주어졌다. 그리고

$\angle PMA < \dfrac{\pi}{2}$, $\angle PMB < \dfrac{\pi}{2}$, $\angle QMB < \dfrac{\pi}{2}$, $\angle QMC < \dfrac{\pi}{2}$, $RMA < \dfrac{\pi}{2}$,

$\angle RMC < \dfrac{\pi}{2}$ 이다. 이때 다음 부등식을 증명하여라.

$$MA + MB + MC \geq 2\sqrt{MA \cdot MB \cdot \cos\angle AMP \cdot \cos\angle BMP}$$
$$+2\sqrt{MB \cdot MC \cdot \cos\angle BMQ \cdot \cos\angle CMQ}$$
$$+2\sqrt{MA \cdot MC \cdot \cos\angle AMR \cdot \cos\angle CMR}$$

15.18. 볼록다각형 $A_1, A_2, \ldots, A_n$ 의 내부에 점 M 이 주어졌고, 점 M 에서 직선 A_iA_{i+1} 의 거리를 d_i 라 하고, $A_{n+1} = A_1$, $MA_i = R_i$, $i = 1,2,\ldots,n$ 이라 하자. 이때 다음 부등식을 증명하여라.

(a) $R_1 \cdot \ldots \cdot R_n \cdot \cos^n \dfrac{\pi}{n} \geq d_1 \cdot \ldots \cdot d_n$

(b) $R_1 + \ldots + R_n \geq \dfrac{1}{\cos\dfrac{\pi}{n}}(d_1 + \ldots + d_n)$

15.19. 한 모서리가 1인 정육면체의 내부에 세 점이 주어졌다. 이들 중 임의의 두 점 사이의 거리가 $\sqrt{2}$ 보다 크지 않다는 것을 증명하여라.

15.20. 한 모서리가 1인 정육면체의 내부에 각뿔 $ABCD$ 가 주어졌다. 직선 AB, CD 의 거리를 d 라 할 때, 부등식 $AB \cdot CD \cdot d \le 2$ 를 증명하여라.

15.21. 삼각뿔이 평행육면체 내부에 놓여있다. 이때 삼각뿔의 부피는 평행육면체 부피의 $\frac{1}{3}$ 보다 크지 않다는 것을 증명하여라.

15.22. 한 모서리가 a 인 정육면체가 한 모서리가 1인 정육면체의 내부에 놓여있다. 그리고 이 정육면체는 한 모서리가 1인 정육면체의 중심을 포함하지 않는다. 이때 $a < \frac{1}{2}$ 을 증명하여라.

15.23. 평면에 임의의 두 삼각형이 주어졌다. 이 삼각형들의 둘레의 합을 P 라 하고, 한 삼각형의 꼭짓점들로부터 다른 삼각형의 꼭짓점들까지 거리의 합을 Q 라 하자. 이때 $P \le Q$ 를 증명하여라.

15.24. 한 변이 1인 정사각형의 내부에 2015개의 서로 교차하지 않는 원이 주어졌다. 그리고 이 원들의 넓이의 합은 $\frac{1}{2}$ 보다 작지 않다. 어떤 직선이 이 원들과 만나서 생기는 현들의 길이의 합이 $\frac{1}{2}$ 보다 작지 않는, 그러한 직선이 존재한다는 것을 증명하여라.

15.25. 예각삼각형 ABC 의 모든 변들이 서로 다르다. O, I, H 를 각각 삼각형 ABC 의 외심, 내심, 수심이라 하자. 이때 $\angle OIH > 135^\circ$ 를 증명하여라.

○ 증명

15.1. (a) 점 M 에서 그은 직선이 삼각형의 변들과 A, B 에서 만난다고 하자. 점 M 으로부터 각의 변들과 평행한 직선들을 긋자.

$MC \parallel OB$, $MD \parallel OA$ 이다. 그리고 $CK \parallel AB$, $CK \cap MD = R$ 이라 하자(그림 15.1.).

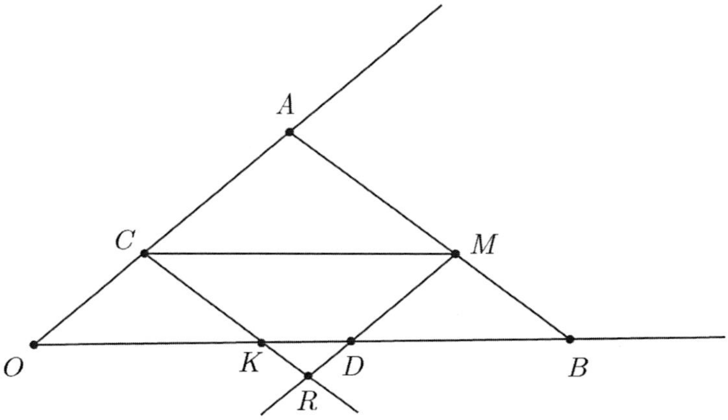

그림 15.1

$\Delta ACM = \Delta RMC$ 이고 $\Delta MDB \sim \Delta COK$ 이다.

결국 $S_{\Delta AMC} + S_{\Delta MDB} = S_{\Delta RCM} + S_{\Delta COK} \geq S_{OCMD}$ 이며, 이로부터

$S_{AOB} \geq 2S_{OCMD}$ 가 얻어진다. 그러므로 $R \in OB$, $R \in OB$,

즉 $AC = MD = OC$ 일 때에 삼각형 ABC 의 넓이는 최소가 된다.

(b) 두 가지 경우를 살펴보자.

첫 번째 경우. 작도된 평행사변형(그림 15.2(a)) 중 임의의 두 개가 공통점을 가지지 않는다. 평행사변형들의 교집합 부분의 넓이를 S_0 로 나타내고, $S_{A_1B_1C_1D_1} = S_1$ 이라 하자.

그러면, $S_0 > S_1 - S_0$ 이고 $S_0 > \dfrac{S_1}{2}$ 이다.

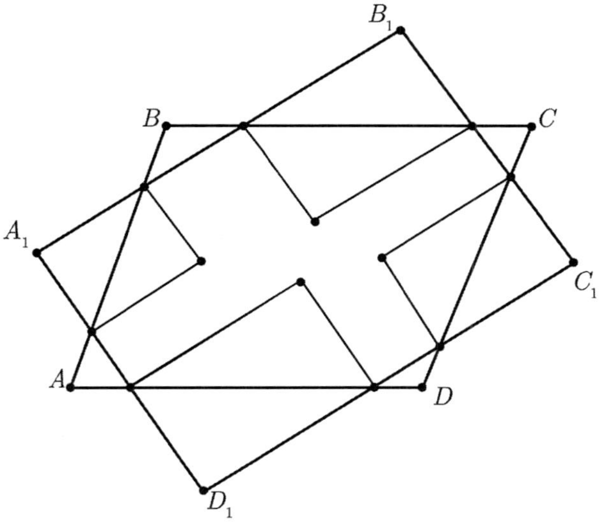

그림 15.2(a)

두 번째 경우. 작도된 평행사변형(그림 15.2(b)) 중 어떤 두 개가 공통점을 가진다. 그러면 작도된 다른 네 개의 평행사변형 중 임의의 두 개는 공통점을 가지지 않는다. 결국 $S_0 > \dfrac{S}{2}$ 이다. 이때 $S = S_{ABCD}$ 이다.

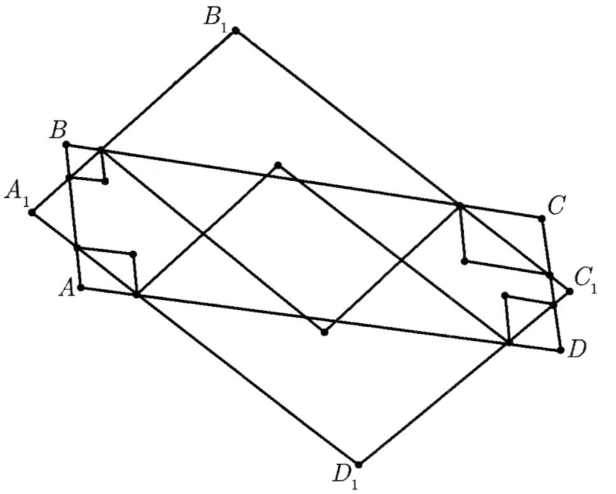

그림 15.2(b)

15.2. 변 AB에 점 E'을 잡아 $DE' \parallel AC$가 되도록 하자(그림 15.3).

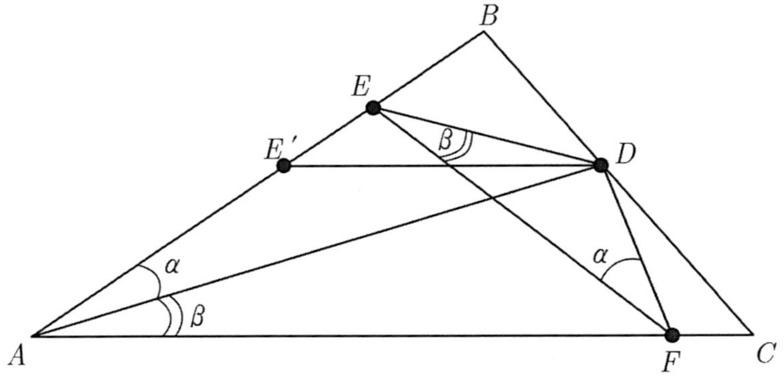

그림 15.3

연습문제 15.1(a)의 증명에서 다음을 알 수 있다.

$$S_{ABC} \geq 4S_{AE'D} = \frac{4AD^2 \sin\alpha \sin\beta}{2\sin(\alpha+\beta)} = 4AD^2 \cdot \frac{S_{EDF}}{EF^2}$$

이로부터 $\dfrac{4S_{DEF}}{S_{ABC}} \leq \dfrac{EF^2}{AD^2}$이다.

15.3. (a) 두 가지 경우를 살펴보자.

첫 번째 경우. 삼각형 ABC의 어떤 변의 길이가 $\dfrac{2}{\sqrt{3}}$보다 작다.

이 경우에 $a < \dfrac{2}{\sqrt{3}}$이면, $S = \dfrac{ah_a}{2} < \dfrac{1}{2} \cdot \dfrac{2}{\sqrt{3}} \cdot 1 = \dfrac{1}{\sqrt{3}}$이다.

두 번째 경우. 삼각형 ABC의 각 변의 길이가 $\dfrac{2}{\sqrt{3}}$보다 작지 않다. 이 삼각형의 각 A의 크기가 최대라고 가정하면, $\angle A \geq 60^0$이다. 꼭짓점 A로부터 직선 l을 그어, 이 직선과 변 AB가 60^0를 이루도록 하자(그림 15.4). 이 경우에 각 B의 이등분선은 BH $(BH \perp l)$보다 작지 않고,

$BH = AB\sin 60^0 \ge 1$ 이며, 이것은 불가능하다.

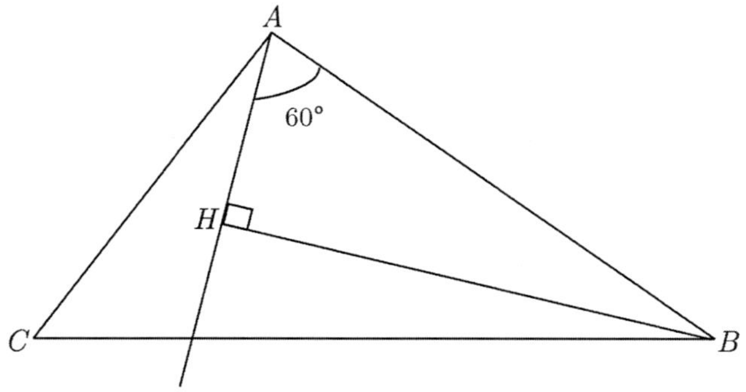

그림.15.4

(b) AD 는 각 A 의 이등분선이며 $A \ge 60^0$ 라 하자. 다음이 성립한다(연습문제 15.2의 증명을 참고할 것).

$$S_{ABC} \ge 4\frac{AD^2 \sin^2 \frac{\angle A}{2}}{2\sin \angle A} = AD^2 \tan\frac{\angle A}{2} > \frac{1}{\sqrt{3}}$$

15.4. 삼각형의 변들에 관련된 부등식을 증명할 때에, 다음과 같은 표기를 도입하는 것이 편리하다: $a = m+n,\ b = n+k,\ c = m+k$. 이때 $m = p-b,\ n = p-c,\ k = p-a,\ m>0, n>0, k>0$ 이다(그림 15.5).

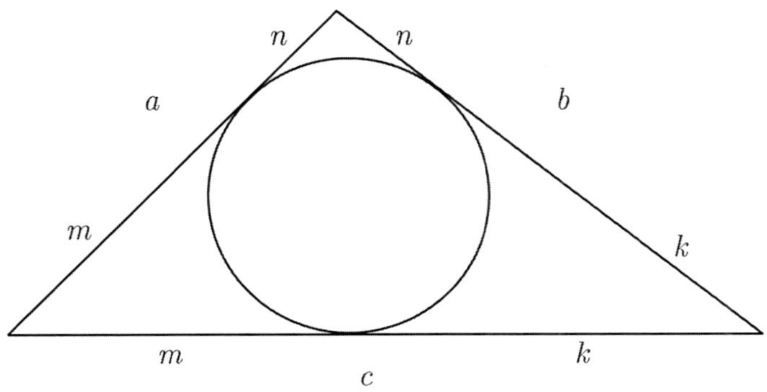

그림 15.5

부등식 $(x+y+z)^2 \ge 3(xy+yz+zx)$ 를 이용하면, 다음이 얻어진다.

$$ab+bc+ac=(m+n+k)^2+mn+nk+mk \ge 4(mn+nk+mk) \ge$$

$$\ge 4\sqrt{3(mn\cdot nk+nk\cdot mk+mn\cdot mk)}=4\sqrt{3}S$$

15.5. 다음 표기를 도입하자: $a=m+n,\ b=n+k,\ c=m+k$.

이때 $m=p-b,\ n=p-c,\ k=p-a$, $m>0, n>0, k>0$ 이다. 그러면 다음을 얻을 수 있다.

$$a^2b(a-b)+b^2c(b-c)+c^2a(c-a)$$

$$=km^3+mn^3+nk^3-nmk^2-nkm^2-kmn^2$$

$$=km(m-n)^2+mn(n-k)^2+nk(k-m)^2 \ge 0$$

15.6. 다음 표기를 도입하자: $a=p-k=\frac{1}{2}-k,\ c=p-b+k=\frac{1}{2}-b+k$. 이때

$k=p-a>0$ 이다.

증명하려는 부등식은 $(k-b)(1-2b)\le 0$ 과 동치이며, 이 부등식은

$b<p=\frac{1}{2}$ 이고 $c=p-b+k<p$, 즉 $k<b$ 이므로 자명하다.

15.7. 반직선 MA_i 에 점 B_i 를 잡아 $MB_i=\frac{1}{MA_i}$, $i=1,2,\ldots,n$ 이 되도록 하자.

다음 보조정리를 증명하자.

보조정리

등식 $B_iB_j=\frac{A_iA_j}{MA_i\cdot MA_j}$ 이 성립한다.

두 가지 경우로 나누어 살펴보자.

첫 번째 경우. 반직선 MA_i 와 MA_j 가 한 직선에 놓여있지 않다.

$\Delta MA_iA_j \backsim \Delta MB_iB_j$ 를 생각하면, $\dfrac{B_iB_j}{A_iA_j} = \dfrac{MB_j}{MA_i} = \dfrac{1}{MA_i \cdot MA_j}$ 이며,

$B_iB_j = \dfrac{A_iA_j}{MA_i \cdot MA_j}$ 이다.

두 번째 경우. 반직선 MA_i 와 MA_j 가 한 직선에 놓여있다. 그러면 다음이 성립한다.

$$B_iB_j = \left|MB_i \pm MB_j\right| = \left|\frac{1}{MA_i} \pm \frac{1}{MA_j}\right| = \left|\frac{MA_i \pm MA_j}{MA_i \cdot MA_j}\right| = \frac{A_iA_j}{MA_i \cdot MA_j}$$

이와 같이, 주어진 부등식은 알려진 부등식
$B_1B_2 + B_2B_3 + \ldots + B_{n-1}B_n \ge B_1B_n$ 과 동치이다.

등호는 모든 점 $B_1, B_2, \ldots, B_n$ 이 주어진 순서대로 한 직선에 놓여있는 경우에 성립한다. 만약 $M \in B_1B_n$ 이면, 이 경우에 $A_1, A_2, \ldots, A_n \in B_1B_n$ 이다. 그리고 어렵지 않게 점들 $M, A_1, A_2, \ldots, A_n$ 이 한 직선에 놓여있으며, 이때 이 점들은 $M, A_1, A_2, \ldots, A_n$ 의 순서로 또는 $M, A_n, A_{n-1}, \ldots, A_1$ 의 순서로, 또는 어떤 k 에 대해 $A_k, A_{k-1}, \ldots, A_1, M, A_n, \ldots, A_{k+1}$ 의 순서로 또는 $A_{k+1}, \ldots, A_n, M, A_1, \ldots, A_k$ 의 순서로 놓여있다는 것을 알 수 있다.

$M \notin B_1B_n$ 일 때에 사각형 $MA_1A_2A_3$ 의 둘레에 원을 외접시킬 수 있다. 실제로 다음이 성립한다.

$$\angle A_1A_2A_3 + \angle A_1MA_3 = \angle A_1A_2M + \angle MA_2A_3 + \angle A_1MA_3$$

$$= \angle MB_1B_3 + \angle B_1B_3M + \angle B_1MB_3 = 180^0$$

유사한 방법으로, 사각형들 $MA_2A_3A_4, \ldots, MA_{n-2}A_{n-1}A_n$ 의 둘레에 원을 외접시킬 수 있다는 것을 증명할 수 있다. 이와 같이, 다각형 $MA_1A_2\ldots A_n$ 의 둘레에 원을 외접시킬 수 있으며, 이때 M 은 호 A_1A_n 에 속하며, 이 호는 점 $A_2, \ldots, A_{n-1}$ 을 포함하지 않는다.

15.8. 두 가지 경우를 살펴보자.

(a) $2\angle AOB + 2\angle BOC \le \pi$ 인 경우.

$OA = a,\ OB = b,\ OC = c,\ \angle AOB = \gamma,\ \angle BOC = \alpha,\ \angle AOC = \beta$ 라 하자.

평면에서 다음을 만족시키는 점 O', A', B', C' 를 생각하자.

$O'A' = a,\ O'B' = b,\ O'C'$

$= c,\ \angle A'O'B' = 2\gamma,\ \angle B'O'C' = 2\alpha,\ \angle A'O'C' = 2\gamma + 2\alpha$

$A'B' + B'C' \ge A'C'$ 라 하면, 다음이 성립한다.

$\sqrt{a^2 + b^2 - 2ab\cos 2\gamma} + \sqrt{b^2 + c^2 - 2bc\cos 2\alpha}$

$\ge \sqrt{a^2 + c^2 - 2ac\cos(2\gamma + 2\alpha)} \ge \sqrt{a^2 + c^2 - 2ac\cos 2\beta}$

$2\beta \le 2\gamma + 2\alpha \le \pi$ 이므로 마지막 부등식이 성립한다.

(b) $2\gamma + 2\alpha > \pi$ 이며, 이 경우에는 $2\gamma > \pi - 2\alpha$ (1)이다.

일반성을 잃지 않고, $\alpha, \gamma \le \dfrac{\pi}{2}$ 라 할 수 있다. 실제로, 만약 $\alpha, \gamma > \dfrac{\pi}{2}$ 이면, 점 O, A, C, B_1 을 생각하자(이때 B_1 과 B 는 점 O 에 대해 대칭이다). 만약 $\alpha > \dfrac{\pi}{2} \ge \gamma$ 이면, 점 O, A, B, C_1 을 생각하자(이때 C_1 과 C 는 점 O 에 대해 대칭이다).

결국 (1)과 경우 (a)의 풀이를 생각하면, 다음을 얻을 수 있다.

$$\sqrt{a^2+b^2-2ab\cos 2\gamma}+\sqrt{b^2+c^2-2bc\cos 2\alpha}\ge$$

$$\sqrt{a^2+b^2-2ab\cos(\pi-2\alpha)}+\sqrt{b^2+c^2-2bc\cos 2\alpha}\ge$$

$$\sqrt{a^2+c^2-2ac\cos(\pi-2\alpha+2\alpha)}=a+c\ge\sqrt{a^2+c^2-2ac\cos 2\beta}$$

15.9. (a) $BU \ge CV$ 라 하자. 이 경우에 $AU \le DV$ 이다. 정사각형에 중간선 MN 을 긋고(그림 15.6), $PP_1 \parallel QQ_1 \parallel AB$ 를 긋자. 그리고 PP_1, QQ_1 을 AB 에 사영시키면 공통점을 가질 수 없다는 것을 생각하자.

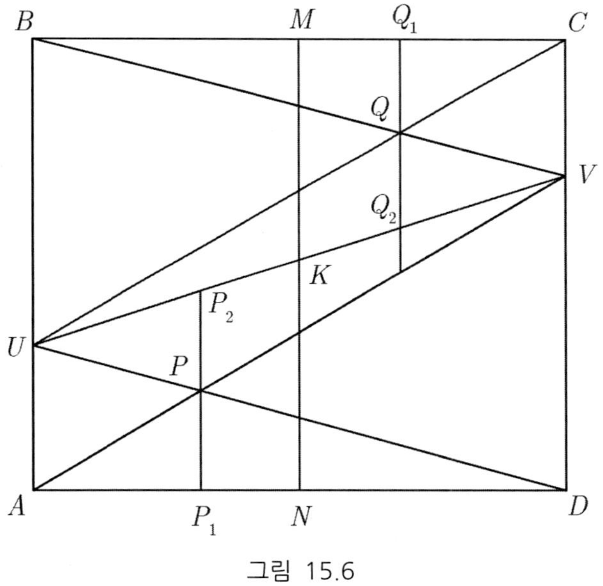

그림 15.6

결국 다음이 성립한다.

$$PQ \ge AB-(PP_1+QQ_1)=AB-\left(\frac{P_1P_2}{2}+\frac{Q_1Q_2}{2}\right)\ge$$

$$AB-\left(\frac{MK}{2}+\frac{KN}{2}\right)=\frac{AB}{2}$$

(b) $S_{QUV} = S_{QBC}$, $\dfrac{S_{BUQ}}{S_{QUV}} = \dfrac{BQ}{QV} = \dfrac{S_{BQC}}{S_{CQV}}$ 이므로 다음이 성립한다.

$$S_{UBCV} = 2S_{UQV} + S_{BQU} + S_{CQV} \ge 2S_{UQV} + 2\sqrt{S_{BQU} \cdot S_{CQV}} = 4S_{UQV}$$

유사하게 $S_{AUVD} \ge 4S_{UPV}$ 을 증명할 수 있다. 결국, 다음이 성립한다.

$$S_{UPVQ} = S_{UPV} + S_{UQV} \le \frac{S_{AUVD} + S_{UBCV}}{4} = \frac{S_{ABCD}}{4}$$

15.10. (a) 그림 15.7을 보자.

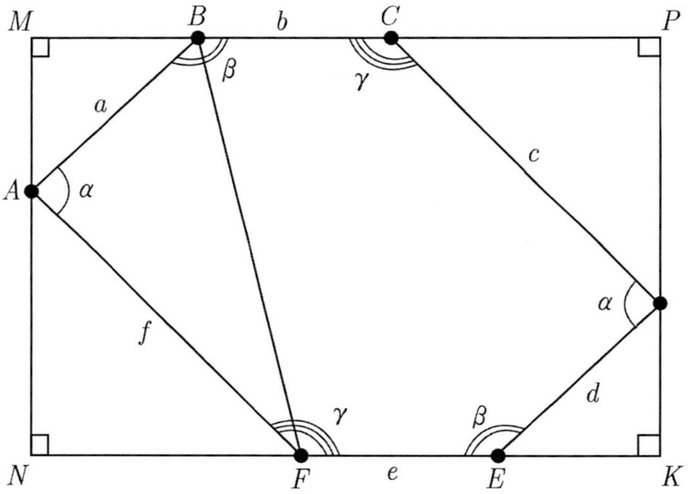

그림 15.7

$BF \ge MN$ 이고 $BF \ge PK$ 이므로, 다음이 성립한다.

$$BF \ge \frac{MN + PK}{2}$$ 또는

$$2R_A \sin\alpha \ge \frac{(a\sin\beta + f\sin\gamma) + (c\sin\gamma + d\sin\beta)}{2}$$

결국 $R_A \ge \frac{1}{4}(a+d)\frac{\sin\beta}{\sin\alpha}+\frac{1}{4}(f+c)\frac{\sin\gamma}{\sin\alpha}$ 이 된다.

이와 같이 다음이 얻어진다.

$$R_C \ge \frac{1}{4}(f+c)\frac{\sin\alpha}{\sin\gamma}+\frac{1}{4}(b+e)\frac{\sin\beta}{\sin\gamma},$$

$$R_E \ge \frac{1}{4}(b+e)\frac{\sin\gamma}{\sin\beta}+\frac{1}{4}(a+d)\frac{\sin\alpha}{\sin\beta}$$

이 부등식들을 서로 더하고, 부등식 $x+\frac{1}{x}\ge 2\ (x>0)$ 을 사용하면, 다음이 얻어진다.

$$R_A+R_C+R_E \ge \frac{1}{2}(a+d)+\frac{1}{2}(b+e)+\frac{1}{2}(f+c)=p$$

참고 1. 등호는 $ABCDEF$ 가 정육각형일 때에 성립한다.

2. 일반적인 경우에 이 부등식은 성립하지 않는다. 예를 들면, 다음을 생각하자.

$\angle A=90^0, \angle B=\angle F=135^0, \angle C=\angle D=\angle E=120^0$,

$BC=CD=DE=EF$

3. 그림 15.8(a)를 살펴보자.

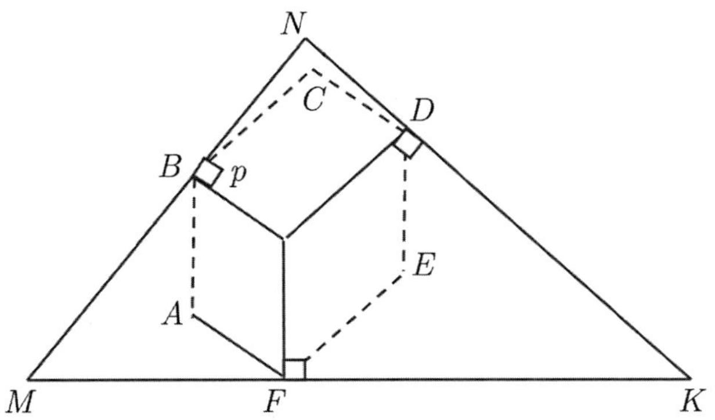

그림 15.8(a)

$$R_A + R_C + R_E \ge p \quad \text{또는} \quad \frac{MP}{2} + \frac{NP}{2} + \frac{KP}{2} \ge PB + PD + PF$$

이것은 에어디쉬-모델(Erdos-Mordell) 부등식으로 알려져 있다.

(b) 우선 다음 보조정리를 증명하자.

보조정리. 볼록육각형 $ABCDEF$ 가 주어졌고, $AB \parallel DE$, $BC \parallel EF$, $CD \parallel FA$ 이다. 직선 AB 와 DE 사이의 거리가 직선 BC 와 EF 사이의 거리와 같고, 직선 CD 와 FA 사이의 거리와 같다. 이때 $AD^2 = (AB + DE)(FA + CD)$ 이다.

증명. 점 D 가 직선 AB, FA 로부터 같은 거리만큼 떨어져 있다는 것을 생각하자. 그러면 $\angle BAD = \angle FAD$ 이다. $AB \parallel DE$, $CD \parallel FA$ 이므로, $\angle BAD = \angle FAD = \angle ADE = \angle ADC$ 이다.
유사한 방법으로 다음을 얻을 수 있다.

$$\angle ABE = \angle CBE = \angle FEB = \angle DEB,$$
$$\angle BCF = \angle DCF = \angle CFA = \angle CFE$$

$\angle BAD = \alpha$, $\angle ABE = \beta$, $\angle BCF = \gamma$ 라 하자.

볼록육각형의 모든 내각의 합은 720° 이므로, $\alpha + \beta + \gamma = 180^\circ$ 가 얻어진다. 평행사변형 $ADEK$ (그림 15.8(b))를 생각하자. 다음이 성립한다.

$$BK = BA + AK = BA + DE, \quad KE = AD,$$
$$\angle AKE = \angle BAD = \alpha,$$
$$\angle KBE = \angle ABE = \beta,$$
$$\angle BEK = \gamma$$

그러면 변이 $AD, AB + DE, BE$ 와 $FA + CD, AD, CF$ 인 삼각형은 닮음이다. 그러면 $AD^2 = (AB + DE)(FA + CD)$ 이 얻어진다.

보조정리에 의해,

$AD=\sqrt{(AB+DE)(FA+CD)}\le\dfrac{AB+DE+FA+CD}{2}$ 이 성립한다.

유사한 방법으로,

$BE\le\dfrac{AB+BC+EF+ED}{2}$, $CF\le\dfrac{BC+CD+EF+FA}{2}$ 이 된다는 것을 알 수 있다.

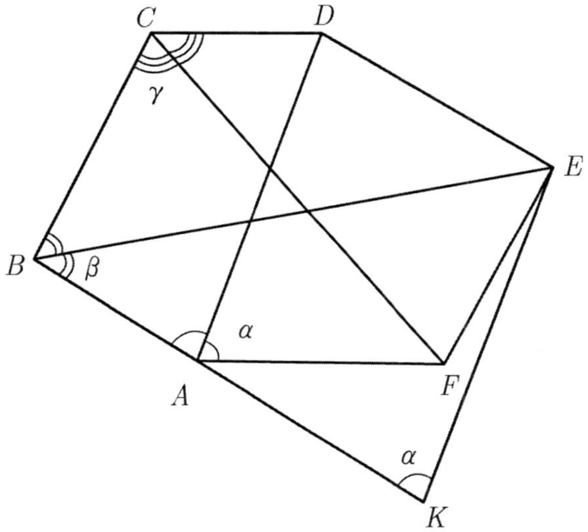

그림 15.8(b)

얻어진 세 부등식을 더하면, 다음이 얻어진다.

$$AD+BE+CF\le AB+BC+CD+DF+EF+FA$$

(c) $\max(\angle EAC,\angle ACE,\angle AEC)=\angle \mathrm{EAC}$ 라 하자.

만약 $\angle \mathrm{EAC}\ge 120°$ 이면,

$CE\ge\sqrt{AC^2+AE^2+AC\cdot AE}\ge\dfrac{\sqrt{3}}{2}(AC+AE)$ 이다.

결국 다음이 성립한다.

$$AC(BC+BF-DF)+CE(BD+DF-BF)+AE(BF+DF-BD)$$
$$>\frac{\sqrt{3}}{2}AC(BD+BF-DF)+\frac{\sqrt{3}}{2}(AC+AE)(BD+DF-BF)$$
$$+\frac{\sqrt{3}}{2}AE(BF+DF-BD)$$
$$=\sqrt{3}\,AC\cdot BD+\sqrt{3}\,AE\cdot DF\geq 2\sqrt{3}\,S_{ABCD}+2\sqrt{3}\,S_{ABEF}=2\sqrt{3}\,S$$

결국 다음이 성립한다.

$$AC(BD+BF-DF)+CE(BD+DF-BF)+AE(BF+DF-BD)$$
$$>2\sqrt{3}S$$

만약 $\angle \mathrm{EAC}<120°$ 이면, 삼각형 ACE 의 내부에 $\angle ATE=\angle ATC=\angle CTE=120°$ 인 점 T 가 존재한다. $AT=x$, $CT=y$, $ET=z$, $BF=m+n$, $BD=n+k$, $DF=m+k$ 라 하자. 그러면 다음을 알 수 있다.

$$AC=\sqrt{x^2+y^2+xy},CE=\sqrt{y^2+z^2+yz},AE=\sqrt{x^2+z^2+xz}\ ,$$
$$S=S_{ABTF}+S_{BCDT}+S_{DEFT}$$

결국, 다음이 성립한다.

$$2\sqrt{3}\,S\leq\ \sqrt{3}\,x(m+n)+\ \sqrt{3}\,y(n+k)+\ \sqrt{3}\,z(m+k)$$
$$=\ \sqrt{3}\,m(x+z)+\ \sqrt{3}\,n(x+y)+\ \sqrt{3}\,k(y+z)$$
$$\leq 2m\sqrt{x^2+z^2+xz}+2n\sqrt{x^2+y^2+xy}+2k\sqrt{y^2+z^2+yz}$$
$$=AC(BD+BF-DF)+CE(BD+DF-BF)+AE(BF+DF-BD)$$

즉 다음이 성립한다.

$$AC(BD+BF-DF)+CE(BD+DF-BF)+AE(BF+DF-BD)$$
$$\geq 2\sqrt{3}S$$

15.11. 우선 다음 보조정리를 증명하자.

보조정리

만약 한 변이 a 인 정사각형 $PQRS$ 가 직사각형 $ABCD$ 에 내접하면 (그림 15.9) $ABCD$ 는 정사각형이며, 한 변이 a 인 정사각형의 변들이 변 AB, AD 에 평행하도록 오각형 $ABQRD$ 에 내접시킬 수 있다.

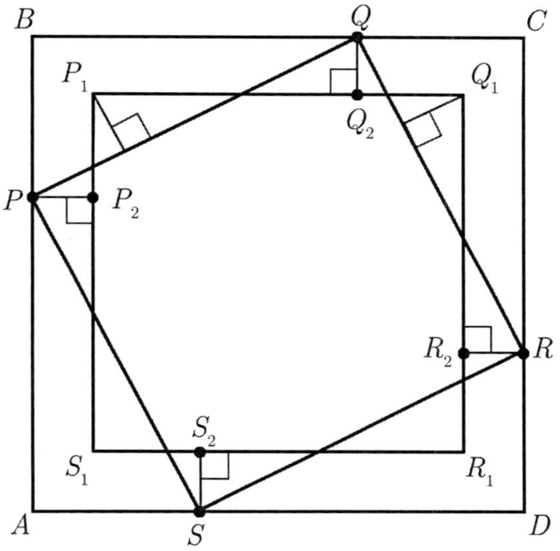

그림 15.9

이제 중심 O 에 대해 정사각형 $PQRS$ 을 90^0 만큼 회전시켜 보자. 이때 점 R 은 점 Q 로 보내지며, 직선 CD 는 직선 BC 로 보내지고, 결국 점 O 는 변 CD 와 BC 로부터 같은 거리만큼 떨어져 있게 된다. 유사한 방법으로, 점 O 가 변 AB 와 BC, AD 와 AB 로부터 같은 거리만큼 떨어져 있다는 것을 알 수 있다. 이로부터 $ABCD$ 는 중심이 O 인 정사각형이라는 것을 알 수 있다.

중심이 O 이며 변들이 AB 와 AD 에 평행이며, $P_1Q_1 = PQ$ 인 정사각형 $P_1Q_1R_1S_1$ 를 생각하자(그림15.10).

벡터 $\overrightarrow{Q_1Q_2}$ 에 의한 평행이동을 생각하자. 이때 정사각형 $P_1Q_1R_1S_1$ 는 정사각형 $P'Q'R'S'$ 으로 보내지는데, 이 정사각형은 오각형 $ABQRD$ 의 내부에 놓이게 된다. 왜냐 하면, $Q_1Q_2 = PP_2 = SS_2$ 가 증명되기 때문이다. 이로부터 보조정리가 증명된다.

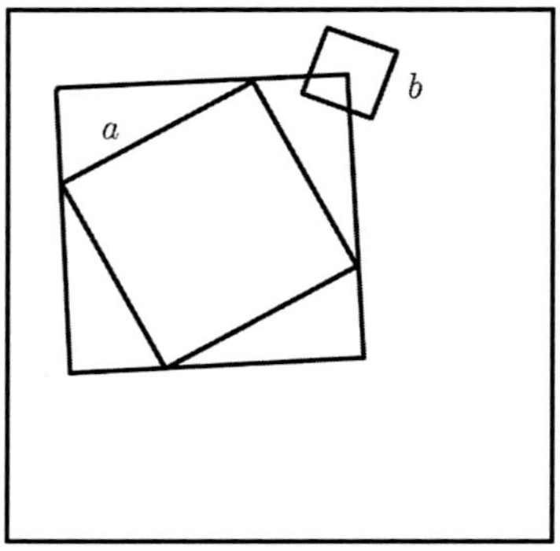

그림 15.10

보조정리를 이용하면, 한 변이 a 인 정사각형을 한 변이 1인 정사각형의 내부에 놓아, 이들의 변들이 평행하고, 한 변이 a 인 정사각형이 한 변이 b 인 정사각형과 공통점을 가지지 않도록 할 수 있다(그림 15.10). 보조정리를 한 번 더 이용하면, 공통점을 가지지 않으며 변이 각각 a, b 인 정사각형의 변들은 한 변이 1인 정사각형의 변들과 평행하다는 것을 알 수 있다. 이제 어렵지 않게 $a+b<1$ 을 증명할 수 있다.

15.12. 우선, 한 변이 a 인 정n각형의 외접원의 밖에 놓인 점은 한 변이 b 인 정n각형에 외접원에 속하지 않는다는 것을 보이자. 실제로, 두 원이 교차한다고 가정하자. 한 변이 a 인 정n각형의 꼭짓점이 아니며 작은 원의 내부에 놓인 점 M 을 큰 원에서 잡자.

정n각형 $A_1A_2\dots A_n$ ($A_1A_2 = a$)와 $B_1B_2\dots B_n$ 이 주어졌다고 하고, 점 M 은 작은 호 A_1A_2 에 속한다고 하자. $\angle A_1MA_2 = \dfrac{\pi(n-1)}{n}$ 이며, 다각형 $A_1A_2\dots A_n$ 은 각 $\angle A_1MA_2$ 의 내부에 속한다.

결국 다각형 $B_1B_2\dots B_n$ 은 이 각의 내부에 속한다. 그러므로

$\angle A_1MA_2 > \max\limits_{i,j} \angle B_iMB_j > \dfrac{\pi(n-1)}{n}$ 이며, 이것은 불가능하다.

이 두 원의 반지름을 R_a, R_b 라 하고 중심을 O, O_1 이라 하자. 이로부터 $R_a \ge R_b + OO_1$ 이며, O 가 다각형 $B_1B_2\ldots B_n$ 의 내부에 속하지 않으므로, $OO_1 > r_b$ 이다. 이때 r_b 는 $B_1B_2\ldots B_n$ 에 내접한 원의 반지름이다.

이와 같이 $R_a > R_b + r_b$ 또는 $\dfrac{a}{2\sin\frac{\pi}{n}} > \dfrac{b}{2\sin\frac{\pi}{n}} + \dfrac{b}{2tg\frac{\pi}{n}}$ 이며, 이로부터

$b < \dfrac{a}{2\cos^2\frac{\pi}{2n}}$ 이다.

15.13. (a) 다음과 같은 표기를 도입하자:

$\overrightarrow{AB} = \vec{a}$, $\overrightarrow{BC} = \vec{b}$, $\overrightarrow{CD} = \vec{c}$, $\overrightarrow{DE} = \vec{d}$, $\overrightarrow{EF} = \vec{e}$. 이때 다음을 증명하면 된다.

$$2\left(\vec{a}^2 + \vec{b}^2 + \vec{c}^2 + \vec{d}^2 + \vec{e}^2 + \left(\vec{a} + \vec{b} + \vec{c} + \vec{d} + \vec{e}\right)^2\right)$$

$$\ge \left(\vec{a} + \vec{b} + \vec{c}\right)^2 + \left(\vec{b} + \vec{c} + \vec{d}\right)^2 + \left(\vec{c} + \vec{d} + \vec{e}\right)^2$$

그런데 이 부등식은 다음의 자명한 부등식과 동치이다.

$$(\vec{a} + \vec{c} + \vec{e})^2 + \left(\vec{a} + \vec{d}\right)^2 + \left(\vec{b} + \vec{e}\right)^2 + \left(\vec{a} + \vec{b} + \vec{d} + \vec{e}\right)^2 \ge 0$$

(b) $\overrightarrow{A_1A_{n+1}} = d_1$, $\overrightarrow{A_2A_{n+2}} = \vec{d}_2, \ldots, \overrightarrow{A_nA_{2n}} = \vec{d}_n$, $\vec{d}_i^2 = R_i$, $i = 1, \ldots, n$,

$\left(\vec{d}_1, \vec{d}_2\right) = \varphi_1$, ..., $\left(\vec{d}_{n-1}, \vec{d}_n\right) = \varphi_{n-1}$, $\left(\vec{d}_n, -\vec{d}_n\right) = \varphi_n$ 라 하고,

$\varphi_1 + \varphi_2 + \ldots + \varphi_n = \pi$ 를 생각하자.

$\vec{d}_1 + \overrightarrow{A_{n+1}A_{n+2}} - \vec{d}_2 + \overrightarrow{A_2A_1} = \vec{0}$ 이며

$\left|\vec{d}_1 - \vec{d}_2\right| = \left|\overrightarrow{A_1A_2} - \overrightarrow{A_{n+1}A_{n+2}}\right| \le A_1A_2 + A_{n+1}A_{n+2}$ 이다. 즉

$\left|\vec{d}_1 - \vec{d}_2\right|^2 \le \left(A_1A_2 + A_{n+1}A_{n+2}\right)^2$ 또는

$R_1 - 2\sqrt{R_1R_2}\cos\varphi_1 + R_2 \le \left(A_1A_2 + A_{n+1}A_{n+2}\right)^2$ 이다.

유사한 방법으로 $R_2 - 2\sqrt{R_2R_3}\cos\varphi_2 + R_3 \le \left(A_2A_3 + A_{n+2}A_{n+3}\right)^2$,

$R_{n-1} - 2\sqrt{R_{n-1}R_n}\cos\varphi_{n-1} + R_n \le \left(A_{n-1}A_n + A_{2n-1}A_{2n}\right)^2$ 등이 성립한다.

$\vec{d}_1 + \overrightarrow{A_{n+1}A_n} + \vec{d}_n + \overrightarrow{A_{2n}A_1} = \vec{0}$ 이므로,

$\left|\vec{d}_1 + \vec{d}_n\right| = \left|\overrightarrow{A_1A_{2n}} - \overrightarrow{A_{n+1}A_n}\right| \le A_nA_{n+1} + A_{2n}A_1$ 이며, 결국

$R_1 + 2\sqrt{R_1R_n}\cos\left(\pi - \varphi_n\right) + R_n \le \left(A_nA_{n+1} + A_{2n}A_1\right)^2$ 이다.

이 부등식들을 서로 더하면, 다음이 얻어진다.

$$2\left(R_1 + R_2 + \ldots + R_n\right) - 2\left(\sqrt{R_1R_2}\cos\varphi_1 + \sqrt{R_2R_3}\cos\varphi_2 + \ldots + \sqrt{R_nR_1}\cos\varphi_n\right) \le$$

$$\le \left(A_1A_2 + A_{n+1}A_{n+2}\right)^2 + \left(A_2A_3 + A_{n+2}A_{n+3}\right)^2 + \left(A_nA_{n+1} + A_{2n}A_1\right)^2 \qquad (15.1)$$

그리고 다음이 성립한다(연습문제 15.18의 증명을 참고할 것).

$$\sqrt{R_1R_2}\cos\varphi_1 + \sqrt{R_2R_3}\cos\varphi_2 + \ldots + \sqrt{R_nR_1}\cos\varphi_n \le \cos\frac{\pi}{n}\left(R_1 + R_2 + \ldots + R_n\right) \qquad (15.2)$$

결국 (15.1)과 (15.2)로부터 다음이 얻어진다.

$$2\left(1 - \cos\frac{\pi}{n}\right)\left(R_1 + R_2 + \ldots + R_n\right) \le$$

$$\left(A_1A_2 + A_{n+1}A_{n+2}\right)^2 + \left(A_2A_3 + A_{n+2}A_{n+3}\right)^2 + \ldots + \left(A_nA_{n+1} + A_{2n}A_1\right)^2$$

또는

$$4\sin^2\frac{\pi}{2n}\left(A_1A_{n+1}^2 + A_2A_{n+2}^2 + \ldots + A_nA_{2n}^2\right)$$

$$\le \left(A_1A_2 + A_{n+1}A_{n+2}\right)^2 + \left(A_2A_3 + A_{n+2}A_{n+3}\right)^2 + \ldots + \left(A_nA_{n+1} + A_{2n}A_1\right)^2$$

참고. 정 $2n$ 각형에 대해 등호가 성립한다.

15.14. 다음이 성립한다.

$$\sum_{i=1}^{n} m_i MA_i \ge \sum_{i=1}^{n} m_i \overrightarrow{MA_i}\vec{e}_i = \sum_{i=1}^{n} m_i (\overrightarrow{MM_0} + \overrightarrow{M_0A_i})\vec{e}_i$$

$$= \overrightarrow{MM_0} \cdot \sum_{i=1}^{n} m_i e_i + \sum_{i=1}^{n} m_i \overrightarrow{M_0A_i}\vec{e}_i = \sum_{i=1}^{n} m_i M_0A_i$$

참고. 등호는 $M \equiv M_0$ 일 때에 성립한다.

15.15. 다음이 성립한다.

$$\sum_{i=1}^{n} m_i MA_i \ge \sum_{i=1}^{n-1} m_i \overrightarrow{MA_i}\vec{e}_i - \overrightarrow{MA_n} \sum_{i=1}^{n-1} m_i \vec{e}_i =$$

$$\sum_{i=1}^{n-1} m_i (\overrightarrow{MM_0} + \overrightarrow{MA_n})\vec{e}_i = \sum_{i=1}^{n-1} m_i \overrightarrow{A_nA_i}\vec{e}_i = \sum_{i=1}^{n-1} m_i A_nA_i$$

참고. 등호는 $M \equiv A_n$ 일 때에 성립한다.

15.16. 다음이 성립한다.

$$\sum_{i=1}^{n} m_i C_i C_{i+1} \ge \sum_{i=1}^{n} m_i \overrightarrow{C_iC}_{i+1}\vec{e}_i = \sum_{i=1}^{n} m_i \left(\overrightarrow{C_iA}_{i+1} + \overrightarrow{A_{i+1}C}_{i+1}\right)\vec{e}_i =$$

$$= \sum_{i=1}^{n} \left(m_{i-1}\overrightarrow{A_iC}_i\vec{e}_{i-1} + m_i \overrightarrow{C_iA}_{i+1}\vec{e}_i\right) = \sum_{i=1}^{n} \left(m_i \overrightarrow{A_iC}_i\vec{e}_i + m_i \overrightarrow{C_iA}_{i+1}\vec{e}_i\right)$$

$$= \sum_{i=1}^{n} m_i \vec{e}_i \left(\overrightarrow{A_i C}_i + \overrightarrow{C_i A}_{i+1} \right) = \sum_{i=1}^{n} m_i \vec{e}_i \left(\overrightarrow{A_i B}_i + \overrightarrow{B_i A}_{i+1} \right)$$

$$= \sum_{i=1}^{n} m_i \overrightarrow{B_i B}_{i+1} \vec{e} = \sum_{i=1}^{n} m_i B_i B_{i+1}$$

이때 $m_0 = m_n$, $\vec{e}_0 = \vec{e}_n$ 이다. 이와 같이 $\sum_{i=1}^{n} m_i C_i C_{i+1} \ge \sum_{i=1}^{n} m_i B_i B_{i+1}$ 이 성립한다.

15.17. 다음이 성립한다.

$$\cos\angle AMP \cdot \cos\angle BMP \le \frac{\cos\left(\angle AMP + \angle BMP\right) + 1}{2} \le \cos^2 \frac{\angle AMB}{2}$$

결국 증명할 부등식의 우변은 다음보다 크지 않다.

$$\left(2\sqrt{MA \cdot MB} \cos\frac{\angle AMB}{2} + 2\sqrt{MB \cdot MC} \cos\frac{\angle BMC}{2} + 2\sqrt{MA \cdot MC} \cos\frac{\angle AMC}{2} \right)$$

이것은 $MA + MB + MC$ 보다 크지 않다. 왜냐 하면,

$\left(\overrightarrow{MA_1} + \overrightarrow{MC_1} - \overrightarrow{MB_1} \right)^2 \ge 0$ 이다. 다음을 만족하도록 점 A_1, B_1, C_1 을 잡자.

$$|\overrightarrow{MA_1}| = \sqrt{MA},\ |\overrightarrow{MB_1}| = \sqrt{MB},\ |\overrightarrow{MC_1}| = \sqrt{MC},$$

$$\left(\overrightarrow{MA_1}, \overrightarrow{MB_1} \right) = \frac{\angle AMB}{2},\ \left(\overrightarrow{MB_1}, \overrightarrow{MC_1} \right) = \frac{\angle BMC}{2},\ \left(\overrightarrow{MA_1}, \overrightarrow{MC_1} \right) = \pi - \frac{\angle AMC}{2}$$

15.18. (a) $d_i \le \sqrt{R_i R_{i+1}} \cos \dfrac{\angle A_i M A_{i+1}}{2}$ 이 성립한다(연습문제 15.17의 증명을 참고할 것). $\varphi_i = \dfrac{\angle A_i M A_{i+1}}{2}$, $i = 1, \ldots, n$ 이라 놓자. 다음 부등식을 증명하면 된다.

$$\left(\cos\frac{\pi}{n}\right)^n \ge \cos\varphi_1 \cdot \ldots \cdot \cos\varphi_n$$

이때 $0 < \varphi_1 < \dfrac{\pi}{2}$, $\varphi_1 + \varphi_2 + \cdots + \varphi_n = \pi$ 이다.

이 부등식은 Sturm의 방법을 이용하여 증명된다. 이제 $\varphi_i < \dfrac{\pi}{n} < \varphi_j$ 이면, 다음이 성립한다는 것을 생각하면 된다.

$$\cos\varphi_i \cos\varphi_j$$

$$= \frac{\cos\left(\varphi_i + \varphi_j\right) + \cos\left(\varphi_i - \varphi_j\right)}{2} < \frac{\cos\left(\varphi_i + \varphi_j\right) + \cos\left(\varphi_i + \varphi_j - \dfrac{2\pi}{n}\right)}{2}$$

$$= \cos\left(\varphi_i + \varphi_j - \frac{\pi}{n}\right)\cos\frac{\pi}{n}$$

(b) $\varphi_i = \dfrac{1}{2}\angle A_i M A_{i+1}$, $i = 1, \ldots, n$ 이라 놓자. $P_i \in A_i A_{i+1}$, $MP_i \perp A_i A_{i+1}$ 에 대해 다음이 성립한다.

$$d_i^2 = MA_i \cdot MA_{i+1} \cos\angle A_i MP_i \cdot \cos\angle A_{i+1} MP_i$$

이것은 다음을 의미한다.

$$d_i^2 = R_i R_{i+1} \cos\angle A_i MP_i \cdot \cos\angle A_{i+1} MP_i \le R_i R_{i+1} \cdot \frac{1 + \cos\left(\angle A_i MP_i + \angle A_{i+1} MP_i\right)}{2}$$

$$= R_i R_{i+1} \cos^2 \frac{\angle A_i MP_i + \angle A_{i+1} MP_i}{2} \le R_i R_{i+1} \cos^2 \varphi_i$$

왜냐 하면, $\varphi_i \le \dfrac{\angle A_i MP_i + \angle A_{i+1} MP_i}{2} < \dfrac{\pi}{2}$ 이기 때문이다. 결국 다음을 알 수 있다.

$$d_1 + d_2 + \ldots + d_n \le \sqrt{R_1 R_2} \cos\varphi_1 + \sqrt{R_2 R_3} \cos\varphi_2 + \ldots + \sqrt{R_n R_1} \cos\varphi_n \qquad (15.3)$$

$\varphi_1 + \varphi_2 + \ldots + \varphi_n = \pi$ 이다.

만약 다음을 증명하면,

$$\sqrt{R_1 R_2}\cos\varphi_1 + \sqrt{R_2 R_3}\cos\varphi_2 + \ldots + \sqrt{R_n R_1}\cos\varphi_n$$

$$\le \cos\frac{\pi}{n}(R_1 + R_2 + \ldots + R_n) \tag{15.4}$$

(15.3)과 (15.4)로부터 $R_1 + R_2 + \ldots + R_n \ge \dfrac{1}{\cos\frac{\pi}{n}}\left(d_1 + d_2 + \ldots + d_n\right)$ 을 얻을 수 있다.

좌표평면에서 다음을 만족시키는 점 $B_1(a_1, 0)$, $B_2(a_2, b_2), \ldots, B_n(a_n, b_n)$, $B_{n+1}(-a_1, 0)$ 을 생각하자(그림15.11).

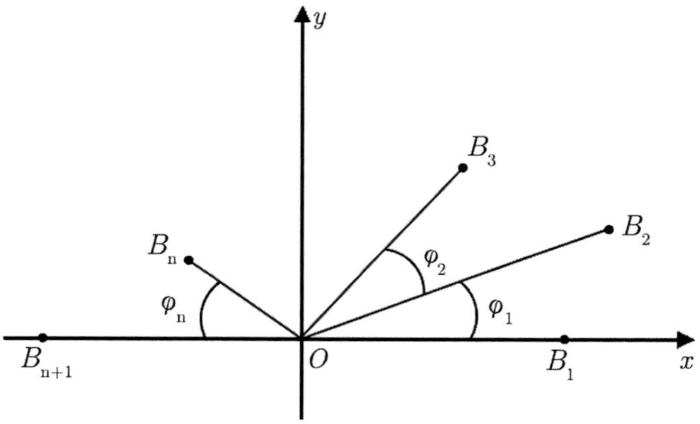

그림 15.11

$OB_1 = \sqrt{R_1}$, $OB_2 = \sqrt{R_2}, \ldots, OB_n = \sqrt{R_n}$, $\angle B_1OB_2 = \varphi_1$, $\angle B_2OB_3 = \varphi_2, \ldots, \angle B_nOB_{n+1} = \varphi_n$

코사인 정리에 의해, $\sqrt{R_i R_{i+1}}\cos\varphi_i = \dfrac{OB_i^2 + OB_{i+1}^2 - B_iB_{i+1}^2}{2}$ 이며,

부등식 (15.4)는 다음과 같은 형태가 된다.

$$2(OB_1^2 + OB_2^2 + \ldots + OB_n^2) - B_1B_2^2 - B_2B_3^2 - \ldots - B_nB_{n+1}^2$$

$$\le 2\cos\frac{\pi}{n}(OB_1^2 + \ldots + OB_n^2)$$

또는

$$a_1a_2 + a_2a_3 + \ldots + a_{n-1}a_n - a_na_1 + b_2b_3 + b_3b_4 + \ldots + b_{n-1}b_n \\ \le \cos\frac{\pi}{n}\left(a_1^2 + \ldots + a_n^2 + b_2^2 + \ldots + b_n^2\right) \quad (15.5)$$

만약 임의의 수에 대해 다음 부등식을 증명하면,

$$x_1x_2 + x_2x_3 + \ldots + x_{n-1}x_n - x_nx_1 \le \cos\frac{\pi}{n}\left(x_1^2 + x_2^2 + \ldots + x_n^2\right) \quad (15.6)$$

$x_1 = a_1, \ldots, x_n = a_n$, $x_1 = 0$, $x_2 = b_2, \ldots, x_n = b_n$ 에 대해 부등식 (15.6)을 이용하여 부등식 (15.5)를 얻을 수 있다.

$n \ge 3$ 일 때에 모든 수 $x_1, x_2x_3, \ldots, x_n$ 에 대해 다음 부등식이 성립한다는 것을 증명해야 한다.

$$A = 2\cos\frac{\pi}{n}\left(x_1^2 + x_2^2 + \ldots + x_n^2\right) - 2x_1x_2 - 2x_2x_3 - \ldots - 2x_{n-1}x_n + 2x_nx_1 \ge 0 \quad (15.7)$$

어렵지 않게 다음을 확인할 수 있다.

$$A = \frac{1}{\sin\frac{\pi}{n}\sin\frac{2\pi}{n}}\left(x_1\sin\frac{2\pi}{n} - x_2\sin\frac{\pi}{n} + x_n\sin\frac{\pi}{n}\right)^2 +$$

$$+\frac{1}{\sin\frac{2\pi}{n}\sin\frac{3\pi}{n}}\left(x_2\sin\frac{3\pi}{n} - x_3\sin\frac{2\pi}{n} + x_n\sin\frac{\pi}{n}\right)^2 + \ldots$$

$$+\frac{1}{\sin\frac{(n-2)\pi}{n}\sin\frac{(n-1)\pi}{n}}\left(x_{n-2}\sin\frac{(n-1)\pi}{n} - x_{n-1}\sin\frac{(n-2)\pi}{n} + x_n\sin\frac{\pi}{n}\right)^2$$

(15.8)

결국 부등식 (15.7)이 성립한다. 부등식 (15.8)의 증명을 위해선 다음을 생각하면 된다.

$$\sin^2\frac{\pi}{n}\left(\frac{1}{\sin\frac{\pi}{n}\sin\frac{2\pi}{n}}+\frac{1}{\sin\frac{2\pi}{n}\sin\frac{3\pi}{n}}+\ldots+\frac{1}{\sin\frac{(n-2)\pi}{n}\sin\frac{(n-1)\pi}{n}}\right)$$

$$=\sin\frac{\pi}{n}\left(\frac{\sin\left(\frac{2\pi}{n}-\frac{\pi}{n}\right)}{\sin\frac{\pi}{n}\sin\frac{2\pi}{n}}+\frac{\sin\left(\frac{3\pi}{n}-\frac{2\pi}{n}\right)}{\sin\frac{2\pi}{n}\sin\frac{3\pi}{n}}+\ldots+\frac{\sin\left(\frac{(n-1)\pi}{n}-\frac{(n-2)\pi}{n}\right)}{\sin\frac{(n-2)\pi}{n}\sin\frac{(n-1)\pi}{n}}\right)$$

$$=\sin\frac{\pi}{n}\left(\cot\frac{\pi}{n}-\cot\frac{2\pi}{n}+\cot\frac{2\pi}{n}-\cot\frac{3\pi}{n}+\ldots+\cot\frac{(n-2)\pi}{n}-\cot\frac{(n-1)\pi}{n}\right)$$

$$=\sin\frac{\pi}{n}\left(\cot\frac{\pi}{n}-\cot\frac{(n-1)\pi}{n}\right)=2\cos\frac{\pi}{n}$$

5.19. 점들 $A_i(x_i, y_i, z_i)$을 생각하고, 정육면체의 꼭짓점을 $(0,0,0)$, $(0,1,0)$, ... , $(1,1,1)$이라 하자. $x_i, y_i, z_i \in [0;1]$, $i=1,2,3$이다. 결국 다음이 성립한다.

$$A_1A_2^2 + A_2A_3^2 + A_3A_1^2$$

$$\leq 2\max\left(x_i - x_j\right)^2 + 2\max\left(y_i - y_j\right)^2 + 2\max\left(z_i - z_j\right)^2 \leq 6$$

이로부터 $\min(A_1A_2, A_2A_3, A_3A_1) \leq \sqrt{2}$ 이다.

15.20. 선분 AB, CD의 중점을 M, N이라 하자. $AB^2 + CD^2 + 2MN^2 \leq 6$을 증명하자. 정육면체의 중심에 대해 A, B, C, D, M, N에 대칭인 점 A', B', C', D', M', N'을 생각하자. 평행사변형 $D'CDC'$, $ABA'B'$, $MNM'N'$을 생각하자. 평행사변형의 두 인접한 변의 제곱의 합은 가장 긴

대각선의 제곱보다 크지 않으므로, $CD^2+NN'^2\le 3$, $AB^2+MM'^2\le 3$ 이 성립한다. 결국 다음을 알 수 있다.

$CD^2+AB^2+NN'^2+MM'^2\le 6$ 또는 $CD^2+AB^2+2MN^2+2MN'^2\le 6$

이로부터 $CD^2+AB^2+2MN^2\le 6$ 이다. 이와 같이, 다음을 알 수 있다.

$6\ge CD^2+AB^2+2MN^2\ge 3\sqrt[3]{CD^2\cdot AB^2\cdot 2MN^2}$ 또는

$2\ge CD\cdot AB\cdot MN\ge AB\cdot CD\cdot d$

15.21. 각뿔 $ABCD$ 가 부피가 V 인 평행육면체의 내부에 놓여있다고 하자.

점 A 로부터 면 BCD 에 평행한 직선을 긋자. 이 직선은 평행육면체의 면들 중 하나와 점 A_1 에서 만난다. 그러면 $V_{ABCD}=V_{A_1BCD}$ 이다.

점 A_1 으로부터 직선을 그어, 이것이 평행육면체의 모서리와 점 A_3, A_2 에서 만난다고 하자. 이때 $V_{A_1BCD}\le\max(V_{A_3BCD},V_{A_2BCD})=V_{A_3BCD}$ 이다. 만약 A_3 가 모서리 A_5A_4 에 속하면, $V_{A_3BCD}\le\max(V_{A_5BCD},V_{A_4BCD})$ 이다.

이와 같이, $V_{ABCD}\le V_{A_0BCD}$ 인 평행육면체의 꼭짓점 A_0 가 존재한다는 것을 증명한다. 유사한 방법으로 $V_{ABCD}\le V_{A_0BCD}\le V_{A_0B_0CD}\le V_{A_0B_0C_0D}\le V_{A_0B_0C_0D_0}$ 인 꼭짓점들 B_0, C_0, D_0 가 존재한다는 것을 증명할 수 있다. 이제 $V_{A_0B_0C_0D_0}=\frac{1}{6}V$ 또는 $\frac{1}{3}V$ 를 생각하면 된다.

15.22. 한 모서리가 a 인 정육면체와 단위 정육면체의 중심은 한 모서리가 a 인 정육면체의 면들 중 하나를 포함하는 평면의 서로 다른 쪽에 놓여있다는 것을 증명할 수 있다. 두 가지 경우를 살펴보자.

(a) α가 단위 정육면체의 모서리들 중 하나와 평행인 경우.

이때 모서리가 a인 정육면체와 이것을 단위 정육면체의 중심에 대해 대칭시킨 정육면체를 α와 직교하는 단위 정육면체의 면에 사영시키면, 증명을 얻을 수 있다(연습문제 15.11을 참고할 것).

(b) α가 단위 정육면체의 어떤 모서리와도 평행하지 않는 경우.

모서리가 a인 정육면체가 각뿔 $ABCD$의 내부에 놓여있다고 하자. 이때 A는 단위 정육면체의 꼭짓점이고 반직선 AB, AC, AD는 꼭짓점 A와 연결되는 단위 정육면체의 모서리들을 포함하며, 평면 (BCD)는 평면 α와 일치한다.

평면 $(B'C'D')$를 생각하자. 이때 이 평면은 (BCD)와 평행하며, 모서리가 a인 정육면체의 면들 중 하나를 포함한다. 그리고 $B' \in AB$, $C' \in AC$, $D' \in AD$이다. 연습문제 12.25를 이용하면, 모서리가 a인 정육면체를 각뿔 $ABCD$에 넣어, 모서리들 중의 하나가, 예를 들어 선분 $B'C'$에 속하도록 할 수 있다.

이제 모서리가 a인 정육면체의 면들을 포함하며 직선 $B'C'$과 직교하는 평면 β, β'을 생각하자. 직각삼각형 내부에 있는 정사각형을 인접한 두 변이 직각삼각형의 두 밑변에 위치하도록 놓을 수 있다는 사실을 이용하면(이것의 증명은 연습문제 12.25의 보조정리와 연습문제 15.11을 이용하여 얻을 수 있음), 모서리가 a인 정육면체가 각뿔 $ABCD$의 내부에 놓일 수 있으며, 정육면체의 면들 중 하나가 면 ABC에 놓인다는 것을 증명할 수 있다. 이와 같은 과정을 반복하면, 증명이 얻어진다.

15.23. 평면에 점 X, Y를 잡자. 임의의 직선 l_0를 잡자. XY는 직선 l_0와 각 α를 이룬다. 직선 l_0에 어떤 점 O를 잡자. 점 O를 중심으로 시계 반대방향으로 φ만큼 평면을 회전시켰을 때에 얻어지는 직선 l_0의 상을 l_φ라고 하자. 그리고 점 X, Y를 직선 l_φ에 사영시켜 X_φ, Y_φ라고 하자.

$X_\varphi Y_\varphi = XY\left|\cos(\varphi-\alpha)\right|$ 이 성립한다.

이로부터 다음이 얻어진다.

$$\int_0^\pi X_\varphi Y_\varphi d\varphi = \int_0^\pi XY\left|\cos(\varphi-\alpha)\right|d\varphi = XY\int_0^\pi\left|\cos(\varphi-\alpha)\right|d\varphi$$

$\int_b^a f\left(g(\varphi)\right)g'(\varphi)d\varphi = \int_{g(b)}^{g(a)} f(\beta)d\beta$ 에 값 $a=\pi,\ b=0,\quad g(\varphi)=\varphi-\alpha,$

$f(\beta)=\left|\cos\beta\right|$ 를 대입하면, 다음이 얻어진다.

$$XY\int_0^\pi\left|\cos(\varphi-\alpha)\right|d\varphi = XY\int_{-\alpha}^{\pi-\alpha}\left|\cos\beta\right|d\beta$$

주기가 π 인 주기함수 $\left|\cos\beta\right|$ 를 크기가 π 인 구간에서 적분하면, 이 적분은 구간의 위치에 대해 독립적이며, 다음이 된다.

$$XY\int_{-\alpha}^{\pi-\alpha}\left|\cos\beta\right|d\beta = XY\int_0^\pi\left|\cos\beta\right|d\beta = 2XY\int_0^{\frac{\pi}{2}}\cos\beta d\beta = 2XY$$

$$\int_0^\pi X_\varphi Y_\varphi d\varphi = 2XY \qquad (15.9)$$

이제 임의의 삼각형 ABC, $A_1B_1C_1$ 에 대해 다음 등식을 증명하면 된다.

$$AB+BC+CA+A_1B_1+B_1C_1+C_1A_1$$
$$\le AA_1+AB_1+AC_1+BA_1+BB_1+BC_1+CA_1+CB_1+CC_1$$

이것의 증명은 우선, 점 $A,B,C,\ A_1,B_1,C_1$ 이 한 직선에 놓여있는 경우에 얻어질 수 있다. 부등식이 세 점 $A,B,C,$ 와 A_1,B_1,C_1 에 대해 대칭이므로, 점 B 가 점 A 와 C 사이에, 점 B_1 은 점 A_1 와 C_1 사이에 놓여있다고 할 수 있다.

이 경우에 $p = 2AC + 2A_1C_1$ 이고 삼각 부등식 $AC \le AB_1 + B_1C$, $A_1C_1 \le A_1B + BC_1$ 에 의해, 다음을 알 수 있다.

$$AC + A_1C_1 \le AB_1 + B_1C + A_1B + BC_1$$

유사한 방법으로 $AC + A_1C_1 \le (AA_1 + AC_1) + (CA_1 + CC_1)$ 이 성립한다. 이와 같이, 다음을 알 수 있다.

$$p = (AC + A_1C_1) + (AC + A_1C_1)$$
$$\le (AB_1 + B_1C + A_1B + BC_1) + (AA_1 + CA_1 + AC_1 + CC_1) \le Q$$

즉 $p \le Q$ 이다.

이제 어떤 직선 l_0 와 직선의 점 O 를 잡자. 점 A, B, C, A_1, B_1, C_1 를 직선 l_φ 로 사영시켜 얻어진 점을 $A_\varphi, B_\varphi, C_\varphi, A_{1\varphi}, B_{1\varphi}, C_{1\varphi}$ 이라 하자. 이 점들은 평면을 점 O 를 중심으로 시계 반대방향으로 φ 만큼 회전시켜 얻어진다. 이 경우에 얻어진 부등식에 의해, 다음이 성립한다.

$$p(\varphi) = A_\varphi B_\varphi + B_\varphi C_\varphi + C_\varphi A_\varphi + A_{1\varphi}B_{1\varphi} + B_{1\varphi}C_{1\varphi} + C_{1\varphi}A_{1\varphi}$$
$$\le A_\varphi A_{1\varphi} + A_\varphi B_{1\varphi} + A_\varphi C_{1\varphi} + B_\varphi A_{1\varphi} + B_\varphi B_{1\varphi} + B_\varphi C_{1\varphi}$$
$$+ C_\varphi A_{1\varphi} + C_\varphi B_{1\varphi} + C_\varphi C_{1\varphi} = Q(\varphi)$$

만약 $p(\varphi) \le Q(\varphi)$ 이면, 다음이 된다.

$$\frac{1}{2}\int_0^\pi p(\varphi)d\varphi \le \frac{1}{2}\int_0^\pi Q(\varphi)d\varphi \tag{15.10}$$

(15.9)와 (15.10)로부터 다음이 얻어진다.

$$AB + BC + AC + A_1B_1 + B_1C_1 + A_1C_1$$
$$\le AA_1 + AB_1 + AC_1 + BA_1 + BB_1 + BC_1 + CA_1 + CB_1 + CC_1$$

15.24. 좌표축들이 주어진 정사각형의 변들을 지나도록 좌표를 그리자. 점 x 에서 축 Ox 에 대한 수선과 i 번째 원이 만나 생기는 선분의 길이를 $f_i(x)$ 라 하자(만약 만나지 않으면 $f_i(x)=0$ 이다). 이 경우에 i 번째 원의 넓이 S_i 에 대해 $S_i=\int_0^1 f_i(x)dx$ 이다. 결국 다음이 성립한다.

$$S_1+\ldots+S_{2015}=\int_0^1 (f_1(x)+\ldots+f_{2015}(x))dx\ge\frac{1}{2}$$

$f_1(x_0)+\ldots+f_{2015}(x_0)\ge\frac{1}{2}$ 인 점 x_0 가 존재한다(만약 그러한 점이 존재하지 않으면, $f_1(x)+\ldots+f_{2015}(x)<\frac{1}{2}$ 이고 $\int_0^1 (f_1(x)+\ldots+f_{2015}(x))dx<\frac{1}{2}$ 이다). 즉, 그러한 점 x_0 에 대해 점 x_0 에서 축 Ox 에 대한 수선과 주어진 원들이 만나 생기는 선분들 길이의 합은 $\frac{1}{2}$ 보다 작지 않다.

15.25. $\angle A>\angle B>\angle C$ 라고 하자. 이제 $\angle OIH>180°-\frac{1}{2}\angle A$ 를 증명하자. $\angle A<90°$ 이므로, $180°-\frac{1}{2}\angle A>135°$ 이며 $\angle OIH>135°$ 이다. 삼각형 ABC 에 높이 AA_1, CC_1 을 긋자(그림 15.12).

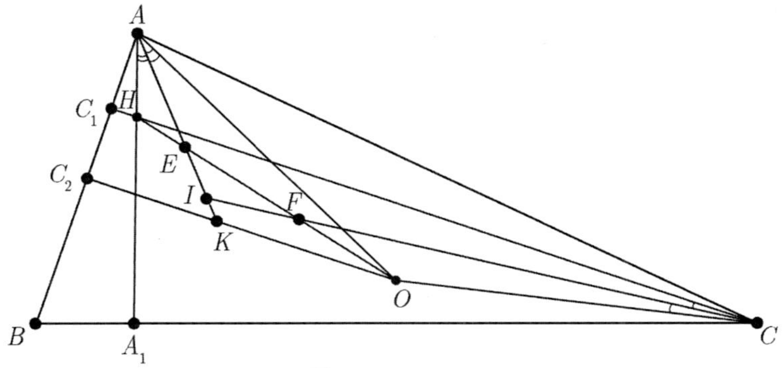

그림 15.12

$\angle OAB = 90^0 - \angle C > 90^0 - \angle B = \angle BAA_1$,

$\angle OCA = 90° - \angle B > 90° - \angle A = \angle ACC_1$ 이므로, 점 O 는 삼각형 A_1HC 의 내부에 있다. 이제 $\angle BAA_1 = \angle OAC = 90^0 - \angle B$,

$\angle ACC_1 = \angle OCB = 90° - \angle A$ 를 생각하자. $\angle HAI = \angle IAO$,

$\angle HCI = \angle ICO$ 이다. 직선 AI 와 CI 가 선분 HO 와 점 E, F 에서 만난다고 하고, C_2 는 변 AB 의 중점, K 는 직선 OC_2 와 AI 의 교점이라 하자.

$\frac{HE}{EO} = \frac{AH}{AO} < \frac{HC}{AO} = \frac{HC}{CO} = \frac{HF}{FO}$ 이며, 직선 CI 와 OC_2 는 삼각형 ABC 의 외접원에서 만나므로, 점 I 는 선분 EK 에 놓여있다.

만약 $\angle B \geq 60°$ 이면, $\angle AIC = 90° + \frac{1}{2}\angle B \geq 180° - \angle B = \angle AHC$ 이다.

점 I 가 점 A, H, C 를 지나는 원의 내부에 놓여있다는 것을 생각하자.

그러면 다음이 성립한다.

$\angle AIH > \angle ACH = 90^0 - \angle A$,

$\angle OIH = \angle OIA + \angle AIH > \angle OKA + \angle AIH$

$= 90^0 + \frac{1}{2}\angle A + \angle AIH > 180^0 - \frac{1}{2}\angle A.$

즉 $\angle OIH > 180° - \frac{1}{2}\angle A$ 이다.

만약 $\angle B < 60°$ 이면, $\angle AIC = 90° + \frac{1}{2}\angle B > 2\angle B = \angle AOC$ 이다.

결국 점 I 는 점 A, O, C 를 지나는 원의 내부에 놓여있다.

$\angle IOA < \frac{1}{2}\angle C$ 를 생각하면, 다음을 알 수 있다.

$$\angle OIA = 180^0 - \angle IAO - \angle IOA = 180^0 - \frac{1}{2}(\angle B - \angle C) - \angle IOA$$
$$> 180^0 - \frac{1}{2}(\angle B - \angle C) - \frac{1}{2}\angle C = 180^0 - \frac{1}{2}\angle B.$$

즉 $\angle OIA > 180^0 - \frac{1}{2}\angle B$, $\angle OIH > \angle OIA > 180° - \frac{1}{2}\angle B > 180° - \frac{1}{2}\angle A$ 이다. 결국 $\angle OIH > 180° - \frac{1}{2}\angle A$ 이다.

◎ 내 힘으로 해결하기

1. 삼각형의 내접원의 반지름이 1이다. 이 삼각형의 둘레는 $6\sqrt{3}$ 보다 작지 않다는 것을 증명하여라.

2. 볼록 n 각형($n \geq 4$)의 변들의 길이의 산술평균은 이 다각형의 대각선들의 길이의 산술평균보다 작다는 것을 증명하여라.

3. 넓이가 1인 볼록사각형이 주어졌다. 이 사각형의 내부에 네 점을 잡아, 이 점들 중에서 임의의 세 개의 점으로 만들어진 삼각형의 넓이가 $\frac{1}{4}$ 보다 작지 않도록 하려 한다. 그러한 네 점을 잡을 수 있다는 것을 증명하여라.

4. 넓이가 S 인 삼각형의 다른 변들에 세 점을 잡아, 이 점들이 넓이가 $\frac{S}{4}$ 보다 크지 않은 정삼각형의 꼭짓점이 되도록 하려 한다.
그러한 세 점이 존재한다는 것을 증명하여라.

5. 삼각형 ABC 의 넓이는 1이며, 점 D, E 는 변 AB, AC 에 속한다. 선분 BE, DC 는 점 P 에서 만난다. $S_{BCED} = 2S_{PBC}$ 일 때에 $S_{PDE} \le 5\sqrt{2} - 7$ 을 증명하여라.

6. 삼각형 ABC 의 무게중심을 지나 변 BC, AC 와 점 P, Q 에서 만나는 직선을 그었다. M 을 변 AB 의 중점이라 할 때, $S_{MPQ} \ge \frac{2}{9} S_{ABC}$ 를 증명하여라.

7. 삼각형 ABC 의 꼭짓점 A, B, C 를 직선 BC, AC, AB 에 대칭시켜 A_1, B_1, C_1 이라 하자. 이때 $S_{A_1, B_1, C_1} \le 4S_{ABC}$ 를 증명하여라.

8. 볼록사각형 $ABCD$ 의 대각선이 점 O 에서 만난다. 이때 $\sqrt{S_{ABO}} + \sqrt{S_{CDO}} \le \sqrt{S_{ABCD}}$ 를 증명하여라.

9. 삼각형 ABC 의 각 A, B, C 의 이등분선이 외접원과 점 A_1, B_1, C_1 에서 만난다. 이때 $AA_1 + BB_1 + CC_1 > AB + BC + AC$ 를 증명하여라.

10. 삼각형 ABC 의 가장 작은 높이를 h 라 하자. 삼각형 ABC 의 내부에 한 변이 $\frac{h}{8}$ 인 정사각형을 적어도 29개를 놓아, 이 정사각형들 중 어느 두 정사각형도 공통의 내부점을 가지지 않도록 할 수 있다는 것을 증명하여라.

11. 삼각형 ABC 의 변 AB 의 바깥쪽에 중심이 O 인 정사각형을 작도하였다. 변 BC , AC 의 중점을 M , N 이라 하자. 이때 $OM+ON \le \frac{\sqrt{2}+1}{2}(BC+AC)$ 를 증명하여라.

12. 변 a, b, c 인 예각삼각형의 중선을 m_a , m_b , m_c 라 하고, 삼각형의 꼭짓점에서 수심까지의 거리를 d_a, d_b, d_c 이라 하자. 이때 $m_a d_a + m_b d_b + m_c d_c \ge \frac{a^2+b^2+c^2}{2}$ 을 증명하여라.

13. M 은 삼각형 ABC 의 내부점이며, 직선 AM , BM , CM 은 변 BC , AB , AC 와 점 P , Q , R 에서 만난다. 이때 $\frac{AM}{MP} \cdot \frac{BM}{MQ} \cdot \frac{CM}{MR} \ge 8$ 을 증명하여라.

14. 이등변삼각형 $ABC(AB=BC)$ 의 내접원의 반지름은 r 이다. 이때 $AB > 3r$ 을 증명하여라.

15. 볼록사각형 $ABCD$ 의 대각선 AC 와 BD 가 점 O 에서 만난다. 삼각형 AOB , COD 의 외접원의 중심을 P , Q 라 하자. 이때 $PQ > \frac{AB+CD}{4}$ 를 증명하여라.

16. 삼각형 ABC 의 내접원이 변 BC, AC, AB 와 점 A_1, B_1, C_1 에서 접한다. 그리고 작은 호 B_1C_1 , A_1C_1 , A_1B_1 의 길이가 l_1, l_2, l_3 이다. 이때 $\frac{BC}{l_1} + \frac{AC}{l_2} + \frac{AB}{l_3} \ge 9\frac{\sqrt{3}}{\pi}$ 을 증명하여라.

17. 직각삼각형 ABC를 두 개의 단위원으로 덮을 수 있다고 한다. 이때 $S_{\Delta ABC} \le \dfrac{3\sqrt{3}}{2}$ 을 증명하여라.

18. 평면에 111개의 단위벡터가 주어졌으며, 이들의 합은 영벡터이다. 이 111개의 단위벡터들 중에서 55개의 벡터를 잡아서, 이들의 합의 크기가 1보다 크지 않도록 할 수 있다는 것을 증명하여라.

19. 사다리꼴의 대각선이 서로 직교한다. 사다리꼴의 옆 변의 곱은 두 밑변의 곱보다 작지 않다는 것을 증명하여라.

20. 삼각형 ABC에서 M은 변 BC의 중점이며 $\angle MAC = 15^0$ 이다. 이때 $\angle ABC = 105^0$ 를 증명하여라.

21. 지름이 5인 원에 10개의 점이 주어졌다. 이 점들 중에서 어떤 두 점 사이의 거리는 2보다 작지 않다는 것을 증명하여라.

22. 원에 외접하는 사다리꼴 $ABCD$가 주어졌고, 옆변 AB, CD를 포함하는 직선들은 점 M에서 만나며 대각선 AC, BD는 점 N에서 만난다. 이때 $90° < \angle AND < 90° + \dfrac{1}{2}\angle AMD$ 를 증명하여라.

23. 원에 외접하는 사각형 $ABCD$에서 가장 긴 변은 AD이다. 변 AB, CD를 포함하는 직선이 점 M에서 만나며 대각선 AC, BD는 점 N에서 만난다. 이때 $90° < \angle AND < 90° + \dfrac{1}{2}\angle AMD$ 를 증명하여라.

24. 삼각형 ABC 를 다음 성질을 만족시키도록 2015개의 삼각형으로 분할할 수 있다고 한다: 2015개의 삼각형 중 어느 두 삼각형도 공통의 내부점을 가지지 않으며, 각 삼각형의 한 각은 $120°$ 보다 크다. 이때 삼각형 ABC 를 이 성질을 만족시키도록 2014개의 삼각형으로 분할할 수 있다는 것을 증명하여라.

25. 볼록육각형 $ABCDEF$ 에서 $AB = BC$, $CD = DE$, $EF = FA$ $EF = FA$, $\angle ABC + \angle CDE + \angle EFA = 360°$ 이다. 이때 $R_A + R_C + R_E \geq p$ 을 증명하여라(표기는 연습문제 15.10을 참고할 것).

26. 변이 a, b, c, d 인 모든 볼록사각형 중에서 가장 큰 넓이를 가지는 것은 원에 내접하는 사각형이라는 것을 증명하여라.

27. 직사각형 $ABCD$ 를 직각삼각형에 넣을 수 있는데, 이때 변 AB 가 빗변에 놓이게 할 수도 있고, 변 AD 가 빗변에 놓이게도 할 수 있다. 이 직사각형의 꼭짓점들 중 하나가 직각삼각형의 직각인 꼭짓점에 놓이도록 직사각형을 직각삼각형에 넣을 수 있다는 것을 증명하여라.

28. 반지름이 R 인 원에 내접하는 삼각형들 중에서 정삼각형이 다음 성질을 가진다는 것을 증명하여라.

(a) 최대의 넓이를 가진다.

(b) 최대의 둘레를 가진다.

(c) 둘레의 절반에 대한 넓이의 비(즉 내접원의 반지름)가 최대이다.

(d) 둘레의 절반의 제곱에 대한 넓이의 비가 최대이다.

29. 변이 a, b 인 직사각형이 변이 c, d 인 직사각형 내부에 있으며, $\max(a,b) > \max(c,d)$ 이다. 이때 $2ab < cd$ 를 증명하여라.

30. 볼록육각형 $ABCDEF$ 에서 마주보는 변들이 평행하다. 변 AB, BC, CD, DF, EF, FA 의 중점을 A_1, B_1, C_1, D_1, E_1, F_1 이라 하자. 다음을 증명하여라.

(a) 선분 A_1D_1, B_1E_1, C_1F_1 으로 삼각형을 작도할 수 있다.

(b) 변이 A_1D_1, B_1E_1, C_1F_1 인 삼각형의 넓이를 S_1 이라 할 때,

$$\frac{1}{2}S_{\Delta BDF} < S_1 \le S_{\Delta BDF}$$

31. $|k| \le 2$ 에 대해 다음을 증명하여라.

$$\sum_{i=1}^{n}\sqrt{a_i^2+b_i^2+ka_ib_i} \ge \sqrt{\left(\sum_{i=1}^{n}a_i\right)^2+\left(\sum_{i=1}^{n}b_i\right)^2+k\sum_{i=1}^{n}a_i\sum_{i=1}^{n}b_i}$$

32. $\alpha>0, \beta>0, \gamma>0, \delta>0$, $\alpha+\beta+\gamma+\delta=\pi$ 에 대해 다음을 증명하여라.

$$\sin 2\alpha+\sin 2\beta+\sin 2\gamma+\sin 2\delta \ge 16\sin\alpha\sin\beta\sin\gamma\sin\delta$$

33. α, β, γ 는 어떤 삼각형의 각들이다. 이때 다음을 증명하여라.

$$\sin 2\alpha+\sin 2\beta+\sin 2\gamma \le \cos\left(\frac{\pi}{8}+\frac{\alpha}{8}\right)+\cos\left(\frac{\pi}{8}+\frac{\beta}{8}\right)+\cos\left(\frac{\pi}{8}+\frac{\gamma}{8}\right)$$

34. $0<\alpha_i<\frac{\pi}{2}$, $i=1, ..., n$, $\cos^2\alpha_1+\cdots+\cos^2\alpha_n>1$ 에 대해 다음을 증명하여라.

$$\alpha_1+\cdots+\alpha_n<\frac{\pi}{2}(n-1)$$

35. 예각삼각형의 모든 꼭짓점의 좌표는 정수이며, 변들은 $\sqrt{65}$ 보다 작지 않다. 이러한 삼각형이 가질 수 있는 넓이의 최솟값을 구하여라.

36. 삼각형 ABC 의 내부에 점 M 을 잡았다. 각 MAB, MBC, MCA 의 합은 삼각형의 가장 작은 각보다는 크고 다른 두 각의 합보다는 작다는 것을 증명하여라.

37. (a) 삼각형 $A_1B_1C_1$ 은 삼각형 ABC 와 닮음이고, $A_1B_1C_1$ 의 꼭짓점은 ABC 의 다른 변들에 놓였다. 삼각형 ABC 의 내접원과 외접원의 반지름을 r, R 이라 하자. 이때 $S_{\Delta A_1B_1C_1} \geq \dfrac{r^2}{R^2} \cdot S_{\Delta ABC}$ 를 증명하여라.

(b) $R \geq 2r$ 을 증명하여라.

38. 임의의 두 벡터들 사이의 각이 둔각인 그러한 5개의 벡터가 존재하지 않는다는 것을 증명하여라.

39. 원에 내접하는 볼록 n 각형이 원의 중심을 포함하고 있다. 볼록 n 각형의 변들의 길이는 이 원에 내접하는 정오각형의 변의 길이보다 짧다. 이때 오각형의 넓이는 n 각형의 넓이보다 작다는 것을 증명하여라.

40. 원에 내접하는 삼각형의 넓이는 이 원의 넓이의 절반보다 작다는 것을 증명하여라.

41. 예각삼각형의 둘레의 절반은 $4R$ 보다 크다는 것을 증명하여라. 이때 R 은 이 삼각형의 외접원의 반지름이다.

42. 넓이가 1인 임의의 예각삼각형에 대해, 넓이가 $\sqrt{3}$ 보다 크지 않으면서 이 예각삼각형에 넣을 수 있는 직각삼각형을 찾을 수 있다는 것을 증명하여라.

43. 한 변이 50인 정사각형에 꺾인선이 주어졌는데, 정사각형 내부의 임의의 점 A 에 대해 $AB \le 1$ 인 꺾인선의 어떤 점 B 가 존재한다. 이때 꺾인선의 길이는 1238보다 작지 않다는 것을 증명하여라.

44. 삼각뿔 $ABCD$ 에서 $AD^2+BC^2=BD^2+AC^2=AB^2+CD^2$ 이 성립한다. 삼각뿔의 어떤 면이 예각삼각형이라는 것을 증명하여라.

45. 정육면체의 중심을 지나는 평면으로 정육면체를 절단했다. 이때 얻어지는 절단면의 넓이는 정육면체 면의 넓이보다 작지 않다는 것을 증명하여라.

46. 사각형 $ABCD$ 에서 $AB=3$, $BC=2$, $CD=4$, $AD=7$ 이다. 점 M, N, K, E 는 변 AB, BC, CD, AC 의 중점이다. $MK+NE$ 의 최댓값을 구하여라.

47. $AB=a,\ BC=b,\ CD=c,\ AD=d$ 인 경우에 앞의 문제를 풀어라.

48. 벡터 $\vec{a},\vec{b},\vec{c}$ 에 대해 부등식 $\cos\left(\vec{a}\,\hat{,}\,\vec{i}\right)+\cos\left(\vec{b}\,\hat{,}\,\vec{j}\right)+\cos\left(\vec{e}\,\hat{,}\,\vec{k}\right)>\dfrac{5}{2}$ 이 성립한다. 이때 $\vec{a},\vec{b},\vec{c}$ 는 한 평면에 평행하지 않다는 것을 증명하여라.

49. 101개의 직사각형이 주어졌는데, 이들의 변은 100을 넘지 않는 정수이다. 이 직사각형들 중에서 $A \subseteq B \subseteq C$ 인, 즉 A를 B에 넣고, B를 C에 넣을 수 있는 그러한 직사각형 A, B, C를 잡을 수 있다는 것을 증명하여라.

50. 넓이가 S인 정삼각형에 내접하는 정삼각형의 넓이는 $0.25S$ 보다 작지 않다는 것을 증명하여라.

51. 원에 사각형 $ABCD$가 외접하고 있다(이때 $AD \| BC$ 이다). 사각형 $ABCD$의 넓이를 S라 할 때, $AB+CD \geq 2\sqrt{S}$를 증명하여라.

52. a, b, c는 삼각형의 변의 길이이며, $S=a+b+c$, $t=ab+bc+ca$ 이다. 이때 $3t \leq S^2 < 4t$를 증명하여라.

53. α, β, γ는 삼각형의 각들이다. 이때 다음을 증명하여라.

$$\left(\sin\frac{\alpha}{2}+\sin\frac{\beta}{2}+\sin\frac{\gamma}{2}\right)\left(\cot\frac{\alpha}{2}+\cot\frac{\beta}{2}+\cot\frac{\gamma}{2}\right)$$
$$\geq\left(\sqrt{\cos\frac{\alpha}{2}}+\sqrt{\cos\frac{\beta}{2}}+\sqrt{\cos\frac{\gamma}{2}}\right)^2$$

54. a, b, c는 삼각형 ABC의 변의 길이이다. 이때 다음을 증명하여라.

$$-\frac{1}{2} \leq \frac{\sin A}{(a-b)(a-c)}+\frac{\sin B}{(b-a)(b-c)}+\frac{\sin C}{(c-a)(c-b)}<0$$

55. a, b, c 는 삼각형의 변들이고, h_a, m_a 는 변 a 에 그은 높이, 중선이다. 그리고 l_a 는 각 A 의 이등분선이다. 이때 다음 부등식을 증명하여라.

(a) $(a^2+b^2-h_c^2)^{\frac{1}{2}}+(b^2+c^2-h_a^2)^{\frac{1}{2}}+(c^2+a^2-h_b^2)^{\frac{1}{2}} \le 6R$

(b) $\dfrac{3}{8}(ab+bc+ca) \le m_am_b+m_bm_c+m_cm_a \le \dfrac{5}{4}(ab+bc+ca)$

(c) $\dfrac{a}{l_b+l_c}+\dfrac{b}{l_a+l_c}+\dfrac{c}{l_a+l_b} \ge \sqrt{3}$

(d) $\dfrac{l_a}{b+c}+\dfrac{l_b}{a+c}+\dfrac{l_c}{a+b} \le \dfrac{3\sqrt{3}}{4}$

56. 평면에 $2n$ 개의 점이 주어졌는데, 이들 중 어떤 세 점도 한 직선에 속하지 않는다. 이때 주어진 점들 중에서 두 점을 지나며 직선의 양쪽에 $n-1$ 개의 점이 존재하는 그러한 직선이 적어도 n 개 존재한다는 것을 증명하여라.

57. 평면에 점 $A_1, A_2, \cdots, A_n$ 이 주어졌다. 이때 다음을 증명하여라.

(a) $h_i(l)$ 는 점 A_i 에서 직선 l 까지의 거리이며 m_i 는 양의 상수이다. 이때 합 $\sum_{i=1}^{n} m_i \cdot h_i(l)$ 이 최소가 되는 그러한 직선 l 이 존재한다.

(b) 직선 l 은 직선 A_iA_j 중의 하나와 일치한다.

58. 볼록육각형 $ABCDEF$ 에서 $AB = BC$, $CD = DE$, $EF = FA$ 이다. 이때 다음을 증명하여라.

$$\frac{BC}{BE} + \frac{DE}{DA} + \frac{FA}{FC} \geq \frac{3}{2}$$

59. 삼각형 ABC 의 내부에 점 M 이 주어졌다. A_1, B_1, C_1 는 변 BC, AC, AB 의 중점이다. 이때 다음을 증명하여라.

$$\min(MA, MB, MC) + MA + MB + MC < AA_1 + BB_1 + CC_1$$

60. O_1, O_2 는 삼각형 $A_1B_1C_1$, $A_2B_2C_2$ 의 내접원의 중심이며, p_1, p_2 는 이 삼각형들의 둘레이다. O_1 과 O_2 가 일치하지 않을 때, 다음을 증명하여라.

$$\frac{O_1O_2}{A_1A_2 + B_1B_2 + C_1C_2} < \frac{p_1 + p_2}{2\max(p_1, p_2)}$$

16
엄선한 100개의 부등식

다음 부등식을 증명하여라.

1. $abc \neq 0$에 대해 $(ab+bc+ca)\left|1-\frac{1}{abc}\right| \le \left|ab-\frac{1}{c}\right|+\left|bc-\frac{1}{a}\right|+\left|ca-\frac{1}{b}\right|$

2. $0<\alpha<\beta$, $\alpha+\beta<\pi$에 대해

$$\sin^2\beta\sin\frac{\alpha}{2}\sin\left(\alpha+\frac{\beta}{2}\right)>\sin^2\alpha\sin\frac{\beta}{2}\sin\left(\beta+\frac{\alpha}{2}\right)$$

3. $a \neq b$에 대해 $\left|\frac{a+b}{a-b}\right|^{ab} \ge 1$

4. $a>0, b>0, c>0$에 대해 $\left(\frac{a-b}{a+b}\right)^{11}+\left(\frac{b-c}{b+c}\right)^{11}+\left(\frac{c-a}{c+a}\right)^{11}<1$

5. $n \in N$, $x_0>x_1>\ldots>x_n$에 대해 $x_0+\frac{1}{x_0-x_1}+\frac{1}{x_1-x_2}+\ldots+\frac{1}{x_{n-1}-x_n} \ge x_n+2n$

6. $k, m \in N$, $S_n = \sum_{i=1}^{n} \frac{1}{i}$ 에 대해 $S_k + S_m - S_{km} \le 1$

7. $n \ge 2,\ n \in N$ 에 대해 $\frac{1}{n+1}\left(1 + \frac{1}{3} + \ldots + \frac{1}{2n-1}\right) > \frac{1}{n}\left(\frac{1}{2} + \frac{1}{4} + \ldots + \frac{1}{2n}\right)$

8. $n \in N$ 에 대해 $2^{\frac{1}{2}} \cdot 2^{\frac{2}{2^2}} \cdot \ldots \cdot 2^{\frac{n}{2^n}} < 4$

9. $(a_1 - a_2)(a_1 - a_3)(a_1 - a_4)(a_1 - a_5) + \ldots + (a_5 - a_1)(a_5 - a_2)(a_5 - a_3)(a_5 - a_4) \ge 0$

10. $m, n \in N$, $a = \frac{m^{m+1} + n^{n+1}}{m^m + n^n}$ 에 대해 $a^m + a^n \ge m^m + n^n$

11. $m, n \in N$, $m \ge n$ 에 대해 $2^n \cdot n! \le \frac{(m+n)!}{(m-n)!} \le (m^2 + m)^n$

12. $p \in Z,\ q \in N$ 에 대해 $\left|\sqrt{2} - \frac{p}{q}\right| > \frac{1}{3q^2}$

13. $m, n \in N$, $\sqrt{7} - \frac{m}{n} > 0$ 에 대해 $\sqrt{7} - \frac{m}{n} > \frac{1}{mn}$

14. $\sqrt{(x+y+z)^2 - 3(xy + yz + zx)} \le \max(x, y, z) - \min(x, y, z)$

$\le \frac{\sqrt{6}}{2}\sqrt{(x+y+z)^2 - 3(xy + yz + zx)}$

15. $a > 0, b > 0, c > 0$, $abc = 1$ 에 대해 $2\left(\frac{a}{b} + \frac{b}{c} + \frac{c}{a}\right) \ge a + b + c + \frac{1}{a} + \frac{1}{b} + \frac{1}{c}$

16. $n \in N$ 에 대해 $(n-0.5)(1+a^{2n}) \ge a^{2n-1} + a^{2n-2} + ... + a^2 + a$

17. $x_1 + ... + x_n \ge n$ 에 대해 $x_1^4 + ... + x_n^4 \ge x_1^3 + ... + x_n^3$

18. $(-a_1 + a_2 + a_3 + a_4)(a_1 - a_2 + a_3 + a_4)(a_1 + a_2 - a_3 + a_4)(a_1 + a_2 + a_3 - a_4)$
$\le 8(a_1^2 a_4^2 + a_2^2 a_3^2)$

19. $\alpha_1 > 0, ..., \alpha_n > 0$, $\alpha_1 + ... + \alpha_n = \pi$ 에 대해 $\sin^2 \alpha_1 + ... + \sin^2 \alpha_n \le \dfrac{9}{4}$

20. 삼각형의 변 a, b, c 에 대해
$\sqrt{a+b-c} + \sqrt{b+c-a} + \sqrt{c+a-b} \le \sqrt{a} + \sqrt{b} + \sqrt{c}$

21. $a > 0,\ b > 0,\ c > 0$ 에 대해 $a^3 + b^3 + c^3 \ge a^2(2c-b) + b^2(2a-c) + c^2(2b-a)$

22. $a > 0,\ b > 0,\ c > 0$ 에 대해

$$\frac{1}{a^3+b^3+abc} + \frac{1}{b^3+c^3+abc} + \frac{1}{c^3+a^3+abc} \le \frac{1}{abc}$$

23. $u \ge 0,\ v \ge 0,\ w \ge 0$, $u+v+w=1$ 에 대해 $\sqrt{12uvw} + u^2 + v^2 + w^2 \le 1$

24. $n \ge 2,\ a_1 > 0,\ ...\ , a_n > 0$ 에 대해 $\dfrac{n(n-1)}{2} \cdot \displaystyle\sum_{1 \le i < j \le n} \frac{1}{a_i \cdot a_j} \ge 4 \cdot \left(\sum_{1 \le i < j \le n} \frac{1}{a_i + a_j} \right)^2$

25. $p > 0, q > 0, r > 0$, $p+q+r=1$ 에 대해 $7(pq+qr+rp) \le 2 + 9pqr$

26. $\sqrt{a_1^2 + a_2^2 + a_3^2} + \sqrt{a_2^2 + a_3^2 + a_4^2} + ... + \sqrt{a_n^2 + a_1^2 + a_2^2} \ge \sqrt{3}(a_1 + ... + a_n)$

27. $\sqrt{a_1^2+2a_2^2}+3\sqrt{a_2^2+2a_3^2}+7\sqrt{2a_1^2+a_2^2}\ge(5a_1+4a_2+2a_3)\sqrt{3}$

28. $\sqrt{a^2+ab+b^2}+\sqrt{b^2+bc+c^2}+\sqrt{c^2+ca+a^2}\ge\sqrt{3}\cdot|a+b+c|$

29. $a>0,\ b>0,\ c>0$ 에 대해

$$\left|\frac{a^3-b^3}{a+b}+\frac{b^3-c^3}{b+c}+\frac{c^3-a^3}{c+a}\right|\le\frac{(a-b)^2+(b-c)^2+(c-a)^2}{6}$$

30. $k\ge2,\ k\in N,\ \ x>0,\ y>0,\ z>0$, $\frac{1}{x}+\frac{1}{y}+\frac{1}{z}\ge x+y+z,\ \ xyz=1$ 에 대해

$$\frac{1}{x^k}+\frac{1}{y^k}+\frac{1}{z^k}\ge x^k+y^k+z^k$$

31. $x>0,\ y>0$, $x^2+y^3\ge x^3+y^4$ 에 대해 $x^2+y^2\le2$

32. $c>b>a>1$ 에 대해 $\log_a(\log_a b)+\log_b(\log_b c)+\log_c(\log_c a)>0$

33. $n\in N,\ 0<\alpha<\pi$, $\sin\alpha+\ldots+\sin(n\alpha)\le0$ 에 대해 $\sin(n\alpha)\le0$

34. $n\in N,\ 0<\alpha<\pi$, $\sin\alpha+\ldots+\sin(n\alpha)\le0$ 에 대해 $\sin((n+1)\alpha)\ge0$

35. $0\le x_i\le1,\ \ i=1,\ldots,6$ 에 대해

$$\frac{x_1^3}{x_2^5+x_3^5+x_4^5+x_5^5+x_6^5+5}+\ldots+\frac{x_6^3}{x_1^5+x_2^5+x_3^5+x_4^5+x_5^5+5}\le\frac{3}{5}$$

36. $a+b+c+d=0$ 에 대해

$$(ab+ac+ad+bc+bd+cd)^2+12\ge6(abc+abd+acd+bcd)$$

37. $x \ge 2,\ y \ge 2,\ z \ge 2$ 에 대해 $(y^3+x)(z^3+y)(x^3+z) \ge 125xyz$

38. $c \ge b \ge a \ge 0$ 에 대해 $(a+3b)(b+4c)(c+2a) \ge 60abc$

39. $a>0,\ b>0,\ c>0$, $\sqrt{a}+\sqrt{b}+\sqrt{c}=1$ 에 대해

$$(a+b+3c)(a+3b+c)(3a+b+c)+8(ab+bc+ac+abc) \ge \frac{349}{27}\sqrt{abc}$$

40. $p,k,q,l \in N$, $p+q \le k+l$ 에 대해 $\left(\frac{p}{k}\right)^k \cdot \left(\frac{q}{l}\right)^l \le 1$

41. $n \ge 2,\ a>0,\ x_1>0, \dots, x_n>0$, $\frac{1}{a+x_1}+\dots+\frac{1}{a+x_n} \le \frac{1}{a}$ 에 대해

$$\sqrt[n]{x_1 \cdot \dots \cdot x_n} \ge (n-1)a$$

42. $\alpha_1,\dots,\alpha_{n+1} \in \left(0;\frac{\pi}{2}\right)$, $\tan\left(\alpha_1-\frac{\pi}{4}\right)+\dots+\tan\left(\alpha_{n+1}-\frac{\pi}{4}\right) \ge n-1$ 에 대해

$$\tan\alpha_1 \cdot \dots \cdot \tan\alpha_{n+1} \ge n^{n+1}$$

43. $x_1>0, \dots, x_n>0$, $x_1 \cdot \dots \cdot x_n = 1$ 에 대해 $\frac{1}{n-1+x_1}+\dots+\frac{1}{n-1+x_n} \le 1$

44. $a \ge 0,\ b \ge 0,\ c \ge 0$ 에 대해 $a^4+b^4+c^4-2(a^2b^2+b^2c^2+c^2a^2)+3(abc)^{\frac{4}{3}} \ge 0$

45. $a \ge 0,\ b \ge 0,\ c \ge 0$ 에 대해

$$a^4+b^4+c^4-2(a^2b^2+b^2c^2+c^2a^2)+abc(a+b+c) \ge 0$$

46. $a>0, b>0, c>0$, $a+b+c=1$에 대해 $\dfrac{a^2+b}{b+c}+\dfrac{b^2+c}{c+a}+\dfrac{c^2+a}{a+b}\ge 2$

47. $a>0, b>0, c>0, d>0$, $abcd=1$에 대해

$$\sqrt{\frac{a^2+bc}{a+1}}+\sqrt{\frac{b^2+cd}{b+1}}+\sqrt{\frac{c^2+da}{c+1}}+\sqrt{\frac{d^2+ab}{d+1}}\ge 4$$

48. $a>0, b>0, c>0$에 대해

$$\sqrt{3(ab+bc+ca)}\left(9(a+b+c)^2+ab+bc+ca\right)\le 9\left((a+b+c)^3+abc\right)$$

49. $x>0, y>0, z>0$에 대해

$$4(x^3+y^3+z^3+xyz)^2\ge\left(x^2+y^2+z^2+\left(\frac{x+y+z}{3}\right)^2\right)^3$$

50. $2.25(x^2-x+1)(y^2-y+1)(z^2-z+1)\ge((xyz)^2-xyz+1)$

51. $a>0, b>0, c>0$에 대해

$$\left|ab(a^2-b^2)+bc(b^2-c^2)+ca(c^2-a^2)\right|\le\frac{1}{4}(a^2+b^2+c^2)^2$$

52. $a\ge1, b\ge1, c\ge1$에 대해 $\sqrt{a-1}+\sqrt{b-1}+\sqrt{c-1}\le\sqrt{abc+c}$

53. $p(t)=a_0t^n+a_1t^{n-1}+\ldots+a_n$, $a_0\ge0, a_1\ge0, \ldots, a_n\ge0$에 대해

$$\left(p(xy)\right)^2\le p(x^2)p(y^2)$$

54. $x_1<\ldots<x_n$, $x_1,\ldots,x_n\in N$에 대해 $x_1^2+\ldots+x_n^2\ge\dfrac{2n+1}{3}.(x_1+\ldots+x_n)$

55. $a>0, b>0, c>0, d>0$, $abcd=1$ 에 대해

$$\frac{1}{(1+a)^2}+\frac{1}{(1+b)^2}+\frac{1}{(1+c)^2}+\frac{1}{(1+d)^2}\ge 1$$

56. $n\ge 2,\ x_0=1,\ x_1>0,\ \dots,\ x_n>0$, $x_1+\dots+x_n=1$ 에 대해

$$1<\sum_{i=1}^{n}\frac{x_i}{\sqrt{1+x_0+\dots+x_{i-1}}\cdot\sqrt{x_i+\dots+x_n}}<\frac{\pi}{2}$$

57. $n\ge 2,\ n\in N$ 에 대해 $0.785n^2-n<\sqrt{n^2-1^2}+\dots+\sqrt{n^2-(n-1)^2}<0.79n^2$

58. $a>0, b>0, c>0$ 에 대해 $\dfrac{a^2}{(a+b)(a+c)}+\dfrac{b^2}{(b+c)(b+a)}+\dfrac{c^2}{(c+a)(c+b)}\ge\dfrac{3}{4}$

59. $a>0, b>0, c>0$, $a^2+b^2+c^2=3$ 에 대해 $\dfrac{1}{1+ab}+\dfrac{1}{1+bc}+\dfrac{1}{1+ca}\ge\dfrac{3}{2}$

60. $a>0, b>0, c>0$ 에 대해 $\dfrac{a}{b+2c}+\dfrac{b}{c+2a}+\dfrac{c}{a+2b}\ge 1$

61. $n\ge 2,\ a_1>0, \dots, a_n>0,\ x_1>0, \dots, x_n>0$, $a_1+\dots+a_n=x_1+\dots+x_n$ 에 대해

$$2\sum_{i<j}x_ix_j\le\frac{n-2}{n-1}+\sum_{i=1}^{n}\frac{a_ix_i^2}{1-a_i}$$

62. $a>0, b>0, c>0$, $ab+bc+ca\le 3abc$ 에 대해 $a^3+b^3+c^3\ge a+b+c$

63. $x>0, y>0, z>0$, $\dfrac{1}{x}+\dfrac{1}{y}+\dfrac{1}{z}\le 1$, 사각형의 변 a,b,c,d 에 대해

$$a^2x+b^2y+c^2z>d^2$$

64. $x \ge 1,\ y \ge 1,\ z \ge 1,\ \dfrac{1}{x}+\dfrac{1}{y}+\dfrac{1}{z}=2$ 에 대해

$$\sqrt{x+y+z} \ge \sqrt{x-1}+\sqrt{y-1}+\sqrt{z-1}$$

65. $\dfrac{1}{1+x_1^k}+\ldots+\dfrac{1}{1+x_n^k}=1,\ k \ge 2,\ k \in N,\ x_1 \ge 1,\ \ldots,\ x_n \ge 1$ 에 대해

$$x_1^{k-1}+\ldots+x_n^{k-1} \ge (n-1)\left(\frac{1}{x_1}+\ldots+\frac{1}{x_n}\right)$$

66. $a>0,\ b>0,\ c>0$ 에 대해

$$\sqrt{a^2+ab+b^2}+\sqrt{b^2+bc+c^2}+\sqrt{c^2+ca+a^2} \le \sqrt{5a^2+5b^2+5c^2+4ab+4bc+4ac}$$

67. $n \ge 2,\ n \in N$ 에 대해 $\sqrt{2\sqrt[3]{3\sqrt[4]{4\ldots\sqrt[n]{n}}}} < 2$

68. $n \in N$ 에 대해 $\sqrt{1+\sqrt{2+\sqrt{3+\sqrt{\ldots+\sqrt{n}}}}} < 2$

69. $n \in N$ 에 대해 $n! \le \left(\dfrac{7n+9}{16}\right)^n$

70. $n \ge 2,\ n \in N$ 에 대해 $\dfrac{\sqrt{2}}{2}\cdot\dfrac{1}{\sqrt{2n}} < \dfrac{1}{2}\cdot\dfrac{3}{4}\cdot\ldots\cdot\dfrac{2n-1}{2n} < \dfrac{\sqrt{3}}{2}\cdot\dfrac{1}{\sqrt{2n}}$

71. $b_k = \dfrac{1}{C_n^k}(a_1\cdot\ldots\cdot a_{k-1}a_k + a_1\cdot\ldots\cdot a_{k-1}a_{k+1}+\ldots+a_1\cdot\ldots\cdot a_{k-1}a_n +$

$\ldots + a_{n-k+1}\cdot\ldots\cdot a_{n-1}a_n),\ n \ge 2,\ a_1, a_2, \ldots, a_n > 0$ 에 대해

$\sqrt[k]{b_k} \ge \sqrt[k+1]{b_{k+1}},\ k=2,\ldots,n-1$ (메르센 부등식)

72. $n \geq 2$, $a_{i+j} \leq a_i + a_j$, $i, j \in N$, $i + j \leq n$에 대해 $a_1 + \frac{a_2}{2} + ... + \frac{a_n}{n} \geq a_n$

73. $n \geq 3$, $a_1 < a_2 < ... < a_n$에 대해

$a_1 a_2^4 + a_2 a_3^4 + ... + a_n a_1^4 \geq a_2 a_1^4 + a_3 a_2^4 + ... + a_1 a_n^4$

74. $n \in N$, $u_1 = 1$, $u_2 = 2$, $u_{n+2} = 3u_{n+1} - u_n$, $n = 1, 2, ...$에 대해

$u_{n+2} + u_n \geq 2 + \frac{u_{n+1}^2}{u_n}$

75. $n \geq 3$, $a_{i-1} + a_{i+1} \leq 2a_i$, $i = 2, ..., n-1$에 대해 $a_i \geq 0$, $i = 1, 2, ..., n$

76. $n \geq 4$, $a_1 + ... + a_n \geq n$, $a_1^2 + ... + a_n^2 \geq n^2$에 대해 $\max(a_1, a_2, ..., a_n) \geq 2$

77. $n \geq 2$, $a_i > 0$, $i = 0, 1, ..., n$, $a_{i-1} a_{i+1} \leq a_i^2$, $i = 1, ..., n-1$에 대해

$\frac{a_0 + ... + a_n}{n+1} \cdot \frac{a_1 + ... + a_{n-1}}{n-1} \geq \frac{a_0 + ... + a_{n-1}}{n} \cdot \frac{a_1 + ... + a_n}{n}$

78. $n \in N$, $0 < x < 1$에 대해 $\frac{1 - x^{n+1}}{n+1} > \frac{1 - x^n}{n} \cdot \sqrt{x}$

79. $n = 3, 4, ...$, $x_1 + ... + x_n = \frac{\pi}{2}$에 대해

$\sin(x_1 + x_2) + ... + \sin(x_{n-1} + x_n) + \sin(x_n + x_1) > 2$

80. $x > 0$, $y > 0$에 대해 $x^y + y^x > 1$

81. $n \geq 2$, $a_1 \cdot \ldots \cdot a_n = 1$에 대해 $a_1^2 + \ldots + a_n^2 - n \geq \dfrac{2n}{n - \sqrt{n-1}} \cdot (a_1 + \ldots + a_n - n)$

82. $n \geq 2$, $x_1 > 0, \ldots, x_n > 0,\ x_1 \cdot \ldots \cdot x_n = 1$에 대해

$x_1 \arctan x_1 + \ldots + x_n \arctan x_n \geq n \ln 2$

83. $a_i > 0,\ b_i > 0,\ i = 1, \ldots, n,\ \ p \geq 2$에 대해 $\displaystyle\sum_{i=1}^{n} \frac{a_i^p}{b_i} \geq n^{2-p} \cdot \frac{\left(\sum_{i=1}^{n} a_i\right)^p}{\sum_{i=1}^{n} b_i}$

84. $x \geq n \geq 2,\ n \in N$에 대해 $x^{2^x} + \ldots + x^{n^x} \geq 2^{x^2} + \ldots + n^{x^n}$

85. $a \geq 0, b \geq 0, c \geq 0$, $a^2 + b^2 + c^2 = 3$에 대해 $\dfrac{1}{2-a} + \dfrac{1}{2-b} + \dfrac{1}{2-c} \geq 3$

86. $a \geq 0, b \geq 0, c \geq 0, d \geq 0, e \geq 0$, $\dfrac{1}{4+a} + \dfrac{1}{4+b} + \dfrac{1}{4+c} + \dfrac{1}{4+d} + \dfrac{1}{4+e} = 1$에

대해 $\dfrac{a}{4+a^2} + \dfrac{b}{4+b^2} + \dfrac{c}{4+c^2} + \dfrac{d}{4+d^2} + \dfrac{e}{4+e^2} \leq 1$

87. $p > 1$, $a_i > 0,\ \ i = 1, \ldots, n$에 대해

$\displaystyle\sum_{k=1}^{n} \left(\frac{a_1 + \ldots + a_k}{k} \right)^p \leq \left(\frac{p}{p-1} \right)^p \sum_{k=1}^{n} a_k^p$ (하디 부등식)

88. $|b_1 + \ldots + b_k| \leq B,\ k = 1, \ldots, n,\ \ a_1 \leq \ldots \leq a_n$ 또는 $a_1 \geq \ldots \geq a_n$에 대해

$\displaystyle\left| \sum_{i=1}^{n} a_k b_k \right| \leq B\left(|a_1| + 2|a_n|\right)$ (아벨 부등식)

89. $|b_1+\ldots+b_k| \le B,\ k=1,\ldots,n,\ \ a_1 \ge \ldots \ge a_n \ge 0$ 에 대해

$\left|\sum_{i=1}^{n} a_k b_k\right| \le Ba_1$ (아벨 부등식)

90. $a_1>0,\ \ldots\ ,a_n>0,\ \sum_{i=1}^{k} a_i > \sqrt{k},\ \ k=1,\ldots,n$ 에 대해

$\sum_{i=1}^{n} a_i^2 > \frac{1}{4}\left(1+\frac{1}{2}+\ldots+\frac{1}{n}\right)$

91. $n\ge 2,\ \ x_i>0,\ \ y_i>0,\ \ x_1+\ldots+x_i \ge y_1+\ldots+y_i,\ \ i=1,\ldots,n$,

$x_1y_1 < x_2y_2 < \ldots < x_ny_n$ 에 대해 $\frac{1}{x_1}+\ldots+\frac{1}{x_n} \le \frac{1}{y_1}+\ldots+\frac{1}{y_n}$

92. $n\ge 2,\ \ n\in N$ 에 대해 $\left|\sum_{k=1}^{n-1}\frac{\cos(n-k)x}{k}-\sum_{k=1}^{n-1}\frac{\cos(n+k)x}{k}\right|<6$

93. $n\ge 2,\ \ n\in N,\ \ 0\le x\le \frac{\pi}{2}$ 에 대해 $\left|\sum_{k=1}^{n-1}\frac{\cos(n-k)x}{k}-\sum_{k=1}^{n-1}\frac{\cos(n+k)x}{k}\right|<4\sqrt{2}$

94. $k\ge 2,\ \ k\in N,\ \ a_i>0,\ \ b_i>0,\ \ b_1+\ldots+b_i \ge a_1+\ldots+a_i,\ \ i=1,\ldots,n$,

$b_1 \le \ldots \le b_n$ 에 대해 $a_1^{\frac{1}{k}}+\ldots+a_n^{\frac{1}{k}} \le b_1^{\frac{1}{k}}+\ldots+b_n^{\frac{1}{k}}$

95. $u_1=2,\ \ u_2=3,\ \ u_{k+1}=u_1\cdot\ldots\cdot u_k+1,\ \ k=2,3,\ldots$,

$x_1,\ldots,x_n\in N,\ \ \frac{1}{x_1}+\ldots+\frac{1}{x_n}<1$ 에 대해 $\frac{1}{x_1}+\ldots+\frac{1}{x_n} \le \frac{1}{u_1}+\ldots+\frac{1}{u_n}$

96. 다음 조건 중 적어도 하나가 성립할 때 부등식 $A(b-c)^2+B(c-a)^2+C(a-b)^2\ge 0$ 을 증명하여라.

(a) $a\ge b\ge c$, $B\ge 0,\ B+A\ge 0,\ B+C\ge 0$

(b) $a\ge b\ge c$, $A\ge 0,\ C\ge 0,\ A+2B\ge 0,\ C+2B\ge 0$

(c) $a\ge b\ge c>0$, $B\ge 0,\ C\ge 0,\ a^2B+b^2A\ge 0$

(d) $A+B+C\ge 0,\ AB+BC+CA\ge 0$

(e) $a\ge b\ge c,\ A\ge 0,\ B\ge 0,\ b^2B+c^2C\ge 0$ 이며, a,b,c 는 삼각형의 변이다.

97. $x>0,\ y>0,\ z>0$ 에 대해

$$(xy+yz+zx)\left(\frac{1}{(x+y)^2}+\frac{1}{(y+z)^2}+\frac{1}{(z+x)^2}\right)\ge\frac{9}{4}$$

98. $0=x_1<x_2<\ldots<x_{2n+1}=1$, $x_{i+1}-x_i\le h,\ \ i=1,2,\ldots,2n$ 에 대해

$$\frac{1-h}{2}<\sum_{i=1}^{n}x_{2i}(x_{2i+1}-x_{2i-1})<\frac{1+h}{2}$$

99. $$\sum_{1\le i<j\le n}\left(\left|a_i-a_j\right|+\left|b_i-b_j\right|\right)\le\sum_{1\le i,j\le n}\left|a_i-b_j\right|$$

100. $$\left(\sum_{i=1}^{n}a_i\right)^4\le\pi^2\left(\sum_{i=1}^{n}a_i^2\right)\left(\sum_{i=1}^{n}i^2a_i^2\right)$$ (카레손 부등식)

증명을 위한 방향 제시

1. $$(ab+bc+ca)\left|1-\frac{1}{abc}\right| \le \left|ab+bc+ca-\frac{1}{c}-\frac{1}{a}-\frac{1}{b}\right|$$

2. $$\frac{\sin^2\beta\sin\frac{\alpha}{2}\sin\left(\alpha+\frac{\beta}{2}\right)-\sin^2\alpha\sin\frac{\beta}{2}\sin\left(\beta+\frac{\alpha}{2}\right)}{\sin\frac{\alpha}{2}\sin\frac{\beta}{2}}$$

$$=2\sin\frac{\beta-\alpha}{2}\cos\frac{\alpha+\beta}{2}\sin(\alpha+\beta)$$

3. $$ab\cdot\left(\left|\frac{a+b}{a-b}\right|-1\right)\ge 0$$

4. $\max(a,b,c)=a$ 라 놓으면, $\dfrac{a-b}{a+b}<1,\ \dfrac{b-c}{b+c}\le\dfrac{a-c}{c+a}$ 이다.

5. $$x_0-x_n=(x_0-x_1)+\ldots+(x_{n-1}-x_n),\ n\ge 2$$

6. $$S_{km}=S_k+\left(\frac{1}{k+1}+\ldots+\frac{1}{2k}\right)+\ldots+\left(\frac{1}{(m-1)k+1}+\ldots+\frac{1}{mk}\right)$$

$$\ge S_k+k\cdot\frac{1}{2k}+\ldots+k\cdot\frac{1}{mk}$$

7. $$\frac{1}{n+1}\left(1+\frac{1}{3}+\ldots+\frac{1}{2n-1}\right)-\frac{1}{n}\left(\frac{1}{2}+\frac{1}{4}+\ldots+\frac{1}{2n}\right)$$

$$=\frac{1}{2n(n+1)}\left(2n\left(\frac{1}{n+1}+\ldots+\frac{1}{2n}\right)-\left(1+\ldots+\frac{1}{n}\right)\right)$$

8. $$\frac{1}{2}+\frac{2}{2^2}+\ldots+\frac{n}{2^n}<\left(\frac{1}{2}+\frac{1}{2^2}+\ldots\right)+\left(\frac{1}{2^2}+\frac{1}{2^3}+\ldots\right)+\ldots=1+\frac{1}{2}+\frac{1}{2^2}+\ldots=2$$

9. $a_1 \le a_2 \le \ldots \le a_5$ 라 놓으면, 다음이 성립한다.

$$(a_3-a_1)(a_3-a_2)(a_3-a_4)(a_3-a_5)\ge 0,$$

$$(a_1-a_2)(a_1-a_3)(a_1-a_4)(a_1-a_5)\ge(a_1-a_2)(a_2-a_3)(a_2-a_4)(a_2-a_5),$$

$$(a_5-a_1)(a_5-a_2)(a_5-a_3)(a_5-a_4)\ge(a_4-a_1)(a_4-a_2)(a_4-a_3)(a_5-a_4).$$

10. $m \ge n$ 이라 놓으면, $m \ge a \ge n$,

$$a-n=\frac{m^m}{n^n}\cdot(m-a)\ge\frac{m^{m-1}+\ldots+a^{m-1}}{n^{n-1}+\ldots+a^{n-1}}\cdot(m-a) \text{ 이다.}$$

11. $$\frac{(m+n)!}{(m-n)!}=(m-n+1)\cdot\ldots\cdot(m+n)\ge(2n)!,$$

$$k(2m+1-k)\le m^2+m,\quad k=m-n+1,\ldots,m$$

12. $p \le 0$ 이면 $\left|\sqrt{2}-\frac{p}{q}\right| \ge \sqrt{2} > \frac{1}{3} \ge \frac{1}{3q^2}$ 이고, $0<p<(3-\sqrt{2})q$ 이면, 다음이 성립한다.

$$\left|\sqrt{2}-\frac{p}{q}\right|=\frac{\left|2q^2-p^2\right|}{q(\sqrt{2}q+p)}\geq\frac{1}{q(\sqrt{2}q+p)}>\frac{1}{3q^2}$$

이제 $p\geq(3-\sqrt{2})q$ 인 경우를 생각하면 된다.

13. $m^2\leq 7n^2-3$

14. $(x+y+z)^2-3(xy+yz+zx)=\frac{1}{2}\left((x-y)^2+(y-z)^2+(z-x)^2\right)$

15. $x>0,\ y>0,\ z>0$, $xyz=1$ 에 대해 $\frac{x}{y}+\frac{y}{z}\geq x+\frac{1}{z}$ 이다.

16. $k\in\{1,2,\ldots,n\}$ 에 대해 $1+a^{2n}\geq|a|^k+|a|^{2n-k}$ 이다.

17. $x^4-x^3\geq\left|x^3\right|(|x|-1)\geq|x|-1$

18. $8(a_1^2a_4^2+a_2^2a_3^2)-(-a_1+a_2+a_3+a_4)(a_1-a_2+a_3+a_4)$

$(a_1+a_2-a_3+a_4)(a_1+a_2+a_3-a_4)$

$=(a_1^2+a_4^2-a_2^2-a_3^2)^2+4(a_1a_4-a_2a_3)^2$

19. $\alpha>0,\ \beta>0$, $\alpha+\beta\leq\frac{\pi}{2}$ 에 대해 $\sin^2\alpha+\sin^2\beta\leq\sin^2(\alpha+\beta)$ 이다.

20. $$\left(\frac{\sqrt{a+b-c}+\sqrt{b+c-a}}{2}\right)^2 \le \frac{\left(\sqrt{a+b-c}\right)^2+\left(\sqrt{b+c-a}\right)^2}{2}=b$$

21. $$a^3+c^2a \ge 2\sqrt{a^3\cdot c^2a}=2a^2c$$

22. $$\frac{abc}{a^3+b^3+abc}=\frac{abc}{(a+b)(a^2-ab+b^2)+abc}\le\frac{abc}{(a+b)ab+abc}=\frac{c}{a+b+c}$$

23. $$(uv+vw+wu)^2 \ge 3(uv\cdot vw+vw\cdot wu+wu\cdot uv)=3uvw$$

24. $$\frac{1}{a_i\cdot a_j}\ge 4\cdot\left(\frac{1}{a_i+a_j}\right)^2$$

25. $\min(p,q,r)=r$ 이라 놓으면, 다음이 성립한다.

$$7(pq+qr+rp)-9pqr=(7-9r)pq+7r(p+q)$$

$$\le(7-9r)\frac{(p+q)^2}{4}+7r(p+q)=2-\frac{1}{4}(3r-1)^2(r+1)$$

26. $$\sqrt{x^2+y^2+z^2}\ge\frac{\sqrt{3}}{3}(x+y+z)$$

27. $$\sqrt{x^2+2y^2}\ge\frac{\sqrt{3}}{3}(x+2y)$$

28. $$\sqrt{x^2+xy+y^2}=\sqrt{\left(x+\frac{y}{2}\right)^2+\left(\frac{\sqrt{3}}{2}y\right)^2}$$

29. $\left|\frac{a^3-b^3}{a+b}+\frac{b^3-c^3}{b+c}+\frac{c^3-a^3}{c+a}\right|=\frac{|a-b|\cdot|b-c|\cdot|c-a|}{(a+b)(b+c)(c+a)}(ab+bc+ca)$

$a\le b\le c$ 라 놓으면, 다음이 성립한다.

$\frac{|c-a|}{c+a}<1$, $\frac{ab+bc+ca}{(a+b)(b+c)}<1$, $6|a-b|\cdot|b-c|$

$=2|a-b|\cdot|b-c|+4|a-b|\cdot|b-c|\le\left((a-b)^2+(b-c)^2\right)+\left((b-a)+(c-b)\right)^2$

30. $(1-x)(1-y)(1-z)\ge 0$ 이므로, $(1-x^k)(1-y^k)(1-z^k)\ge 0$ 이다.

31. $x^2-x^3\ge y^4-y^3\ge y^3-y^2$, $(x+y)(x^3+y^3)\ge(x^2+y^2)^2\ge(x^3+y^3)^2$

32. $\log_a(\log_a b)>\log_b(\log_a b)$

33. $\sin\alpha+\ldots+\sin(n\alpha)=\sin^2\frac{n\alpha}{2}\cdot\cot\frac{\alpha}{2}+\frac{1}{2}\sin(n\alpha)$

34. $\sin\alpha+\ldots+\sin(n\alpha)=\sin^2\frac{(n+1)\alpha}{2}\cdot\cot\frac{\alpha}{2}-\frac{1}{2}\sin((n+1)\alpha)$

35. $\frac{x_i^3}{x_1^5+x_2^5+x_3^5+x_4^5+x_5^5+x_6^5-x_i^5+5}\le\frac{x_i^3}{x_1^5+x_2^5+x_3^5+x_4^5+x_5^5+x_6^5+4}$,

$3x_i^5-5x_i^3+2=(x_i-1)^2(3x_i^3+6x_i^2+4x_i+2)$

36. $a=x+\alpha,\ b=y+\alpha,\ c=z+\alpha,\ \ d=t+\alpha,\ \ X=xy+xz+xt+yz+yt+zt,$ $Y=xyz+xyt+xzt+yzt$ 라 놓자. 이 경우에 증명하려는 부등식은 다음과 같은 형태가 된다.

$(X-6\alpha^2)^2+12\geq 6(Y+2\alpha X-8\alpha^3)$

이때 $x+y+z+t=-4\alpha$ 이다.

수 α 를 $36\alpha^4+12=-48\alpha^3$ 가 되도록 잡자. 예를 들어 $\alpha=-1$ 이 가능하다.

이와 같이, $x+y+z+t=4$ 에 대해 부등식 $X^2\geq 6Y$ 을 증명해야 한다.

$Y\leq 0$ 이면, $X^2\geq 0\geq 6Y$ 이다. 그리고 $Y>0$ 이면, 다음이 성립한다.

$X^2=2Y(x+y+z+t)+(xy-zt)^2+(xz)^2+(xt)^2+(yz)^2+(yt)^2\geq 8Y>6Y$

결국 $X^2>6Y$ 이다.

37. $y^3+x\geq 4y+x\geq 5\sqrt[5]{xy^4}$

38. $(a+3b)(b+4c)(c+2a)\geq 4\sqrt[4]{ab^3}\cdot 5\sqrt[5]{bc^4}\cdot 3\sqrt[3]{ca^2}$

$\geq 60\sqrt[4]{ab^3}\cdot\sqrt[5]{bc^4}\cdot\sqrt[3]{c^{3/5}b^{2/5}a^2}$

39. $(a+b+3c)(a+3b+c)(3a+b+c)+8(ab+bc+ac+abc)$

$\geq(\frac{1}{3}+2c)(\frac{1}{3}+2b)(\frac{1}{3}+2a)+8(ab+bc+ac)+8abc$

$\geq\frac{1}{9}+\frac{28}{3}(ab+bc+ac)+16abc$

$\geq\frac{1}{9}+\frac{28}{3}(\sqrt{ab}\cdot\sqrt{bc}+\sqrt{bc}\cdot\sqrt{ca}+\sqrt{ca}\cdot\sqrt{ab})+16abc$

$=\frac{1}{9}+\frac{28}{3}\sqrt{abc}+16abc\geq\frac{349}{27}\sqrt{abc}$

40. $k+l \ge p+q = \frac{p}{k}+\ldots+\frac{p}{k}+\frac{q}{l}+\ldots+\frac{q}{l} \ge (k+l)\cdot\left(\frac{p}{k}\cdot\ldots\cdot\frac{p}{k}\cdot\frac{q}{l}\cdot\ldots\cdot\frac{q}{l}\right)^{\frac{1}{k+l}}$

41. $x_i \ge a\left(\frac{a+x_i}{a+x_1}+\ldots+\frac{a+x_i}{a+x_n}-1\right) \ge (n-1)a\left(\frac{a+x_i}{a+x_1}\cdot\ldots\cdot\frac{a+x_i}{a+x_n}\right)^{\frac{1}{n-1}}$

42. $\tan\alpha_i = x_i$ 라 놓으면, $\frac{1}{1+x_1}+\ldots+\frac{1}{1+x_n} \le 1$ 이다.

43. $(n-1)\alpha = 1-\alpha$ 에 대해 다음이 성립한다.

$$\frac{x_i}{n-1+x_i} = \frac{x_i}{(n-1)x_1^{\alpha}\cdot\ldots\cdot x_n^{\alpha}+x_i}$$

$$= \frac{x_i^{1-\alpha}}{(n-1)\frac{x_1^{\alpha}\cdot\ldots\cdot x_n^{\alpha}}{x_i^{\alpha}}+x_i^{1-\alpha}} \ge \frac{x_i^{1-\alpha}}{x_1^{1-\alpha}+\ldots+x_n^{1-\alpha}}$$

44. $\left(a^{\frac{4}{3}}\right)^3+\left(b^{\frac{4}{3}}\right)^3+\left(c^{\frac{4}{3}}\right)^3+3a^{\frac{4}{3}}\cdot b^{\frac{4}{3}}\cdot c^{\frac{4}{3}}$

$$\ge a^{\frac{8}{3}}b^{\frac{4}{3}}+a^{\frac{4}{3}}b^{\frac{8}{3}}+b^{\frac{8}{3}}c^{\frac{4}{3}}+b^{\frac{4}{3}}c^{\frac{8}{3}}+c^{\frac{8}{3}}a^{\frac{4}{3}}+c^{\frac{4}{3}}a^{\frac{8}{3}}$$

$$\ge 2\sqrt{a^{\frac{8}{3}}b^{\frac{4}{3}}\cdot a^{\frac{4}{3}}b^{\frac{8}{3}}}+2\sqrt{b^{\frac{8}{3}}c^{\frac{4}{3}}\cdot b^{\frac{4}{3}}c^{\frac{8}{3}}}+2\sqrt{c^{\frac{8}{3}}a^{\frac{4}{3}}\cdot c^{\frac{4}{3}}a^{\frac{8}{3}}}$$

45. $abc(a+b+c) \ge 3(abc)^{\frac{4}{3}}$

46. $\dfrac{a^2+b}{b+c}=\dfrac{a+b}{b+c}-a$

47. $a^2+bc\ge\dfrac{(a+1)^3}{2a(d+1)}$

48. $a+b+c=p,\ ab+bc+ca=\dfrac{p^2-q^2}{3},\ \ q\ge 0$ 라 놓자. $q<p\le 2q$ 이면,

$\min(abc)=0$ 이고, $p>2q$ 이면, $\min(abc)=\left(\dfrac{p+q}{3}\right)^2\cdot\dfrac{p-2q}{3}$ 이다.

49. $x+y+z=3u,\ xy+yz+zx=3v^2,\ xyz=w^3$ 라 놓고, 다음을 증명하면 된다.

$4(27u^3-27uv^2+4w^3)^2\ge(9u^2-6v^2+u^2)^3$

50. $1.5(x^2-x+1)(y^2-y+1)\ge((xy)^2-xy+1)$

51. $a\ge b\ge c$ 라 놓자. $a>c$ 이면, $(a-c)^2+(b-c)^2=1$ 이라 할 수 있다. 결국 다음이 성립한다.

$a=c+\cos\alpha,\ \ b=c+\sin\alpha,\ \ \alpha\in\left[0;\dfrac{\pi}{4}\right]$

52. $x\ge 0,\ y\ge 0$ 에 대해 $\sqrt{x\cdot 1}+\sqrt{1\cdot y}\le\sqrt{(x+1)(1+y)}$ 이다.

53. $p(x^2)=\left(\sqrt{a_0}\cdot x^n\right)^2+\left(\sqrt{a_1}\cdot x^{n-1}\right)^2+\ldots+\left(\sqrt{a_n}\right)^2$

54. $y_i = x_i - i$라 놓으면, $0 \le y_1 \le \ldots \le y_n$이다.

55. $\dfrac{1}{(1+a)^2}+\dfrac{1}{(1+b)^2}+\dfrac{1}{(1+c)^2}+\dfrac{1}{(1+d)^2}=R^2$이라 놓으면, 다음이 성립한다.

$$\frac{1}{1+a}=R\cos\alpha\cos\beta,\quad \frac{1}{1+b}=R\cos\alpha\sin\beta,\quad \frac{1}{1+c}=R\sin\alpha\cos\gamma,$$

$$\frac{1}{1+d}=R\sin\alpha\sin\gamma,\quad \alpha,\beta,\gamma\in\left(0,\frac{\pi}{2}\right)$$

56. 다음이 성립한다.

$$\sum_{i=1}^{n}\frac{x_i}{\sqrt{1+x_0+\ldots+x_{i-1}}\cdot\sqrt{x_i+\ldots+x_n}}=x_1+\frac{x_2}{\sqrt{1-x_1^2}}+\ldots+\frac{x_n}{\sqrt{1-(x_1+\ldots+x_{n-1})^2}}$$

$$>x_1+x_2+\ldots+x_n=1$$

$x_1+\ldots+x_i=\cos\alpha_i,\quad \alpha_i\in\left[0,\dfrac{\pi}{2}\right),\quad i=1,2,\ldots,n$라 놓으면, 다음이 성립한다.

$$\frac{x_i}{\sqrt{1-(x_1+\ldots+x_{i-1})^2}}<\sin(\alpha_{i-1}-\alpha_i),\quad i=2,3,\ldots,n$$

57. $\dfrac{\pi n^2}{4}-n<\sqrt{n^2-1^2}+\ldots+\sqrt{n^2-(n-1)^2}<\dfrac{\pi n^2}{4}$

58. $\dfrac{a^2}{(a+b)(a+c)}+\dfrac{b^2}{(b+c)(b+a)}+\dfrac{c^2}{(c+a)(c+b)}$

$$\ge\frac{(a+b+c)^2}{a^2+b^2+c^2+3ab+3bc+3ca}$$

59. $$\frac{1}{1+ab}+\frac{1}{1+bc}+\frac{1}{1+ca}\geq\frac{3^2}{3+ab+bc+ca}$$

60. $$\frac{a}{b+2c}=\frac{a^2}{ab+2ac}$$

61. $$\sum_{i=1}^{n}\frac{a_i x_i^2}{1-a_i}=\sum_{i=1}^{n}\frac{x_i^2}{1-a_i}-\sum_{i=1}^{n}x_i^2$$

62. $$a^3+b^3+c^3=\frac{a^2}{1/a}+\frac{b^2}{1/b}+\frac{c^2}{1/c}\geq\frac{(a+b+c)^2}{1/a+1/b+1/c}$$

63. $$a^2x+b^2y+c^2z=\frac{a^2}{1/x}+\frac{b^2}{1/y}+\frac{c^2}{1/z}$$

64. $$1=\frac{\left(\sqrt{x-1}\right)^2}{x}+\frac{\left(\sqrt{y-1}\right)^2}{y}+\frac{\left(\sqrt{z-1}\right)^2}{z}$$

65. $$\left(\frac{x_i^{k-1}}{\frac{1}{x_i}+x_i^{k-1}}-\frac{x_j^{k-1}}{\frac{1}{x_j}+x_j^{k-1}}\right)\cdot\left(\frac{1}{\frac{1}{x_i}+x_i^{k-1}}-\frac{1}{\frac{1}{x_j}+x_j^{k-1}}\right)\leq 0$$ 이므로, 다음이 성립한다.

$$n-1=\frac{x_1^{k-1}\cdot 1}{\frac{1}{x_1}+x_1^{k-1}}+\ldots+\frac{x_n^{k-1}\cdot 1}{\frac{1}{x_n}+x_n^{k-1}}\leq\frac{\left(x_1^{k-1}+\ldots+x_n^{k-1}\right)\cdot n}{\frac{1}{x_1}+x_1^{k-1}+\ldots+\frac{1}{x_n}+x_n^{k-1}}$$

66. $$\frac{a^2+ab+b^2}{a+b}+\frac{b^2+bc+c^2}{b+c}+\frac{c^2+ca+a^2}{c+a}$$

$$\le \frac{5a^2+5b^2+5c^2+4ab+4bc+4ac}{2(a+b+c)}$$

67. $2 \le m \le n$에 대해 $\sqrt[m]{m\sqrt[m+1]{(m+1)\ldots\sqrt[n]{n}}} < 2$이다.

68. $1 \le m \le n$에 대해 $\sqrt{m+\sqrt{m+1+\sqrt{\ldots+\sqrt{n}}}} < m+1$이다.

69. $n \ge 5$이면, 다음이 성립한다.

$$\left(\frac{7n+16}{16}\right)^{n+1} : \left(\frac{7n+9}{16}\right)^{n} = \frac{7n+16}{16}\cdot\left(1+\frac{7}{7n+9}\right)^{n}$$

$$\ge \frac{7n+16}{16}\cdot\left(1+\frac{7n}{7n+9}+\frac{n(n-1)}{2}\cdot\frac{49}{(7n+9)^2}\right)$$

$$> \frac{1}{16}\cdot\left(7n+16+7n+\frac{49n(n-1)}{14n+18}\right) > n+1$$

70. $\dfrac{2n+1}{2n+2} > \dfrac{\sqrt{n}}{\sqrt{n+1}}$, $\dfrac{1}{2}\cdot\dfrac{3}{4}\cdot\ldots\cdot\dfrac{2n-1}{2n} \le \dfrac{1}{\sqrt{3n+1}}$

71. $2 \le k \le n-2$이면,

$$\frac{\sqrt[k+1]{b_{k+1}}}{\sqrt[k+2]{b_{k+2}}} = \frac{\sqrt[k+1]{b_{k+1}}\cdot\sqrt[k+2]{b_k}}{\sqrt[k+2]{b_{k+2}\cdot b_k}} \ge \frac{\sqrt[k+1]{b_{k+1}}\cdot\sqrt[k+2]{b_k}}{\sqrt[k+2]{b_{k+1}^2}} = \left(\frac{\sqrt[k]{b_k}}{\sqrt[k+1]{b_{k+1}}}\right)^{\frac{k}{k+2}}$$ 이다.

72. $$(k+1)\left(a_1+\frac{a_2}{2}+\ldots+\frac{a_{k+1}}{k+1}\right)=(a_1+a_k)+\left(\left(a_1+\frac{a_2}{2}\right)+a_{k-1}\right)+\ldots+$$

$$+\left(\left(a_1+\frac{a_2}{2}+\ldots+\frac{a_k}{k}\right)+a_1\right)+a_{k+1}$$

$$\geq(a_1+a_k)+(a_2+a_{k-1})+\ldots+(a_k+a_1)+a_{k+1}\geq(k+1)a_{k+1}$$

73. $f(x)=x^4$ 이 R 에서 볼록인 경우에, 다음이 성립한다.

$$(a_2+a_1)(f(a_2)-f(a_1))+\ldots+(a_n+a_{n-1})(f(a_n)-f(a_{n-1}))$$
$$\geq(a_n+a_1)(f(a_n)-f(a_1))$$

74. $2u_n\leq u_{n+1}<3u_n,\ \ n=1,2,\ldots$

75. $A=\{i\,|\,a_i=\min(a_1,\ldots,a_n)\}$ 라 놓으면, $1\notin A$, $n\notin A$ 이면, $k\in A$ 로부터 $k-1\in A$ 가 유도된다.

76. $A=\{i\,|\,a_i\geq 0\}$, $|A|=m$ 이라 놓으면, $\max(a_1,a_2,\ldots,a_n)<2$ 이면, $4m+(2m-n)^2>a_1^2+\ldots+a_n^2\geq n^2$ 이며, 결국 $m=n$ 이다.

77. $\dfrac{a_i}{a_{i+1}}=b_i,\ \ i=0,1,\ldots,n-1,\ \ \ S=a_1+\ldots+a_{n-1}$ 라 놓으면,

$b_0\leq b_1\leq\ldots\leq b_{n-1}$ 이다. 결국 다음이 성립한다.

$$\frac{a_0}{a_i}=b_0\cdot\ldots\cdot b_{i-1}\leq b_{n-i}\cdot\ldots\cdot b_{n-1}=\frac{a_{n-i}}{a_n},\ \ 1\leq i\leq n,\ \ S\geq(n-1)^2a_0a_n$$

78. $\frac{1-x^{n+1}}{n+1}\cdot\frac{1-x^{n-1}}{n-1}>\left(\frac{1-x^{n}}{n}\right)^{2},\ \ n=2,3,...$

79. $\sin x>\frac{2}{\pi}\cdot x,$ где $0<x<\frac{\pi}{2}$

80. $0<x<1,\ 0<y<1$ 이라 놓으면,

$x^{y}=\frac{1}{\left(1+\frac{1}{x}-1\right)^{y}}>\frac{1}{1+y\left(\frac{1}{x}-1\right)}>\frac{x}{x+y}$ 이다.

81. $c_{n}=\min\limits_{(0,1]}\frac{(t+1)^{2}((t^{n-2})^{2}+2(t^{n-3})^{2}+...+n-1)}{t(t^{n-2}+2t^{n-3}+...+n-1)}$ 에 대해 다음이 성립한다.

$c_{2}>c_{3}>...>c_{n}>...,\ \ c_{n}\geq\frac{2n}{n-\sqrt{n-1}},\ \ n=2,3,...$

82. $f(x)=x\cdot\text{arccot}x$ 라 놓으면, $f''(x)=\frac{2}{(1+x^{2})^{2}}$ 이다. 결국 다음이 성립한다.

$x_{1}\text{arccot}x_{1}+...+x_{n}\text{arccot}x_{n}\geq n\cdot\frac{x_{1}+...+x_{n}}{n}\text{arccot}\frac{x_{1}+...+x_{n}}{n}$

83. $\left(\sum_{i=1}^{n}\frac{a_{i}^{p}}{b_{i}}\right)\cdot\left(\sum_{i=1}^{n}b_{i}\right)\geq\left(\sum_{i=1}^{n}a_{i}^{\frac{p}{2}}\right)^{2}\geq\left(\sum_{i=1}^{n}n\left(\frac{\sum_{i=1}^{n}a_{i}}{n}\right)^{\frac{p}{2}}\right)^{2}=n^{2-p}\left(\sum_{i=1}^{n}a_{i}\right)^{p}$

84. $f(x) = x\ln k + \ln(\ln x) - k\ln x - \ln(\ln k)$ 라 놓자.

$x \ge k \ge 3$ 이면, $f'(x) = \ln k + \dfrac{1}{\ln x}\cdot\dfrac{1}{x} - \dfrac{k}{x} > \ln k - 1 > 0$ 이며, $x \ge k = 2$ 이면, 다음이 성립한다.

$$f'(x) = \ln 2 + \frac{1}{\ln x}\cdot\frac{1}{x} - \frac{2}{x}$$

$$= \frac{1}{x}\left(x\ln 2 + \frac{1}{\ln x} - 2\right) \ge \frac{1}{x}\left(2\sqrt{x\ln 2\cdot\frac{1}{\ln x}} - 2\right) > \frac{1}{x}\left(2\sqrt{2\ln 2} - 2\right) > 0$$

결국 $x \ge k \ge 2,\ k \in N$ 이면, $f(x) \ge f(k)$ 이며 $x^{k^x} \ge k^{x^k}$ 이다.

85. $a^2 = x$, $f(x) = \dfrac{1}{2-\sqrt{x}}$ 이라 놓자.

$0 \le x \le 3$ 이면, $f(x) \ge f(1) + f'(1)(x-1)$ 이다.

86. $\dfrac{1}{4+a} = x$, $f(x) = \dfrac{x-4x^2}{17x^2-8x+1}$ 라 놓자.

$0 < x \le \dfrac{1}{4}$ 이면, $f(x) \le f\left(\dfrac{1}{5}\right) + f'\left(\dfrac{1}{5}\right)\cdot\left(x - \dfrac{1}{5}\right)$ 이다.

87. 연습문제 11.25(c)를 참고하여라.

88. $$\left|\sum_{i=1}^{n} a_k b_k\right| = \left|(a_1 - a_2)b_1 + (a_2 - a_3)(b_1 + b_2) + \dots\right.$$

$$\left. + (a_{n-1} - a_n)(b_1 + \dots + b_{n-1}) + a_n(b_1 + \dots + b_n)\right|$$

$$\le |a_1 - a_2|B + |a_2 - a_3|B + \dots + |a_{n-1} - a_n|B + |a_n|B$$

$$= |a_1 - a_n|B + |a_n|B \le B\left(|a_1| + 2|a_n|\right)$$

89. $\left|\sum_{i=1}^{n} a_k b_k\right| = \left|(a_1 - a_2)b_1 + (a_2 - a_3)(b_1 + b_2) + \dots\right.$

$\left. + (a_{n-1} - a_n)(b_1 + \dots + b_{n-1}) + a_n(b_1 + \dots + b_n)\right|$

$\le |a_1 - a_2| B + |a_2 - a_3| B + \dots + |a_{n-1} - a_n| B + |a_n| B = Ba_1$

90. 일반성을 잃지 않고, $a_1 \ge a_2 \ge \dots \ge a_n$ 이라 할 수 있다.

$\sum_{i=1}^{n} a_i^2 = (a_1 - a_2)a_1 + (a_2 - a_3)(a_1 + a_2) + \dots$

$+ (a_{n-1} - a_n)(a_1 + \dots + a_{n-1}) + a_n(a_1 + \dots + a_n)$

$> (a_1 - a_2)\sqrt{1} + (a_2 - a_3)\sqrt{2} + \dots + (a_{n-1} - a_n)\sqrt{n-1} + a_n\sqrt{n}$

$> \frac{1}{2}\left(a_1 \cdot \frac{1}{\sqrt{1}} + \dots + a_n \cdot \frac{1}{\sqrt{n}}\right) > \frac{1}{4} \cdot \left(\left(\frac{1}{\sqrt{1}}\right)^2 + \dots + \left(\frac{1}{\sqrt{n}}\right)^2\right)$

왜냐 하면, $2\sqrt{k} > 1 + \dots + \frac{1}{\sqrt{k}}$, $k = 1, \dots, n$ 이다.

91. $\frac{1}{x_1 y_1} \cdot (x_1 - y_1) + \dots + \frac{1}{x_n y_n} \cdot (x_n - y_n) = \left(\frac{1}{x_1 y_1} - \frac{1}{x_2 y_2}\right) \cdot (x_1 - y_1) + \dots +$

$\left(\frac{1}{x_{n-1} y_{n-1}} - \frac{1}{x_n y_n}\right) \cdot (x_1 - y_1 + \dots + x_{n-1} - y_{n-1}) + \frac{1}{x_n y_n} \cdot (x_1 - y_1 + \dots + x_n - y_n) \ge 0$

92. $\left|\sum_{k=1}^{n-1} \frac{\cos(n-k)x}{k} - \sum_{k=1}^{n-1} \frac{\cos(n+k)x}{k}\right|$

$= 2|\sin(nx)| \left|\sum_{k=1}^{n-1} \frac{\sin(kx)}{k}\right| \le 2\left|\sum_{k=1}^{n-1} \frac{\sin(kx)}{k}\right| < 6$

93. $x=0$ 이면, $\left|\sum_{k=1}^{n-1}\frac{\cos(n-k)x}{k}-\sum_{k=1}^{n-1}\frac{\cos(n+k)x}{k}\right|=0<4\sqrt{2}$ 이다.

$0<x\le\frac{\pi}{2}$ 이면, $\frac{1}{\sqrt{2}(m+1)}<\left|\sin\frac{x}{2}\right|\le\frac{1}{\sqrt{2}m}$ 인 자연수 m 이 존재한다.

$n\le m+1$ 이면,

$$\left|\sum_{k=1}^{n-1}\frac{\cos(n-k)x}{k}-\sum_{k=1}^{n-1}\frac{\cos(n+k)x}{k}\right|\le 2\left|\sum_{k=1}^{n-1}\frac{\sin(kx)}{k}\right|\le 2m|\sin x|<2\sqrt{2}$$ 이다.

$n\ge m+2$ 일 때, 다음을 증명하여라.

$$\left|\frac{\sin(m+1)x}{m+1}+\ldots+\frac{\sin((n-1)x)}{n}\right|<\frac{1}{(m+1)\left|\sin\frac{x}{2}\right|}<\sqrt{2}$$

94. 일반성을 잃지 않고, $a_1\le a_2\le\ldots\le a_n$ 이라 할 수 있다.

$$A_i=\left(b_i^{\frac{1}{k}}\right)^{k-1}+\left(b_i^{\frac{1}{k}}\right)^{k-2}\cdot a_i^{\frac{1}{k}}+\ldots+\left(a_i^{\frac{1}{k}}\right)^{k-1}$$ 이라 하면, 다음을 알 수 있다.

$A_i\le A_{i+1},\ \ i=1,\ldots,n-1$,

$$b_1^{\frac{1}{k}}+\ldots+b_n^{\frac{1}{k}}-\left(a_1^{\frac{1}{k}}+\ldots+a_n^{\frac{1}{k}}\right)=\frac{b_1-a_1}{A_1}+\ldots+\frac{b_n-a_n}{A_n}=(b_1-a_1)\left(\frac{1}{A_1}-\frac{1}{A_2}\right)+\ldots$$

$$+(b_1-a_1+\ldots+b_{n-1}-a_{n-1})\left(\frac{1}{A_{n-1}}-\frac{1}{A_n}\right)+(b_1-a_1+\ldots+b_n-a_n)\frac{1}{A_n}\ge 0$$

95. $x_1\le\ldots\le x_n$ 이라 하자. 그러면

$\frac{1}{x_1}\le\frac{1}{u_1},\ \ldots\ ,\frac{1}{x_1}+\ldots+\frac{1}{x_{n-1}}\le\frac{1}{u_1}+\ldots+\frac{1}{u_{n-1}}$ 이라 할 수 있다.

만약 $\frac{1}{x_1}+\ldots+\frac{1}{x_n}>\frac{1}{u_1}+\ldots+\frac{1}{u_n}$ 이면, 다음이 성립한다.

$$\frac{1}{x_1\cdot\ldots\cdot x_n}\le 1-\left(\frac{1}{x_1}+\ldots+\frac{1}{x_n}\right)<1-\left(\frac{1}{u_1}+\ldots+\frac{1}{u_n}\right)=\frac{1}{u_{n+1}-1}=\frac{1}{u_1\cdot\ldots\cdot u_n}$$

96. (a) $A(b-c)^2+B(c-a)^2+C(a-b)^2$

$\ge A(b-c)^2+B(a-b)^2+B(b-c)^2+C(a-b)^2$

$\ge (B+A)(b-c)^2+(B+C)(a-b)^2\ge 0$

(b) $A(b-c)^2+B(c-a)^2+C(a-b)^2$

$\ge \min(A,C)\left((b-c)^2+(a-b)^2\right)+B(c-a)^2$

$\ge \min(A,C)\cdot\frac{(a-c)^2}{2}+B(c-a)^2=\frac{1}{2}\left(\min(A,C)+2B\right)(a-c)^2\ge 0$

(c) $A(b-c)^2+B(c-a)^2+C(a-b)^2\ge A(b-c)^2+B(c-a)^2$

$=(b-c)^2\left(A+\frac{(c-a)^2}{(b-c)^2}B\right)\ge(b-c)^2\left(A+\frac{a^2}{b^2}B\right)\ge 0$

(d) $A\ge B\ge C$ 라 하면, $A+B\ge\frac{2}{3}(A+B+C)\ge 0$ 이다.

$A+B>0$ 이면, 다음이 성립한다.

$A(b-c)^2+B(c-a)^2+C(a-b)^2$

$=(A+B)c^2-2c(bA+aB)+(A+C)b^2+(B+C)a^2-2Cab\ge 0$

왜냐 하면 $D=-(AB+BC+CA)(a-b)^2\le 0$ 이다.

$A+B=0$ 이면, $AB+BC+CA=AB\ge 0$ 이며, $A=B=C=0$ 이다.

(e) $A(b-c)^2+B(c-a)^2+C(a-b)^2$

$$\ge B(c-a)^2+C(a-b)^2=(a-b)^2\left(B\frac{(c-a)^2}{(a-b)^2}+C\right)$$

$$\ge (a-b)^2\left(B\frac{b^2}{c^2}+C\right)\ge 0$$

97. $x+y=a,\ y+z=b,\ z+x=c$, $a\ge b\ge c$ 라 놓자. 이제 다음을 증명하면 된다.

$$A(b-c)^2+B(c-a)^2+C(a-b)^2\ge 0$$

이때 a,b,c 는 삼각형의 변들이고,

$A=\frac{2}{bc}-\frac{1}{a^2},\ B=\frac{2}{ac}-\frac{1}{b^2},\ C=\frac{2}{ab}-\frac{1}{c^2}$ 이다.

다음이 성립한다.

$$A=\frac{2}{bc}-\frac{1}{a^2}\ge\frac{2}{a^2}-\frac{1}{a^2}>0,\ B=\frac{2}{ac}-\frac{1}{b^2}\ge\frac{2}{ac}-\frac{1}{bc}>0,$$

$$Bb^2+Cc^2=\frac{2(b^3+c^3)-2abc}{abc}\ge\frac{2(b+c)bc-2abc}{abc}>0$$

98. $$\left|\sum_{i=1}^{n}x_{2i}(x_{2i+1}-x_{2i-1})-\frac{1}{2}\right|=\left|\sum_{i=1}^{n}x_{2i}(x_{2i+1}-x_{2i-1})-\sum_{i=1}^{n}\frac{x_{2i+1}+x_{2i-1}}{2}(x_{2i+1}-x_{2i-1})\right|$$

$$=\left|\sum_{i=1}^{n}\frac{x_{2i+1}+x_{2i-1}-2x_{2i}}{2}(x_{2i+1}-x_{2i-1})\right|\le\sum_{i=1}^{n}\left|\frac{x_{2i+1}+x_{2i-1}-2x_{2i}}{2}\right|(x_{2i+1}-x_{2i-1})$$

$$<\sum_{i=1}^{n}\frac{h}{2}(x_{2i+1}-x_{2i-1})=\frac{h}{2}$$

99. 일반성을 잃지 않고, $a_i, b_i \in [0;1]$, $i=1,\ldots,n$이라 할 수 있다.

$f_i(x)=1$ 이라 하자. 만약 $x\in[0;a_i]$, $f_i(x)=0$, 만약 $x\in(a_i;1]$, $i=1,\ldots,n$, $g_i(x)=1$, 만약 $x\in[0;b_i]$, $g_i(x)=0$, 만약 $x\in(b_i;1]$, $i=1,\ldots,n$이면, 그러면 다음이 성립한다.

$$\sum_{1\le i,j\le n}\min(a_i,a_j)+\sum_{1\le i,j\le n}\min(b_i,b_j)$$

$$=\int_0^1 (f_1(x)+\ldots+f_n(x))^2dx+\int_0^1 (g_1(x)+\ldots+g_n(x))^2dx$$

$$\ge\int_0^1 2\big(f_1(x)+\ldots+f_n(x)\big)\big(g_1(x)+\ldots+g_n(x)\big)dx=2\sum_{1\le i,j\le n}\min(a_i,b_j)$$

100. $c_i^2=t+\dfrac{n^2}{t}$, $i=1,\ldots,n$, $t>0$이라 하자.

그러면 $t=\sqrt{\dfrac{\left(\sum_{i=1}^n i^2a_i^2\right)}{\left(\sum_{i=1}^n a_i^2\right)}}$에 대해 다음이 성립한다.

$$\left(\sum_{i=1}^n a_i\right)^2\le\left(\sum_{i=1}^n (a_ic_i)^2\right)\left(\frac{1}{c_i^2}\right)$$

$$=\left(\left(\sum_{i=1}^n a_i^2\right)t+\frac{\left(\sum_{i=1}^n i^2a_i^2\right)}{t}\right)\cdot\left(\sum_{i=1}^n\frac{t}{t^2+i^2}\right)$$

$$\leq \left(\left(\sum_{i=1}^{n} a_i^2 \right) t + \frac{\left(\sum_{i=1}^{n} i^2 a_i^2 \right)}{t} \right) \cdot \left(\sum_{i=1}^{n} t \int_{i-1}^{i} \frac{1}{t^2 + x^2} dx \right)$$

$$\leq \left(\left(\sum_{i=1}^{n} a_i^2 \right) t + \frac{\left(\sum_{i=1}^{n} i^2 a_i^2 \right)}{t} \right) \cdot \left(t \int_{0}^{n} \frac{1}{t^2 + x^2} dx \right)$$

$$= \left(\left(\sum_{i=1}^{n} a_i^2 \right) t + \frac{\left(\sum_{i=1}^{n} i^2 a_i^2 \right)}{t} \right) \cdot \operatorname{arccot} \frac{n}{t} \leq \frac{\pi}{2} \cdot \left(\left(\sum_{i=1}^{n} a_i^2 \right) t + \frac{\left(\sum_{i=1}^{n} i^2 a_i^2 \right)}{t} \right)$$

$$= \pi \cdot \sqrt{\left(\sum_{i=1}^{n} a_i^2 \right) \left(\sum_{i=1}^{n} i^2 a_i^2 \right)}$$

참 고 문 헌

1. Andreescu, T.; Dospinescu, G.; Cirtoaje, V.; Lascu, M, Old and New Inequalities, GIL Publishing House, 2004.

2. 갈페린 G.A., 톨필고 A.K. 모스크바 수학 경시대회, 모스크바: 교육출판사, 1986. (러시아어)

3. 큐르샤 I. 외. 헝가리 수학 경시대회, 모스크바: 평화출판사, 1976. (러시아어)

4. Makishev K.B. , International Zhautykov olympiad.,-Almaty,2012.

5. 마샬 A., 올킨 I., 부등식, 메이져화 이론과 그 적용, 모스크바: 평화출판사, 1983. (영어의 러시아어 번역본)

6. 포포프 S.V., 골로반오프 A.S., 흐라브로프 A.I., 로스토프스키 D.A., 이바노프 M.A., 샤마예프 E.I., 마르코프 V.G., 수학 문제들, 모스크바: MTsNMO, 2013.

7. 세드락크얀 N.M. 부등식, 증명방법, 기하학. 예레반, 2008. (러시아어)

8. 세드락크얀 N.M. 수학경시대회를 준비하자. 예레반, 2014. (러시아어)

9. 세드락크얀 N.M. 국제 수학 경시대회(1992-1998), 예레반: 브나게트, 1999. (아르메니아어)

10. 세드랴크얀 N.M., 아보얀 A.M. 부등식, 증명방법. 모스크바: 물리-수학출판사, 2002. (러시아어)

11. 세드랴크얀 N.M. 문제에서 정수론. 예레반, 2007. (러시아어)

12. 세드랴크얀 N.M. 아르메니아 학생들의 창의성을 키우자(1,2), 1990, 1997. (아르메니아어)

13. 하디 G., 리틀우드 D., 폴야 G. 부등식, 1948. (영어의 러시아어 번역본)

14. 수학-물리 잡지 크반트, 1970-2013.

15. Crux Mathematicorum with Mathematical Mayhem, 1996-2005.

16. Mathematical Reflections, 2007-2014.

17. Mathematics competitions, 1996-2013.

찾아보기 I.n.d.e.x.

ㄱ

귀류법 116
기하부등식 196

ㄷ

단조 함수 45
도함수 22, 49
등비수열 20

ㅁ

미분가능 9
민코프스키 부등식 140

ㅂ

베르눌리 부등식 15, 41, 116
볼록 32, 68, 89
볼록사각형 100
볼록육각형 198
볼록함수 86, 143, 193

ㅅ

삼각형 71, 72, 73, 99, 144, 145, 178, 190, 196, 197, 244
수열 104
수학적 귀납법 61, 106, 115, 116
Sturm의 방법 221

ㅇ

얀센 부등식 66, 94, 97
에어디쉬-모델(Erdos-Mordell) 부등식 212
연속함수 9
오목 68
외심 198
원 100

ㅈ

정사각형 197, 198, 201
정사면체 64
정수론 125
정수부분 15
정육면체 201

ㅊ

체비셰프 부등식 46
최댓값 44
최솟값 44

ㅋ

카레손 부등식 253
코시 부등식 161
코시-분야코프스키 부등식 98, 183

ㅍ

평행사변형 196

ㅎ

함수 42

저자 소개

Nairi Sedrakyan

예레반국립대학교 수학-역학부를 졸업하였고, 예레반국립대학교 부설 수학-물리학교와 카자흐스탄 알마티의 수학-물리학교에서 수학을 지도하고 있으며, 아르메니아의 국제수학경시대회(IMO) 대표팀을 지도하였다. 현재 아르메니아 수학경시대회 위원장, 아르메니아 도시경시대회(Tournament of Towns) 위원장, 아르메니아 예레반 수학경시대회 위원장을 맡고 있으며, 2010년 카자흐스탄 국제수학경시대회 심판, 문제선별위원(6인 위원회)으로 활동하였다.

Hayk Sedrakyan

2002년부터 2004년까지 국제수학경시대회에 아르메니아 대표로 참가했으며, 2004년 아테네 국제수학경시대회에서 동메달을 받았다. 수년간 수학경시대회 팀들을 지도했으며, 현재는 소르본느 파리4대학의 연구원으로 있다. 연구분야는 Optimal control and Game theory이다.

역자-한인기

한국교원대학교 수학교육과를 졸업하여 모스크바국립사범대학교에서 수학교육학을 전공하였고, 현재 경상대학교 수학교육과 교수로 재직 중이다. 주요 저서 및 역서로는 구성주의와 한국수학교육(공저), 수학 학습지도 원리와 적용(공저), Mathematics Education in Korea(공저), 수학교육학신서(공저), 놀라운 수학나라 대탐험(역서), 수학에 흠뻑 빠질 수 있을까(역서), 수와 다항식과 도형에 대한 이야기(공역서), 평면기하학의 탐구문제들(역서), 뇌를 자극하는 수학공부(공저), 문제해결의 이론과 실제(공저), 유추를 통한 수학탐구(공저), 대수기초해석조합의 탐구문제들(역서), 교사를 위한 수학사(저서) 등이 있다.

증명방법으로 보는 **다양한 부등식 2**

2015년 11월 10일 초판 발행
2023년 4월 20일 초판 2쇄 발행

저 자 • Nairi Sedrakyan, Hayk Sedrakyan, 한인기
발행자 • 오판근
발행처 • 교우사

주 소 • 서울특별시 동대문구 약령시로 8 교우빌딩 2층
전 화 • 925-2861(代), 편집부 / 925-2825, 홈쇼핑 / 969-5762
팩 스 • 925-2860

이메일 / kyowoo@kyowoo.co.kr
홈페이지 / http://www.kyowoo.co.kr
북스토어(쇼핑몰) / http://www.kyowoo.co.kr

등록번호 / 1994년 3월 24일 제6-0256호

ISBN 979-11-251-0139-0(93410)
세트 979-11-251-0137-6(93410)

값 22,000원